PREPRIMARY CHILDREN
DEVELOPMENTAL PSYCHOLOGY

学前儿童发展心理学

王云霞　张金荣　俞睿玮　/ 编

ZHEJIANG UNIVERSITY PRESS
浙江大学出版社

前　言

　　学前儿童发展心理学简称学前心理学，是学前教育专业的核心课程。该专业本科层次教材以陈帼眉先生主编的《学前心理学》最为经典，该教材体系完整、内容翔实、论证严密、资料丰富，但是其按照心理现象单维度编排的结构，对于地方院校学生而言，难以保证学习者形成对于某一个年龄段儿童的完整形象。为此本教材借鉴华东师范大学周念丽教授主编的《学前儿童发展心理学》的编排体系，根据学习者未来工作的对象，按照年龄阶段和心理结构的二维结构编排内容，以便学习者能够对0—3岁和3—6岁的儿童形成完整形象。编者经过将近10年对教学讲稿的不断修订和完善，今天终于可以成稿出版了。

　　本教材由8章组成，其中绪论、0—3岁和3—6岁儿童认知的发展、0—3岁儿童社会性的发展和学前儿童心理发展的规律由王云霞编写，0—3岁和3—6岁儿童的感知运动的发展由俞睿玮编写，3—6岁儿童社会性的发展由张金荣编写，王云霞负责统稿。

　　本教材适合地方院校学前教育专业学生和在职专科学历的教师学习，学前儿童的父母也可阅读学习。教材编写从学习者的角度出发，每一章由3部分构成，即学习导读部分、主体部分、课后练习与实践部分。导读部分由学习目标、问题导入和内容体系构成，课后练习与实践部分由案例分析、拓展阅读、知识巩固和实践应用构成。

　　本教材的编写秉承《教师教育课程标准（试行）》的育人为本和实践取向的理念，经过不断的修改完善，呈现出内容的适宜性和学习的实践性。

　　本教材内容的选择与陈述以地方院校本科学生的理解能力为参照，在陈述论点时尽可能做到明确易懂，在选择论据时既照顾到实验研究的结论，又能从教育现实出发辅之以案例来佐证。内容编排采用二维结构，既有利于学习者形成对于某一个年龄段儿童的完整形象，又不失学科内容的系统性。先陈述各阶段各种心理现象的发展特点，然后对学前儿童的心理发展规律和年龄特点予以概括，从具体到抽象，这样有利于地方院校本科学生的理解。

　　每章的问题导入部分和课后的案例分析、知识巩固、实践应用部分都从问题出发，以目标为导向，以知识巩固练习题为测验评价，辅之以实践拓展，使得课程的学习具有较强的实践性和持续性，适应地方院校本科学生的学习特点。课后知识巩固练习题的参考答案可通过扫封底的书籍二维码获得。

由于编者水平有限,疏漏与不当之处,恳请学习者与教材选用教师不吝指正。联系编者可通过邮箱 370203025@qq.com。

在编写出版本教材过程中,编者得到了家人的关心、支持,以及浙江大学出版社的协助,在此谨表深切的谢忱。

编　者
2019 年 7 月 10 日

绪 论

【学习目标】

知识目标：

1.能够概括学前儿童发展心理学的内容体系；

2.能够列表比较学前儿童发展心理学的具体研究方法。

技能目标：

1.能够分析学前儿童发展心理学在学前儿童教育中的意义；

2.能够在提供的期刊文献中辨别出其主要研究方法。

情感目标：

产生学习学前儿童发展心理学的愿望。

【问题导入】

实例材料：

学前教育专业二年级学生根据学校的安排来到了贝贝幼儿园进行为期两周的初次教育见习。见习期间同学们很快就和幼儿园班级老师成了熟人,有的幼儿园老师告诉见习同学:只学习理论是没有用的,尤其是枯燥的学前儿童发展心理学,记了一堆名词、一些原理,这些在幼儿园工作中是用不到的。倒是什么班级管理、语言教育等课程还有点用。不过最有用的就是跟着幼儿园的老师做事情。既然没有用,学校为什么还安排那么多的课时要同学们学习呢? 带着这样的问题返回学校后,同学们在班级群里展开了讨论……

问题：

学前儿童发展心理学课程的核心任务是什么? 学前教育专业的学生学习它的意义到底何在? 在学前儿童的教育中如何使学前儿童发展心理学的原理发挥作用?

【内容体系】

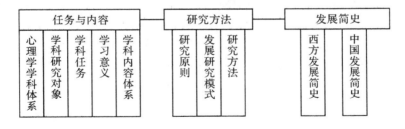

第一节　学前儿童发展心理学的任务与内容体系

一、心理学学科体系

很显然,学前儿童发展心理学是心理学学科的一部分,那么它在心理学学科体系中处于什么位置呢?

心理学作为一门科学,它的内容极为丰富。一般情况下,心理学的内容根据其作用被分为基础心理学、发展心理学和应用心理学3个子领域。

(一)基础心理学

基础心理学是心理学的基础学科。它研究心理学基本原理和心理现象的一般规律,涉及广泛的领域,包括心理的实质和结构、心理学的体系和方法论问题,以及感知觉与注意,学习与记忆,思维与语言,情绪情感与动机意识,个性倾向性与能力、性格、气质等一些基本的心理现象及其有关的生物学基础。

基础心理学根据研究的基础与方法可分为生理心理学(以心理的生理基础为主)、社会心理学(以群体心理为主)、实验心理学(以心理学的实验原理及其方法为主)、比较心理学(以动物心理和民族心理的比较研究为主)、发展心理学(以心理的发展特点为主)等子学科。

(二)发展心理学

发展心理学有广义与狭义之分。广义的发展心理学由两部分构成,即物种心理的发展和人类个体的心理发展。物种心理的发展包括动物心理学和民族心理学,这一部分又可以归属于比较心理学。人类个体的心理发展根据其年龄特点又分为婴儿心理学、幼儿心理学、学前儿童心理学、小学生心理学、青少年心理学、老年心理学等。狭义的发展心理学仅指人类个体的心理发展。

(三)应用心理学

应用心理学是将心理学的基本原理应用于各个行业产生的分支学科,有多少行业就有多少应用心理学的子学科。心理学原理最早应用于教育领域,产生了教育心理学。如今发展比较成熟,应用较为广泛的是心理学原理应用于心理疾病的咨询与治疗产生的系列学科,如变态心理学、犯罪心理学、心理咨询学、心理治疗学等。

心理学的学科内容纷繁复杂,其学科体系依然在不断地分化发展。以上学科体系的陈述仅是综合多家观点和学习的需求作的相对划分。

二、学前儿童发展心理学的研究对象

(一)个体心理发展的阶段划分

个体的心理发展是遗传基础和环境因素相互作用的结果,符合事物发展的一般规律,即量变积累到一定程度就会发生质的变化。因此个体心理的发展既有连续性又有阶段性。为了适应教育的需求,对个体心理的发展进行阶段划分是发展心理学基本任务之一。

根据个体心理发展的规律客观地划分阶段有一定难度。传统的最常见的划分是根据生理年龄的自然阶段,把个体的心理发展划分为 8 个时段,即新生儿时期(出生到 1 个月)、乳儿期(1 岁以内)、婴儿期(1—3 岁)、幼儿期(3—6 岁)、儿童期(6—11/12 岁)、少年期(11/12 岁—14/15 岁)、青年初期(14/15 岁—17/18 岁)、成年期(18 岁以后)。

随着发展心理学研究的深化,毕生发展的观点获得广泛认同。毕生发展观认为个体的发展并不局限于儿童和青少年,中年和老年也在发展中。因此个体心理发展的阶段被修改完善为如表 0-1 所示的 9 个时期,每个时期的发展重点有所不同。

表 0-1 个体心理发展的阶段及其发展重点

阶段	年龄分期	发展重点
胎儿期	出生前	受精—合子—胚胎—胎儿
乳儿期	0—1 岁	感知觉与动作发展
婴儿期	1—3 岁	言语的发生与动作发展
幼儿期	3—6 岁	认知与社会性的发展
童年期	6/7—11/12 岁	认知发展
少年期	11/12—17/18 岁	自我同一性的获得
青年期	17/18—25 岁	情感发展
成年期	25—65 岁	问题解决
老年期	65 岁后	智力与人格变化

上述阶段的划分隐含了两个观点:一是生命始于受精卵的形成,终于死亡。二是个体发展贯穿一生,从生命起点始,个体心理一直处于发展变化中;心理发展不仅与早期发展经验有关,也与当前的环境影响有关。

(二)学前儿童发展心理学的研究对象

联合国《儿童权利公约》明确指出:"儿童系 18 岁以下的任何人,除非对其适用之法律规定成年年龄小于 18 岁。"[①] 显然,儿童指身心发展成熟之前的个体,由于其身心具有与成

---

① 联合国儿童基金会. 儿童权利公约[EB/OL]. [2019-08-07]. http://www.unicef.cn/cn/index. php? m=content&c=index&a=show&catid=59&id=120.

年人不同的特点,发展成熟之前,需要成年人的保护与养育。

学前儿童即学龄前儿童,指出生到入学前的儿童,包括乳儿期、婴儿期和幼儿期3个阶段。

学龄前儿童又可以相对划分为两个阶段:婴儿和幼儿。婴儿指出生到3周岁即月龄在0—36个月的儿童。幼儿指3—6周岁即月龄在36—72个月的儿童。

学前儿童发展心理学以学龄前儿童即婴儿和幼儿为研究对象。

三、学前儿童发展心理学的任务

任何一个学科的基本任务都是回答"是什么""为什么""怎么办"这3个问题。学前儿童发展心理学的基本任务也是回答学前儿童心理发展的特点"是什么",揭示其原理即回答"为什么"的问题,最后则要回应教育现实,回答面对不同年龄阶段的儿童"怎么办"的问题。

(一)描述学前儿童心理发展的一般特点

回答学前儿童心理发展的特点"是什么"的问题,就要对各个阶段儿童的心理特点予以描述,使学习者知道不同发展阶段的儿童心理是怎样的,比如感知觉是怎样的,记忆是怎样的,情感表达是怎样的,等等。因此学前儿童发展心理学的第一个任务就是按照发展阶段和心理现象的基本结构描述各个阶段儿童心理各个方面的特点及其行为表现。

在描述各个阶段各个方面心理发展特点的基础上进行概括,从而揭示学前儿童心理发展的基本规律。

(二)解释学前儿童心理发展的原因

知道"是什么"是不够的,要想能够影响儿童,就要明确儿童心理发展的根本原因,如此才能真正揭示儿童心理发展的规律。为此学前儿童发展心理学的第二个任务是解释学前儿童心理发展的原因,揭示其规律。学前儿童发展心理学以丰富的实证资料为论据,充分论证学前儿童心理发展的规律,解析各个影响因素的作用机理。

揭示事物的发展规律是为了预测与干预其发展。

(三)预测与干预学前儿童的心理发展

学前儿童发展心理学每一部分在阐述论证了儿童心理发展的基本特点与规律后,结合教育现实给予教师如何影响儿童的建议,也就是说要在知其所以然后知其然,从理论走向实践。

教师不仅要有"匠人"气质,即来自实践的经验智慧,还要有"专家"气质,即"高度的专业知识和技术"与"高度自律",懂得"实践的经验"何以如此。

学前儿童发展心理学虽然不是"如何教"的学问,但是在其原理基础上要为教师"如何教"提供最基本的建议,预测与干预儿童是学前儿童发展心理学的第三个任务。

四、学习学前儿童发展心理学的意义

请尝试完成如下 3 个任务:描述一个学龄前儿童;分析如下实例中的蜜桃小朋友为什么不想上学,实习老师成功让蜜桃小朋友转哭为乐的原因是什么;分析《拔萝卜》的故事适合哪个年龄段的儿童。

实例:早锻炼过后,"我的玩具"课堂开始了,这时蜜桃才被她爷爷领着进入了班级。蜜桃进来的时候,小脸涨得红红的,小嘴嘟着。蜜桃今天来得很晚。一般情况下,她在 8 点左右就已经入园和小朋友们一起玩游戏了。蜜桃的爷爷对着王老师说道:"她今天不想来上学。"当爷爷要离开的时候,蜜桃紧紧地抱住了她爷爷的大腿,不让他走。王老师看到后,把蜜桃抱到自己的身边,遮住蜜桃的视线,这样蜜桃就看不到她爷爷离开的背影了。

蜜桃坐在椅子上没多久,她的眼睛里就充满了泪水,并且"哇"的一声大哭起来。王老师闻声过来,拍着蜜桃的背轻轻安慰了几句,紧接着又继续上课了。蜜桃一个人坐在座位上,眼睛看看周围,看看王老师,看到没有人理她,就一个人在座位上越哭越大声,并且哭喊道:"妈……妈……妈妈……"同组的幼儿纷纷安慰起蜜桃:"蜜桃,你别哭了。""蜜桃,你别哭了,我的玩具给你玩。"但是蜜桃都没有听进去,只是自顾自地一个人大声哭泣。这时我来到蜜桃身边,蹲下来,轻声问道:"蜜桃,你怎么了?"蜜桃的哭声顿时小多了,再也不是号啕大哭,蜜桃哽咽着,说:"妈……妈妈……妈妈……"因为听到蜜桃的爷爷说蜜桃今天不想来上学,我问蜜桃:"蜜桃今天是不想来上学吗?"蜜桃点头。我说道:"蜜桃,我看你每天都早早地来到学校,跟爱爱呀、顾浩楠呀玩得都很开心,今天怎么了呢?"蜜桃没有回答我,只是哭,我又说道:"蜜桃,你看,幼儿园里有王老师、袁老师,她们都很喜欢你,你今天这么晚来,她们都很想你的,你看,在幼儿园里,还有很多的小朋友跟你一起玩,小朋友们都很喜欢蜜桃,大家今天还带了很多玩具,蜜桃不要哭了,来,我们跟大家一起玩。"蜜桃听到玩具,就停止了哭泣,用小手抹了抹眼泪。我拿起毛毛虫玩偶给蜜桃,按了按毛毛虫玩偶的尾巴,毛毛虫玩偶便唱起歌来,蜜桃不再哭了,她学着我的样子按毛毛虫玩偶的尾巴,然后听到毛毛虫玩偶唱起了歌,蜜桃高兴地拍着小手,往周围看。等歌声停了,蜜桃又一次按响毛毛虫玩偶的尾巴,就这样一直重复。没过多久,蜜桃的心情就已经平复了,她在同组幼儿的面前展示她那会唱歌的毛毛虫玩偶,似乎希望每一个人都能知道她的玩具毛毛虫玩偶是会唱歌的。

(一)全面了解学前儿童的心理特点

学习学前儿童发展心理学,我们能够在经验基础上科学地了解学龄前各个阶段儿童的心理特点,知道学前儿童感知运动、认知和社会性发展各个方面的特点,为儿童教育工

作提供理论支持。学习学前儿童发展心理学后首先能做的事情就是可以生动、准确地描述一个学前儿童了。遇到一个学前儿童时能够判断他是多大年龄的儿童,基本准确地预测其行为,采取适宜的行为帮助、引导儿童等。

(二)分析儿童的行为原因,有的放矢地影响儿童

学前儿童发展心理学的核心任务是揭示儿童发展的规律,解释儿童发展的原因。所以学习学前儿童发展心理学能够深入理解儿童,分析其行为背后的原因,从而能有的放矢地采取有效措施影响儿童。

上述案例中,蜜桃不愿意来上学的原因其实很简单,那就是上学已经迟到了,她不愿意成为老师不喜欢的孩子(老师不喜欢迟到早退的孩子)。由于缺乏有效的沟通技能,蜜桃只能采取逃避的措施,不能如愿不去上学,而被爷爷强行带来幼儿园,她的消极情绪就在爷爷离开时爆发了。在简单安慰无效的情况下,实习老师采取的转移注意力的方法奏效了。因为幼儿的注意以无意注意为主,容易被外界新鲜、动态的刺激物所吸引。会唱歌的毛毛虫玩具吸引了她的注意力,随着认知活动的转移,消极情绪被积极情绪所替代。

那么《拔萝卜》的故事适合哪个年龄段的儿童呢?

(三)为儿童选择适宜的学习内容和学习方法

教师的工作要回答两个基本问题,即"教什么"和"如何教"。这两个问题的答案必须以学习者的需求为基础,才能实现因材施教。只有学习学前儿童发展心理学才能理解各年龄段儿童学习的基础和能够达到的高度以及适合的学习方式,进而选择适宜的内容和方法,才能回答《拔萝卜》的故事适合哪个年龄段儿童学习的问题。

回答《拔萝卜》的故事适合哪个年龄段儿童学习的问题,需要先理解各个年龄段儿童的注意、感知觉、记忆、想象和思维的特点及语言发展特点。这个问题也是学前教育工作者最基本的问题,可见学前儿童发展心理学不是枯燥的名词和理论的集合,而是学前教育工作者的必备知识。

学前儿童发展心理学的第三个任务则回答了"如何在学前儿童的教育中使学前儿童发展心理学的原理发挥作用"的问题。

五、学前儿童发展心理学的内容体系

为即将成长为教师的学习者编写的发展心理学或者儿童心理学方面的教材通常有两种内容组织体系。一种是以年龄阶段为主线,将心理现象的各个方面如心理过程的感知觉、记忆、想象、思维等和心理特征的需要、能力、气质等一一予以描述。另一种是以心理现象的结构为主线,对心理过程的各个方面随着年龄的增长是如何变化的予以描述。这两种内容编排体系的弊端是学习者难以整体上理解儿童的发展,不能够形成鲜明的各阶段的儿童形象。为此,本教材将学前儿童分为两个阶段即0—3岁和3—6岁,从心理发展的感知运动、认知和社会性的发展 3 个方面描述发展特点和提出教育建议,然后以其为事实材料进行概括,揭示学前儿童心理发展的规律。其内容结构见表 0-2。

表 0-2　学前儿童发展心理学的内容体系

年龄阶段	感知运动发展	认知发展	社会性发展
婴儿期:0—3 岁	脑机能 运动技能	记忆 想象	情绪 自我意识
幼儿期:3—6 岁	感知觉 注意	思维 言语	社会认知 社会行为

本教材的绪论部分陈述该学科的内容与方法;第一章至第六章按照 2 个阶段 3 个方面的结构对 0—3 岁儿童和 3—6 岁儿童的感知运动、认知和社会性发展进行特点分析并提出相应的教育建议;第七章则对儿童心理发展的规律予以概括论证。

第二节　学前儿童发展心理学的研究方法

一、学前儿童发展心理学的研究原则

研究原则是指在研究过程中必须遵守的基本要求。学前儿童是快速发展中的儿童,一切研究需要以儿童的健康成长为前提。

(一)客观性原则

客观性原则是一切科学研究必须遵守的基本要求。所谓客观性即客观存在,不以人的意志为转移。客观性原则是指在科学研究中要实事求是,不能主观臆断。学前儿童的发展是在一定的社会经济条件和教育影响下发生进行的,任何心理活动都是在纷繁复杂的要素中展开的,在研究中要贯彻客观性原则,从研究设计到数据采集与分析都必须要坚持客观标准,尽可能排除"主观期待"。

(二)活动性原则

活动性原则是指学前儿童心理发展的研究必须在儿童的活动中展开。因为个体心理是在活动中发生发展并表现出来的,离开活动难以观察到心理活动及其表现。研究开展的过程实际也是儿童活动的过程,贯彻活动性原则就要做到在儿童的活动中收集数据,并结合活动情境进行分析概括。

(三)发展性原则

发展性原则是指在儿童发展研究中,在解释、分析资料时必须以发展的视角和态度予以抽象概括。因为儿童还在发展变化中,今天的行为表现并不代表他明天的特征,因此根据研究获取的资料经过分析概括后下结论要谨慎,避免孤立静止地看待儿童。贯彻发展性原则,一是对整理后的资料解释分析时要充分考虑儿童过去经验和未来发展的潜力,二是分析后下结论时要慎重,尽可能不要做全称肯定判断。

(四)教育性原则

教育性原则是指在儿童发展研究中不能对儿童造成任何伤害,力争研究过程对儿童的发展具有积极的促进作用。面对任何儿童,根据《儿童权利公约》,任何人都要保证其生存权、发展权、受保护权和参与权得到保护。为此在儿童发展研究中要能保障其发展的权利,促进其发展。

在儿童发展研究中贯彻教育性原则,首先要在研究设计中保证提供的研究情境具有保护性和教育性,比如不能开展任何的剥夺性研究(如感觉剥夺、游戏权利的剥夺等)。其次,研究中设置的任务不能与教育目的相矛盾,必须是有利于儿童发展的任务。再次是研究情境应该是具有教育特征的情境,儿童参与的活动应该具有教育意义。

二、发展研究模式

学前儿童心理发展的研究,从其研究目的看主要有 3 类:一是厘清各个年龄段心理现象各方面的特点;二是厘清儿童心理发展的趋势,即某种心理机能是如何随着年龄的增长而发展变化的;三是厘清儿童心理发展的影响因素是什么。

以厘清心理发展趋势为基本目的的研究称为发展研究。

(一)纵向研究

纵向研究是对同一组个体,在发展的不同年龄段反复进行观测从而获得资料以分析发展变化趋势的研究,也叫追踪研究。通过追踪研究可以确切地揭示儿童心理发展从量变到质变的进程,对于心理机能的转折时间点有确切的把握,也可以很好地探讨早期行为与后期心理特点之间的关联。

纵向研究可以系统地了解某种心理机能发展的连续过程,对发展的转折点、敏感期看得很清楚。其不足是研究时间长、经济投入高、研究对象易于流失导致研究不能始终保持完整,另外容易受到时代变迁的干扰,或在形成结论时难以排除时代变迁的影响。

陈鹤琴先生的《儿童绘画之研究》就是典型的纵向研究成果。

(二)横向研究

横向研究是在同一个时间点对于不同年龄组的儿童进行观测获得资料以分析发展趋势的研究。一般是在同一年里抽取不同年龄段的若干组研究对象,通过将不同年龄组的资料(数据)按年龄从小到大进行排列,人为地将数据连续起来分析某种心理机能从量变到质变的进程,获得结论。

横向研究节省时间与经费,由于时间短研究对象也不会轻易流失。但是所获得的连续资料毕竟具有人为的性质,发展趋势结论的可靠性有所降低。也难以排除时代因素造成的影响,容易将时代背景的影响误认为随年龄增长发展的结果。

林崇德先生主持的"学龄前儿童数概念与运算能力发展"的研究是典型的横向研究。

(三)交叉设计模式

为了弥补纵向研究和横向研究的不足,将二者结合起来的研究模式即交叉设计模式。交叉设计通过缩短追踪时间、增加研究对象群组来减少纵向研究和横向研究的误差。

夏勇主持的"学龄期儿童恐惧的内容与结构"研究即采用了交叉设计模式,对小学到高中9个班的儿童进行了为期3年8个月的追踪研究,厘清了学龄儿童的恐惧内容及其发展变化。

纵向研究与横向研究比较、交叉设计模式见图0-1和图0-2。

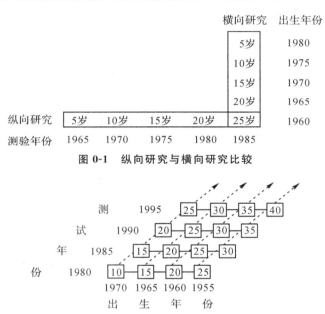

图 0-1　纵向研究与横向研究比较

图 0-2　交叉设计模式

三、具体的研究方法

研究中收集资料的方法是最基本的研究方法,而在儿童心理发展的研究中常用的方法有观察法、实验法、测验法、问卷法、谈话法和作品分析法。

(一)观察法

观察法是科学研究的基本方法。儿童心理发展的研究中采用的观察法指在自然情境下,有目的、有计划地通过对儿童的外显言行进行观察、记录以收集资料的方法。

学前儿童的心理活动有突出的外显特征,同时儿童的言语能力有限,观察法是最适宜于研究学前儿童心理发展的方法。

观察法根据其结构性程度通常有3类4种具体的操作方法,即叙事观察法、事件取样观察法、时间取样观察法和评定观察法。每种具体方法的内涵、操作程序及其要领可在张宝臣、李兰芳的《学前教育科学研究方法》(第二版)一书中详细了解。

观察法在操作前要制订可执行的计划,观察记录要详细具体、客观准确,客观描述与主观判断要区分开来。

(二)实验法

实验法也是科学研究的基本方法。学前儿童心理发展研究中的实验法是指通过控制和改变儿童的活动条件来探索儿童心理发展的特点、规律及其影响因素的方法。

实验法可以分为实验室实验法和自然实验法。

实验室实验法借助于一些现代仪器设备来进行条件控制或心理特征的观测。研究儿童空间知觉的"视崖实验"就是典型的实验室实验法。早期儿童如婴儿的心理发展研究以实验室实验法为主,因为婴儿年幼,需要借助于仪器设备来进行条件控制和观测。

自然实验法是在自然情境下的实验研究,适合于幼儿期的儿童,在他们正常的生活、游戏等活动中通过实验设计来控制条件以探索儿童心理发展的因果关系。以教育活动作为自然情境的实验法则可以称为教育实验法。教育实验法将对儿童心理发展的研究和教育过程相结合,重点在于比较不同教育条件对儿童身心发展的影响。

实验法的主要特点是通过实验设计控制一部分条件,以便确认自变量(引起心理变化的原因)和因变量(要研究的心理机能)之间的关系,从而探索某种心理机能发生发展的原因。

实验法的优势在于能够严格控制条件,可以重复进行以便验证其假设。其局限性在于实验环境下个体的心理活动会有所改变,不能自然呈现。自然实验法虽然能自然呈现心理活动,但是条件控制困难较多,对实验设计的要求较高。

(三)测验法

测验法是采用标准化的测量工具来研究心理现象的方法。儿童心理发展研究中的测验法指利用标准化的工具,采用标准化的程序对儿童的心理机能进行测量以获得资料的方法。测验法给予不同的儿童相同的刺激以观测其各自的反应,通过对反应结果的处理来进行个体间或者群组间的比较。

测验法的核心是标准化,因此对于测验者及其操作要求较高,测验者需要经过严格训练。

测验法的优势是简便易行,局限性在于由于缺乏条件控制,测验容易受其他因素的干扰。儿童心理发展尚不成熟,心理活动的稳定性较差,测验需要反复进行才能提高其可靠性,但是同一测验反复进行则又难以排除经验带来的误差。因此测验法需要和其他方法配合使用。

(四)问卷法

问卷法是调查研究的一种,是通过对一系列书面问题的回答来收集资料的方法。学前儿童心理发展中的问卷法指通过与儿童经常接触的成人如老师、父母交流,使其对围绕研究主题(某种心理机能)的一系列问题进行作答来了解儿童心理发展状况的一种研究方法。

问卷法用于学前儿童心理发展的研究,通常有父母问卷、教师问卷和儿童问卷。成人问卷在直接书面作答后回收即可,儿童问卷主要以较为年长的儿童为对象,通过口头问答的形式进行。

问卷法的优势是可以在短时间内获得大量资料,简便易行。其局限是无论何种作答方式,收集的资料都是间接资料。同时作答者的主观性难以控制,研究的客观性标准较低。为此问卷编制必须进行信效度的检验。

(五)谈话法

谈话法也是调查研究的一种,是通过面对面的问答来收集资料的研究方法。学前儿童心理发展研究中的谈话法指围绕一定主题,通过情境提问、儿童作答,一对一地来收集资料以研究儿童行为背后内隐的心理活动的一种研究方法。

著名的认知心理学家皮亚杰就是通过设置任务情境或问题情境,然后请幼儿做出行为反应并回答问题且不断追问来研究儿童认知发展的。他所采用的谈话法由于必须是在任务情境下儿童做出行为反应后再问答的,综合了观察法、谈话法和自然实验法的成分,因此又被称为临床法。

谈话法的优势是简便易行,形式灵活多样。可以自由问答也可以事先设计好提问,可以一问一答也可以不断追问,可以面对面问答也可以使用电话等资讯工具问答,可以一对一问答也可以小组座谈。其局限性在于时间与精力投入较高,由于缺乏条件控制,收集到的资料的客观性水平偏低。如要提高资料的客观性,研究者的谈话技能需要经过严格训练。

(六)作品分析法

作品分析法指通过对儿童的作品(手工、图画乃至于创编的故事等)进行分析以理解儿童心理发展特点的方法。该方法的核心是确定分析框架及其标准,难度较大。同时儿童的作品是其创作活动的结果,并不能充分反映儿童的心理活动过程,因此只适合于作为一种辅助方法,与观察法、实验法等方法结合使用。

第三节　学前儿童发展心理学的发展简史

一、西方学前儿童发展心理学发展简史

(一)西方儿童观的演进

原始社会,儿童被看作氏族或父母的公共财产,可以任意处置。古希腊、古罗马时代也不注重儿童的地位和权利,儿童被普遍地认为是父母的私有财产。但是古希腊时期出

现了许多思想家、教育家,提出了相对积极的儿童观与儿童教育思想。柏拉图认识到了游戏在儿童生活中的意义;亚里士多德则要求制定法规,禁止抛弃婴儿,对儿童生长发育的年龄进行了分期,并要求遵循自然规律施教;昆体良作为一名演说家的培养者充分认识到了童年期的重要性,还认识到了儿童的差别,要求因材施教。

到了中世纪,深受宗教神学的影响,儿童教育充斥着惩处与体罚,认为儿童就是小大人,流行"原罪说"和"预成论"。

文艺复兴时期,人们开始重新审视人的价值。儿童观也从传统社会的从属关系中解放了出来,认为儿童是自由而具有发展可能性的个体。

17世纪以后,随着启蒙思想的深入发展,儿童被认为是与成人不一样的个体,进入了"发现儿童"的时期。英国经验主义哲学家约翰·洛克在《教育漫话》中大力倡导"白板说",宣称儿童的心灵好比"一张白纸或一块蜡",后天的一切观念都是经验在心灵上刻下的印迹。法国思想家卢梭在其著作《爱弥儿》中充分阐述了尊重儿童及儿童期价值的观念,认为应该珍视儿童短暂的童年生活,承认儿童的发展有内在规律,必须让儿童按"自然"的进程去发展。这个时期实现了儿童观历史上以儿童为中心的"哥白尼式的革命"。

随着工业革命后现代学校的兴起,儿童的地位从从属转向教育的中心。儿童研究成为教育的基础。瑞士教育家裴斯泰洛齐兴起了"教育心理学化"运动,注重探讨如何顺应儿童的本能兴趣,让儿童发挥主动性,更好地从经验中学习。这一运动促进了社会对儿童、对儿童心理以及儿童个性的关注和研究,丰富和发展了对儿童教育的理解。美国教育家约翰·杜威认为儿童是未成熟的个体,预示着儿童具有发展的潜在能力,儿童的兴趣是教育的起点,儿童是教育的中心。

随着教育对儿童研究的推进,儿童心理学从心理学母体中诞生并快速发展。

(二)现代科学儿童心理学的诞生与发展

英国科学家达尔文根据长期观察自己孩子心理发展所做的记录,撰写了《一个婴儿的传略》。这是儿童心理学早期的专题研究成果之一,它对推动儿童心理发展的传记研究有重要影响,并为儿童心理学的产生做好了直接的准备。

德国心理学家 W. T. 普莱尔是科学儿童心理学的奠基人。他对自己的孩子从出生到3岁,每天进行系统观察,有时也进行一些实验研究,最后把这些记录和结果整理成一部著作《儿童心理》,于1882年出版。该书被公认为第一部科学的、系统的儿童心理学专著,标志着儿童心理学的诞生。

美国心理学家斯坦利·霍尔则被称为"美国儿童心理学之父"。他采用问卷法对儿童心理进行研究,掀起了儿童研究运动。他提出了儿童心理学上的复演说,认为胎儿在胎内的发展复演了动物进化的过程,儿童时期的心理发展则复演了人类心理进化的过程。

二、中国学前儿童发展心理学发展简史

(一)中国古代的儿童观

我国古代就已经有了一些朴素的关于儿童心理与教育的思想,主要散见于一些思想家的论述中。具有代表性的人物是孔子、颜之推、程颐、朱熹、王守仁、陆世仪等。

孔子在中国历史上最早提出了人的天赋素质相近的观点,即"人之初,性本善""性相近,习相远"。南北朝颜之推则认为"人生小幼,精神专利。长成已后,思虑散逸,固须早教,勿失机也"。为此重视早期教育,重视环境的影响。他的家庭教育著作《颜氏家训》在中国历史上产生了深远影响。

宋代程颐以其儿童具有可塑性的观念为基础提出了"格物、致知、穷理"的教育思想。南宋朱熹注重环境对孩子成长的影响,强调在儿童教育中应注意"慎择师友"。

明代王守仁反对"小大人式"的传统儿童教育方法和粗暴的体罚等教育手段,要求顺应儿童性情,根据儿童的接受能力施教,使他们在德育、智育、体育和美育诸方面都得到发展,反映了他具有自然主义的儿童观。明代末年的陆世仪认同孔子的性善观点,提倡早期教育并注重教育的连续性。他的思想对学前教育具有重要意义。

(二)中国学前儿童发展心理学的发展

中国儿童心理学的创始人是陈鹤琴。他出版了中国第一部儿童心理学教科书《儿童心理之研究》,是中国现代儿童个案研究的开拓者和追踪研究典范的开创者,也是我国心理测验早期的积极传播者和本土化的开拓者之一。

新中国成立后,朱智贤教授编写了《儿童心理学》。他批判地吸取国内外研究成果,阐述了儿童发展的先天与后天之间的关系,探讨了儿童心理发展的动力问题,还讨论了教育与发展之间的辩证关系,为我国当代儿童心理学和发展心理学的理论导向奠定了基础。

改革开放后,我国的儿童心理学研究者与教育工作者不断开拓着学前儿童发展心理学的新领域,正在为突出本土化研究特色、强调服务教育实践而努力。

【案例分析】

材料:学前教育专业四年级的黄同学在实习中发现孩子们在游戏时会有自言自语的现象,为此她想研究 2—6 岁学前儿童"自言自语"的发展特点和影响因素,那么她该选择何种研究方法比较适宜呢?

分析:首先,根据发展研究的概念内涵可以确定这是一项发展研究,可以考虑交叉设计模式,但是如果时间有限就只能退而求其次选择横向研究模式了。其次,在具体的研究方法上,学前儿童"自言自语"的现象是一种日常表现,在实验情境下未必会出现,为此观察法是首选方法。为了弄清楚影响因素是什么,可以采用谈话法来了解儿童自言自语的原因。

【拓展阅读】

陈帼眉.学前心理学[M].北京:人民教育出版社,2003.

陈英和.发展心理学[M].北京:北京师范大学出版社,2015.

张巧明,曹冬艳.质的研究方法及其在特殊儿童心理学研究中的应用[J].中国特殊教育,2007(2):51-54,50.

佟月华.儿童情绪理解的研究方法[J].中国特殊教育,2008(6):79-83.

【知识巩固】

1.判断题

(1)学前儿童发展心理学是人类个体发展心理学的一个分支。　　　　　　(　　)

(2)我国《国家中长期教育改革和发展规划纲要》中关于学前教育目标的表述是"积极发展学前教育,到2020年,普及学前一年教育,基本普及学前两年教育,有条件的地区普及学前三年教育",可见学前教育就是幼儿园教育,那么学前儿童就是幼儿。　　(　　)

2.选择题

(1)为了了解儿童心理发展某一方面的个别差异或者不同年龄段儿童心理发展的差异,最适宜的研究方法是(　　)。

A.观察法　　　　　B.测验法　　　　　C.实验法　　　　　D.访谈法

(2)科学儿童心理学的奠基人是(　　)。

A.普莱尔　　　　　B.霍尔　　　　　C.陈鹤琴　　　　　D.达尔文

3.简答题

(1)简述学前儿童发展心理学的内容。

(2)举例说明学习学前儿童发展心理学的意义。

【实践应用】

1.案例分析

实例:幼儿园语言教育中最常见的教育活动就是故事欣赏活动,该类活动的基本目标是幼儿能够复述故事。但是刘老师常常不能制定难度适宜的活动目标,为此她想对幼儿故事复述能力的发展特点进行研究。其研究目的有两个:一是厘清幼儿故事复述能力的发展特点,二是考察不同故事呈现方式对幼儿的故事复述是否有影响。

问题:此项研究最适宜的研究方法是什么、为什么?

2.尝试实践

查阅文献,阅读至少6篇儿童心理发展方面的期刊文献,最好能够每篇对应一个主要的研究方法,然后列表比较各个研究方法的适用条件、优势和局限。

第一章

0—3岁儿童感知运动的发展

【学习目标】

知识目标：

1. 能够举例说明婴儿脑机能发展的基本特征；

2. 能够举例说明婴儿动作发展的规律；

3. 能够以实验案例说明婴儿感知觉、注意发展的成就。

技能目标：

1. 能够根据婴儿脑发育的基本规律分析婴儿玩具的合理性；

2. 能够查阅并评价经典的婴儿感知觉、注意实验研究。

情感目标：

萌发对0—3岁儿童的喜爱之情。

【问题导入】

实例材料：

在一堂课的开始,教师向学生们提出了一个问题:"在你们印象中,新生儿都有哪些特点?"同学们开始了激烈的讨论。有同学觉得,她看到的小宝宝总是在睡觉;也有同学回忆说,当用手触碰的时候小宝宝全身都在动;也有同学说道,小宝宝就是典型的大头娃娃,非常可爱。接着学生们的回答,教师询问道:"为什么新生儿总是在睡觉? 为什么新生儿受到刺激全身都会做出反应? 又是为什么新生儿会被称为大头娃娃?"基于这几个问题,同学们又进行了激烈的探讨……

问题：

0—3岁儿童大脑的发展特点是什么? 我们如何应用儿童大脑的特点促进儿童大脑机能的发展?

【内容体系】

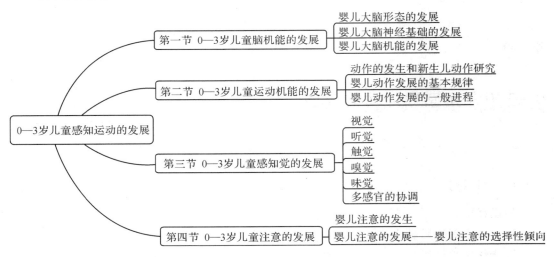

第一节 0—3岁儿童脑机能的发展

神经系统是身体的"司令部",对于身体各系统、各器官具有重要的调节作用。中枢神经系统包括脑和脊髓,而脑是高级心理机能的重要基础。脑机能发展良好,才能获得较好的心理能力。本节内容将从脑发育的外部形态、神经基础和内在功能进行论述。

一、婴儿大脑形态的发展

我们一般常说"大头娃娃",这恰恰说明了儿童早期的外形特征,即头部在儿童身体中所占的比例要远远高于头部在成人身体中所占的比例(人体生长如图1-1所示)。从胚胎

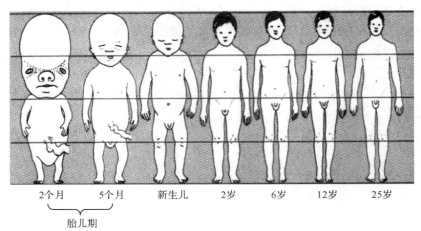

图1-1 人体生长

期开始,直至整个婴儿期,儿童的神经系统是最先得到发展的,外在的形态上则表现为头部的快速发育,并呈现出头大身小的特征。头部的外部形态发展可以从脑重和头围两方面证实。

(一)脑重

婴儿大脑的发育发生在胚胎时期,婴儿出生时,其脑重量已达到350～400克,是成人脑重的25%(成人脑重为1400～1600克),但此时婴儿的体重只占成人的5%(婴儿期脑重变化如表1-1所示)。此时,婴儿的神经系统的功能还不够完善。6个月时,脑重达到700～800克,占成人脑重的50%,而一般体重只有到10岁时才能达到成人的50%。1岁时,婴儿脑重达到800～900克。2岁时,婴儿脑重增加到1050～1150克,约占成人脑重的75%。3岁时,婴儿的脑重已经接近成人的脑重范围,以后发展速度变慢,15岁时达到成人水平。

表 1-1　婴儿期脑重变化

项目	出生时	6个月	1岁	2岁
重量	350～400克	700～800克	800～900克	1050～1150克
与成人脑重比	25%	50%	—	75%
大脑皮质	大多数沟回已出现	具备基本结构	—	各部位大小的比例类似成人

婴儿脑重的发展变化在一定程度上反映了各个阶段大脑内部结构发育和成熟的情况。但由于每个婴儿的脑重存在着明显的个体差异,所以,我们不能以脑重来衡量婴儿智力的发展水平,只要婴儿的脑重处于正常值范围内,就都属于发展正常。

(二)头围

头围是大脑生长和颅骨大小的主要测量指标,也可以用来鉴别儿童的某些脑部疾病。

头围是指齐眉绕头部一周的长度。一般地,新生儿的头围已经达到成人头围的60%,其中男婴的头围大约为34.3厘米,女婴大约为33.7厘米。1岁时,婴儿的头围可以达到46～47厘米。婴儿成长到2岁时,头围可达到48～49厘米。以后的增长速度随着年龄增大越来越慢。

头围也可以作为新生儿脑发育的诊断标准:①如果头围过小(小于32厘米或3岁后仍小于45厘米,又称小头畸形),则其大脑发育将受严重影响,智力发育易出现障碍;②如果头围过大(超过37厘米,又称巨头畸形),则表明婴儿患有脑积水或脑畸形等头部病变,必须尽快检查治疗。当然,也有个别婴儿头围过大或过小是由体重引起的,而不存在其他疾病。

二、婴儿大脑神经基础的发展

(一)大脑皮质

脑的脑干和中脑部分在出生时已经基本发育成熟,大脑皮层的发育较早但持续时间很长,某些区域的发展会持续到成年中期。大脑从母亲怀孕 18 天左右开始发展,在产前经历快速发展,出生时发展出雏形并拥有基本的功能。

婴儿出生的时候,大脑皮层的大多数沟回已经出现,脑岛已被邻近脑叶掩盖。6 个月时,大脑皮层结构基本形成。到 2 岁时,脑及其各部分的相对大小和比例已经基本上类似于成人的大脑。

(二)神经元的发展

神经元即神经细胞,是神经系统最基本的结构和功能单位。神经元不同于其他身体细胞,它们不是直接相互联系在一起的,而是具有一定的间隙。两个神经元相邻的细胞膜与神经元间的间隙组成了一个功能性结构,即突触。当神经冲动通过轴突传递到突触前膜时,突触前膜会释放一种化学递质,即神经递质,而突触后膜接受神经递质并产生新的神经冲动。因此,在神经系统中,信号的传导需要突触的参与。神经元结构及神经元联结如图 1-2 所示。

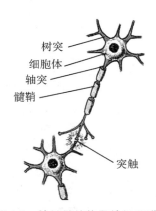

图 1-2　神经元结构及神经元联结

婴儿神经元的发展包括两个方面:突触的增多和神经元的髓鞘化。

出生时,人类婴儿脑中含有至少 1000 亿个神经元,与成人的神经元数量相当。但是新生儿拥有的树突和突触数量则比成人拥有的树突和突触少很多。婴儿出生后,轴突、树突和突触(尤其是皮层中的轴突、树突和突触)会快速发育并精细化。由于树突的发育,幼儿 2 岁时,脑重可达出生时的 3 倍。直至出生后 24 个月,皮层中的树突数量大约是出生时的 5 倍,突触约有 100 万亿个。婴儿出生时、6 个月和 12 个月时突触的发育情况如图1-3所示。

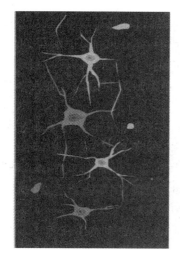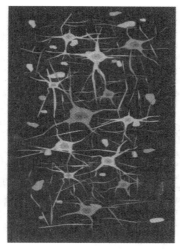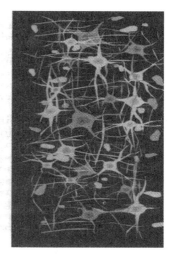

图 1-3　婴儿出生时、6 个月和 12 个月时突触的发育情况

　　产前 23 周突触开始在大脑皮层形成,突触的形成和减少在个体的一生中都会发生,每当新的学习产生就会有突触的形成或者减少。突触的形成或修剪主要与外部环境中的刺激有关。

　　神经元的另一个发展变化是神经元的髓鞘化。新生儿的神经元轴突还未发育完善,轴突缺少髓鞘的包裹。因此,新生儿对外界的刺激往往不能形成一个明确的兴奋点,易引起广泛的反应。新生儿对刺激的反应迟缓且泛化,主要表现在以头、手、足和躯干的乱动来反映各种刺激。随着年龄的增长,神经纤维的髓鞘化迅速发展。约在 2 岁左右,白质已基本髓鞘化,到 3 岁时神经通道能迅速传导,而不致蔓延泛滥。大脑髓鞘化程度是婴儿脑细胞成熟状态的一个重要指标。

三、婴儿大脑机能的发展

　　随着婴儿大脑神经基础的发育,机能也开始逐渐完善。婴儿大脑机能的发展包括两个方面:皮质抑制机能和大脑机能单侧化。

(一)皮质抑制机能的发展

　　皮质抑制或称中枢抑制机能的发展是大脑机能发展的重要标志之一。

　　皮质抑制机能是儿童认识外界事物和调节、控制自身行为的生理基础。皮质抑制机能的发展,从微观角度讲可以使条件反射的建立日益迅速、稳固,分化日益精细;从宏观角度讲可使大脑对外部事物的分析综合更加细致深刻。抑制机能的发展使儿童神经系统的兴奋过程与抑制过程逐渐趋向平衡,儿童就有可能较长时间地从事某一项活动,并开始能按照成人的指示来支配活动。

　　研究证明婴儿出生后第 2 个月就能分辨糖水和白开水的味道,或分辨小铃铛和电铃的声音。到第 3 个月时,婴儿能分辨红色和黄色或两种不同音高的声音或咸、甜、酸的味道。

婴儿初期这种分化抑制的形成还比较缓慢,到出生后 6 个月左右,其他各种内抑制,如消退抑制、延缓抑制也已形成,但总体上婴儿期的儿童,抑制机能尚较弱,兴奋过程强于抑制过程,导致儿童活动的高度不稳定性和情绪的冲动性。

随着动作的发展、语言的发生特别是其调节功能的增强,在外部事物和各种活动的要求下,婴儿的皮质抑制机能日益增强。

(二)大脑机能单侧化

婴儿大脑两半球不仅在解剖上,而且在功能上存在着差异。在大量实验研究的基础上,研究者发现大脑两半球的功能确实具有不同的模式,两半球以明显不同的方式思维。左半球——言语优势的半球,好比一个语言专家,不仅用语词进行思维,而且还在以语言为基础的逻辑思维方面优于右半球。右半球——非言语优势半球,则用表象进行思维,在再认和处理复杂知觉模型方面具有极大的优势。

大脑机能单侧化指大脑某个半球建立特定功能的过程。单侧化过程从出生时就开始了,多数新生儿在听到说话声时出现左半球的脑电活动,相反,对非语言的声音和刺激(如尝酸果汁),则右半球活动更强,同时导致婴儿的消极情绪。

婴儿期大脑发育除了具有单侧化特征外,还具有可塑性和修复性等特征。

大脑发育离不开外界刺激,具有可塑性特征,或者说外界刺激的减少或者剥夺会影响大脑皮层的发育。动物实验证明,在脑发育的某段时间里,脑视觉区若要得到正常发育,必须积累丰富多样的视觉经验。如果让一只初生的小猫待在黑暗中 3—4 天,脑的该区域功能就会退化,如果待在黑暗中 2 个月,脑功能损伤就是永久性的。严重的刺激剥夺还会影响到整个大脑的发育。

在婴儿期,大脑某个部位或者半球的组织受到损伤影响其机能时,大脑其他部位或者另外的半球会予以替代或修复,这与成人大脑损伤的永久性形成鲜明对比。

第二节 0—3 岁儿童运动机能的发展

动作在婴儿心理发展中的作用一直是发展心理学中的一个重要问题。婴儿各种运动、动作的发展是其活动发展的直接前提,也是其心理发展的外在表现。婴儿动作发展有着严密细致的内在规律,遵循一定的原则,是一个复杂多变而又有规律可循的动态发展系统。

一、动作的发生和新生儿动作研究

(一)婴儿动作的发生

婴儿动作发生在胎儿期,可以表现为胎动和反射活动。所谓胎动是指胎儿在母体内的自发运动或蠕动。最早可在妊娠第 8 周时出现胎动。但母亲能明显感觉到胎动的时间则需要到妊娠第 16 周。胎动最活跃的时期是在妊娠第 28—30 周。

明显的胎动有 3 种类型：一是缓慢的蠕动或扭动，这在妊娠第 12—16 周时最容易觉察；二是剧烈的踢脚或冲撞，这种活动从第 24 周起增加，直至分娩；三是剧烈的痉挛动作。

胎儿活动的差异往往预示他们出生后第一年中活动能力的不同。而胎动的消失往往是胎儿死亡的前兆，因此在孕期，母亲需要时常检测胎儿的胎动频率以确定胎儿的活动情况。

除了胎动，胎儿的无条件反射也已经初步形成。有研究发现，3 个月的胎儿已经出现了巴宾斯基反射和其他类似吸吮反射及抓握反射的活动。5 个月后逐渐获得了防御性反射、吞咽反射、眨眼反射和强制性颈反射等对其生命有重要作用和价值的本能动作。

(二)新生儿动作的研究

在出生后的 0—3 个月，婴儿动作以无条件反射为主，共存在 73 种无条件反射。这些反射是受到某种刺激诱发后会自动发生的、先天的反应。新生儿可以通过这些反射来帮助他们适应环境，同时也可以保护自己。

根据无条件反射的功能，可以将新生儿特有的无条件反射分为 3 类。第一类：对新生儿有明显生物学意义即生来就有而后永远保持的反射，比如角膜反射、眨眼反射、瞳孔反射、吞咽反射、打嗝反射、喷嚏反射等。第二类：对新生儿无明显生物学意义即生来就有而后逐渐消失的反射，比如觅食反射、抓握反射、蜷缩反射、强制性颈反射、摩罗反射、走步反射、游泳反射等。这些反射在婴儿早期发展中具有一定的心理学意义，它们具有维持生存、防御危险和探索世界的功能，同时也是条件反射形成的自然前提。没有这些自然前提，条件反射也就无法形成，婴儿心理的发生也就无从谈起。第三类：具有临床诊断价值的病理反射，如巴宾斯基反射、佛斯特反射等，在新生儿期呈阳性反应。部分无条件反射的信息如表 1-2 所示。

表 1-2　部分无条件反射信息表

反射	大概消失的年龄	描述	功能
定向反射	3 周	新生儿会把头转向触碰他们脸颊的物体	摄取食物
踏步反射	2 个月	当扶着孩子站立，他们的脚轻触地面时腿部移动	让婴儿对独立活动做好准备
游泳反射	4—6 个月	当脸朝下整个人在水里时，婴儿会做出划水和蹬水的游泳动作	避免危险
摩罗反射	6 个月	当脖子和头部的支撑物突然撤离时，婴儿的手臂会突然伸出，好像要抓住什么东西	防止跌落的保护
巴宾斯基反射	8—12 个月	当婴儿的脚掌受到击打时，其反应是张开脚趾	尚不明确
惊跳反射	以不同的形式保留	当面对突然的噪音，婴儿伸出手臂，背部形成弓形并且张开手指	自我保护
眨眼反射	保留	面对直射的光线时，快速眨眼	保护眼睛避免直射光的侵害
吸吮反射	保留	婴儿倾向于吮吸触碰其嘴唇的物体	摄取食物
呕吐反射	保留	清喉咙的婴儿反射	防止食物阻塞食管

二、婴儿动作发展的基本规律

美国心理学家格塞尔最先对婴儿动作发展的规律进行了详细而全面的描述。他提出了婴儿行为发展的五条基本原则：发展方向原则、个体成熟的原则、相互交织的原则、机能不对称原则和自我调节波动原则。其中，前两个原则揭示了婴儿动作发展的总体态势和内部机制；后三个原则对动作发展过程的动态特征和作用规律进行了描述。

格塞尔认为，婴儿动作的发展不是随意的，而是按照一定的方向，有系统、有秩序地进行的，这一过程主要由成熟因素所控制。发展过程中，相反力量总以相互交织的形式被再组织而得到平衡，其中也存在发展不平衡、机能不对称现象。在动作的总体发展过程中呈现出一种稳定和不稳定之间的有规律的波动。

格塞尔的观点对于揭示婴儿行为发展、心理发展的规律有重要意义，但他过分强调生理成熟，忽视外界环境在婴儿动作发展中的作用，这是应当注意的。

我国儿童心理学家朱智贤曾经把婴儿动作发展的规律概括为如下几点：

第一，从整体动作到分化动作。婴儿最初的动作是全身性的、笼统的、散漫的，以后才逐渐分化为局部的、准确的、专门化的动作。

第二，从上部动作到下部动作。婴儿首先发展的是与头部有关的动作，其次是躯干动作，最后才是脚的动作。任何婴儿的动作总是沿着抬头—翻身—坐立—爬行—站立—行走的方向发展成熟的。

第三，从大肌肉动作到小肌肉动作。婴儿首先发展的是躯体大肌肉动作，如双臂和脚部动作等，然后才是灵巧的手部小肌肉，以及准确的视觉动作等。

我国学者陈帼眉在朱智贤概括的基础上，根据格塞尔的论述，进一步概括出了婴儿动作发展的另外两条规律：

第一，从中央部分的动作到边缘部分的动作。即婴儿最早获得的是头和躯干的动作，然后是双臂和腿部有规律的动作，最后才是手的精细动作。

第二，从无意动作到有意动作。婴儿动作发展也服从其心理发展的规律，即从无意向有意发展的趋势，向着越来越多地受意识支配的方向发展。[①]

三、婴儿动作发展的一般进程

婴儿期动作发展的内容主要有两个方面：一是行走动作的发展，二是手运用物体技能的发展。关于婴儿动作及其进程的研究，国际心理学界进行了大量的、多层次的、多角度的研究，也取得了丰富的常模型资料。

---

① 陈帼眉. 学前心理学[M]. 北京：人民教育出版社，1996：35-36.

(一)行走动作(身体位移运动)的发展

在个体发展中,行走动作的出现对人的发展具有重要意义。首先,直立行走可以让婴儿主动接触事物,有利于各种感觉器官的发展,扩大婴儿的认知范围;其次,直立行走发展了婴儿的空间知觉,使婴儿从二维空间向三维空间的知觉发展,进一步增强对事物关系的认知;最后,行走动作的发展可以使动作具有更精细的分工,协调一致、敏捷、灵活。

李惠桐和李世棣(1978)组织田径儿童保健工作者与心理学工作者对婴儿动作发展的情况进行了调查,他们通过坐标法,求出70%的婴儿达到某一动作标准的年龄,然后将这些年龄按照发展顺序进行排列,结果见表1-3。[①]

表 1-3　行走动作发展顺序

顺序	动作项目名称	达到年龄(月龄)	顺序	动作项目名称	达到年龄(月龄)
1	稍微抬头	2.1	25	自蹲自如	16.5
2	头转动自如	2.6	26	独走自如	16.9
3	抬头及肩	3.7	27	扶物过障碍棒	19.4
4	翻身一半	4.3	28	能跑但不稳	20.5
5	扶坐直立	4.7	29	双手扶栏上楼	23.0
6	手肘支床胸离床面	4.8	30	双手扶栏下楼	23.2
7	仰卧翻身	5.5	31	扶双手,双脚跳稍跳起	23.7
8	独坐前倾	5.8	32	扶双手,双脚跳稍跳起	24.2
9	扶腋下站立	6.1	33	独自双脚跳稍跳起	25.4
10	独坐片刻	6.6	34	跑能控制	25.7
11	蠕动打转	7.2	35	扶双手单脚站不稳	25.8
12	扶双手站	7.2	36	一手扶栏下楼	25.8
13	俯卧翻身	7.3	37	独自过障碍棒	26.0
14	独坐自如	7.3	38	一手扶栏上楼	26.2
15	给助力能爬	8.1	39	扶双手双脚跳好	26.9
16	从卧位坐起	9.3	40	扶一手单脚站不稳	26.7
17	独自能爬	9.4	41	扶一手双脚跳好	29.2
18	扶一手站	10.0	42	扶双手单脚站好	29.3
19	扶双手站	10.1	43	独自双脚跳好	30.5
20	扶物能蹲	11.2	44	扶双手单脚跳稍跳起	30.6
21	扶一手走	11.3	45	手臂举起抛掷	30.9
22	能站片刻	12.4	46	扶一手单脚站不稳	32.3
23	独站自如	15.4	47	独自单脚站不稳	34.1
24	独走几步	15.6	48	扶一手单脚跳稍跳起	34.3

---

① 林崇德.发展心理学[M].杭州:浙江教育出版社,2002:169.

爬行是在俯卧状态下手臂和腿交互动作达到位移的一种技能。成熟的爬行是手膝交替成对角线爬行,但婴儿刚开始爬行时是腹地爬行,即胸腹着地,手伸向前方拖动身体前进,腿脚几乎不起作用。腹地爬行一般出现在出生后的 7—8 个月,大约 9 个月时就能较为熟练地手脚并用成对角线爬行了。

行走动作的发展一般开始于出生后的 11 个月左右,能够较为平衡和协调地行走要到 3 岁时才能表现,而行走的成熟模式到 7 岁以后才能完全出现。

独立行走之前婴儿总是扶着家具或父母的手练习行走,这个阶段常被称为"扶物行走",在正常发展的婴儿中,这个动作出现在 9—15 个月期间。

1—2 岁是典型的蹒跚学步期,儿童行进时身体僵硬、不平稳,为了保持身体平衡,有明显的左右摇晃动作;步子很小,腿抬得很高;着地时前腿膝关节弯曲,脚尖先着地;躯体前倾,手臂弯曲且处于腰以上部位,手臂紧张。

2 岁以后,行进时身体平稳,较少有肌肉紧张现象;"高抬腿"现象消失,出现从脚跟到脚尖的着地动作;手臂放在身体两侧但依然有左右摇摆现象。

3 岁以后,成熟的行走动作模式的要素都已经出现,腿部动作连贯,每步只有轻微颠簸;在脚跟到脚尖的着地过程中,身体重心移动自如,但身体重心移动时胯部有轻微扭动;同手同脚现象消失,但手臂与腿脚的同步动作的协调性还不够流畅,灵活性和平衡性还有待发展。

到 7 岁时,幼儿的行走动作达到了成人的水平,步长保持一致、两腿的间距小、脚尖着地现象很少出现,行走有节奏而流畅,灵活性、平衡性已经达到较高水平,行走过程中遇到障碍物也很少摔跤和跌倒。

(二)手部动作(把弄物体)的发展

手部动作的发展对婴儿个体的发展也具有极为重要的意义。首先,通过手部动作的发展,婴儿逐步掌握成人使用工具的方法和经验;其次,通过手部动作的发展,婴儿开始把手作为认识的器官来感觉外界事物的某些属性;最后,手部动作的发展,可以帮助动觉和视觉联合的协调运动,帮助婴儿对隐藏在物体中的复杂属性和关系进行分析综合。

婴儿期手部动作发展的最主要成就是从抓握反射发展出拇指对握的抓握动作(五指分工)、伸手够物(手眼协调)和双手协调、使用工具。

李惠桐和李世棣也对儿童手部动作的发展顺序进行了研究,结果见表 1-4。[1]

表 1-4　婴儿手部动作发展顺序

顺序	动作项目名称	达到年龄(月龄)	顺序	动作项目名称	达到年龄(月龄)
1	抓住不放	4.7	5	传递(倒手)	7.6
2	能抓住面前的玩具	6.1	6	能拿起面前的玩具	7.9
3	能用拇指食指拿	6.4	7	从瓶中倒出小球	10.1
4	能松手	7.5	8	堆 1 寸立方积木 2—5 块	15.4

① 林崇德.发展心理学[M].杭州:浙江教育出版社,2002:173.

顺序	动作项目名称	达到年龄(月龄)	顺序	动作项目名称	达到年龄(月龄)
9	用匙外溢	18.6	15	折纸长方形近似	29.2
10	用双手端碗	21.6	16	独自用匙好	29.3
11	堆1寸立方积木6—14块	23	17	画横线近似	29.5
12	用匙稍外溢	24.1	18	一手端碗	30.1
13	脱鞋袜	26.2	19	折纸正方形近似	31.5
14	串珠	27.8	20	画圆形近似	32.1

抓握动作是在新生儿抓握反射的基础上发展起来的。大约3个月时，儿童在抓握反射的基础上产生了不随意的抚摸动作，这是一种自发动作，具有刻板性和盲目性。到5个月左右，婴儿产生了自主随意的抓握动作，但此时的抓握还是"满手抓"，即拇指与其余四指还不能对握。一般6个月时就能对握物体了，到了9个月时，婴儿则能根据视觉信息调整动作，做到食指与拇指相对的钳捏式抓握小物体，手部抓握动作具备了成熟模式的基本要素。

伸手够物动作又叫手眼协调，是婴儿期动作发展的里程碑。对于婴儿来讲，想要获得物体，抓握物体只是任务的一半，另一半任务是能够让手接触到物体，这就是伸够动作。它的动作核心是眼部视觉指挥手部动作并能跟随物体。

伸够动作的发展一般经历3个阶段，即前伸够阶段、成功伸够阶段和熟练伸够阶段。儿童在新生儿时期就有了挥舞手臂的自发动作，满月以后逐渐出现了由视觉信息引发的前伸够动作。这些动作很快，轨迹成抛物线，动作很快但不能成功地接近目标物，也没有任何抓握动作，即手要么是张开的，要么是握紧成拳头状。3—4月时，前伸够动作逐渐消失，开始表现出"成功触及物体"的动作。在这个阶段，婴儿能够拿到放在附近的物体，但伸够动作还不流畅，动作轨迹成锯齿状；同时伸够动作和抓握动作还不能整合，表现为手臂先运动，接近物体时才张开手指抓握物体。婴儿成长到9个月以后，进入熟练伸够阶段，能够流畅并准确地拿到物体，伸手和抓握动作协调一致成为一个动作整体。至此两个动作组合为一个动作模块。1岁以后，儿童能够熟练地捡起视野内的物体并成功地送进嘴里。

手眼协调从发生到形成，手的动作经历了5个阶段。动作混乱阶段，手的动作无目的地胡乱摆动，3个月时依然无目的、不协调；无意抚摸阶段，2—3个月时，手碰到物体会沿着物体边缘移动，但没有目的、没有方向、还不会抓握；无意抓握阶段，3—4个月的孩子，当手触碰到物体时会抓握，但不同于抓握反射那样紧紧抓住，动作依然是无目的的；手眼不协调的抓握阶段，婴儿看到眼前的物体会去伸手抓，但不能达到目标，即手的动作还不能与视线协调；手眼协调的抓握阶段，4—5个月以后，手眼协调的抓握动作形成了，能够按视线去抓住所看见的物体，动作有了目的和方向。

坐立起来以后，视线的开阔促进了手眼协调动作的成熟。

6个月以前，孩子手里拿着一样东西，如果看见另一样东西会放下手里的东西再去拿新的东西，还做不到左右手各拿一样物体。

双手协调动作是在婴儿的对称动作逐步消失后才出现的，年龄在1岁左右。婴儿在真正的双手协调之前，所做动作往往都是双臂或双手对称的，如最初的惊跳反射是对称的,4个月时的伸够动作也往往伴随着另一只手臂的挥舞动作,6个月以后双手伸够动作才逐步减少。不对称的双手协调如把物体从一只手有目的地传递到另一只手,或双手合作如一手按住瓶子,一手去掉瓶盖的动作,一般要到1岁左右才开始出现。

伸手够物、手部抓握和双手协调动作技能的掌握使儿童开始摆弄各种物体、抓握各种工具,手的操作技能迅速发展起来。1—2岁这一年是儿童上述3项技能从基本掌握到熟练的过程,2岁以后,随着行走技能的熟练,儿童不仅能够自由、随意行走,同时开始使用工具独立进餐,手握画笔涂鸦和生活自理。

使用工具是1岁以后手部动作发展的又一个里程碑。把物体当工具使用是手部动作目的性、有意性发展的重要变化,从不会到会经历了4个阶段。第一阶段还不能按照物体的特点来支配动作,手里抓握的东西只是手的延伸,抓到东西就往嘴巴送和把手送往嘴巴是一个意思。第二阶段是有效动作的延长期,手里拿着物件把玩,偶然碰上一个有效的动作,比如抓住勺子柄送东西到了嘴里,就会小心翼翼地用慢动作完成这一过程,动作还比较僵硬刻板。第三阶段是主动重复有效动作期,2岁左右的孩子会把同一个动作变成运动游戏不断重复,如从盒子里倒出东西再一一捡回去,会一直重复很多遍。第四阶段是按照工具的特点来使用,例如用勺子吃饭就能手握勺子的把柄盛食物送到嘴里。

第三节　0—3岁儿童感知觉的发展

一、视　觉

视觉是个体获得外界信息的主要渠道之一。人类信息的80％都来源于视觉。个体视觉发生的时间是什么时候? 也就是人什么时候开始有了视觉了?

由于婴儿无法用语言很好地表达自身的感受、回答相关的问题,因此早期学者(例如威廉·詹姆斯)认为婴儿是无法进行视觉的测量的,同时大众对婴儿的理解也是认为他/她是"无能的"。直到1961年心理学家罗伯特·范兹首创婴儿"视觉偏爱"这一新方法后,视觉领域里的研究成果如雨后春笋般涌现出来,人们惊奇地发现婴儿比我们原来想象的要"能干"。大量研究证实,婴儿一出世就有了某些视觉活动。

范兹制造了一个小隔间,婴儿可以躺在里面看到上方成对的刺激,如图1-4所示。范兹通过观察婴儿眼睛里所反射出来的物体,并计算婴儿在该物体上注视的时长来判断他们偏好于哪一种物体。范兹给婴儿看了多组图片,发现婴儿天生对不同刺激的颜色、形状和结构有一定的偏好。例如,婴儿喜欢曲线胜过直线,喜欢三维图形胜过二维图形,喜欢人脸胜过非人脸图形。有学者也对这些特征进行了更细致的研究,发现这种特定的偏好可能反映了在大脑中存在高度专门化的细胞对特定的模式、方位、形状和运动方向进行反应。[①]

---

① HUBEL D H, WIESEL T N. Brain Mechanisms of Vision[J]. Scientific American, 1979(3):150.

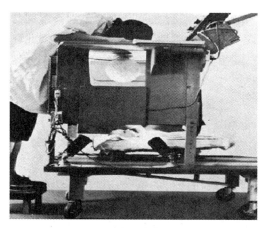

图 1-4 婴儿视觉偏好实验设施

　　心理学家黑斯对婴儿的视敏度也进行了研究,发现婴儿的视敏度在 20/200～20/600 之间,这意味着婴儿在 20 英尺①处所看到物体的清晰度就像正常视力的成人在 200～600 英尺处看到的一样。这也表明婴儿的视力范围是成人的 1/10—1/30。婴儿,尤其是新生儿的视力与不戴眼镜的视力不好的成人是一样的。随着婴儿的成长发育,婴儿的视力也会越来越清晰。到 6 个月时,婴儿的视力可以达到 20/20,已经可以达到成人的视力水平。

二、听　觉

　　听觉在婴儿的心理发生发展过程中具有重要的意义,是婴儿探索世界、认识世界、从外界获取信息不可缺少的重要手段。言语、音乐等能力的发生发展都离不开听觉。因此,心理学界对听觉的研究一直经久不衰。

　　以往研究发现,5—6 个月的胎儿就开始建立听觉系统,可以听到透过母体的频率为 1000 赫兹以下的外界声音。因而,实施胎儿音乐教育无论从理论上,还是从实践上,都是可行的。

　　正常健康的婴儿一生下来就有听觉,听觉可以说是与生俱来的。只有少数新生儿有耳聋现象,是属于病态范畴,而且只有生理疾病才是耳聋真正的原因。新生儿对不同的声音,声音的不同音调、纯度、响度、强度、持续时间等都具有不同的反应,存在着个别差异。

　　与视敏度相同,在听觉方面也有听敏度,是指听觉器官对声音刺激的精细分辨能力。奥尔索等人研究发现 1 个月的婴儿已经能辨别出 200 赫兹与 500 赫兹纯音之间的差异。5—8 个月的婴儿在 1000 赫兹到 3000 赫兹范围内听觉的差别阈限研究显示,婴儿能觉察出声频的 2% 的变化,而成人则是 1%。同时,婴儿在 200—2000 赫兹范围内的听觉差别

---

　　① 1 英尺＝0.3048 米。

阈限是成人的 2 倍,而在 4000～8000 赫兹范围内的差别阈限则与成人水平相同。[①]

在语音和乐音方面,婴儿具有敏感性,大约 2 个月大的婴儿已经能够辨别不同情感的语调,安静地躺着听音乐。6 个月时婴儿会对自己的名字做出相应反应,在听到音乐时会伴随有强烈的身体运动。[②]

三、触　觉

触觉是皮肤受到机械刺激时而产生的感受。触觉是学前儿童认识世界的主要手段,2 岁以前,触觉在其认知活动和依恋关系形成的过程中占有非常重要的地位。研究表明:学前儿童依靠触觉或触觉与其他感知觉的协同活动来认识世界,依恋关系的建立主要依赖于身体的接触。2 岁以后,触觉的作用相对减少。但是在整个学前期,儿童还是较多地依靠触觉或触觉与视觉、听觉等其他感知觉的协同活动来认识世界。

有研究表明触觉先天就存在,在怀孕 32 周后,胎儿的整个身体对触摸就已经很敏感。此外,婴儿在出生时已有一些基本反射,如觅食反射,这种反射需要婴儿能在嘴巴周围感知触觉,以便自动找到乳头吃奶。

婴儿对于物体的触觉探索最初是口腔触觉的探索,然后是手的触觉的探索。最初的本能的吸吮反射和觅食反射是一种口腔的触觉探索。新生儿和幼小婴儿的口腔触觉探索还可以通过学习、训练而得到发展,并且在获取信息方面起重要作用。当婴儿的手的触觉探索活动发展起来以后,口的触觉探索逐渐退居次要地位,但在相当一段时间内,幼小儿童依然以口的探索作为手的探索的补充,如 6 个月以后的孩子看见东西就往嘴里塞。

四、嗅　觉

嗅觉是辨别物体气味的感觉。人们对各种气味的辨别,一般通过 4 种嗅觉来实现,即香(芬芳)、酸、焦气味和腐臭。

嗅觉是一种较为原始的感觉,许多的动物借助于嗅觉来维持生命。人的嗅觉也是种系发生上很古老的功能之一,在进化早期也曾具有重要的保护生存、防御危险的价值,随着文明的发展,其作用日渐减弱,只和日常生活中感知事物的过程相关。

有人认为,胎儿 30 天时头部中线两侧椭圆形厚组织区域以及鼻基板的形成标志着人类嗅觉系统的萌生。到 7—8 个月时,胎儿的嗅觉接收器已经相当成熟。至于这时期的嗅觉神经通路是否已发挥了作用,法布曼和格斯兰德对胎鼠的研究结果对这个问题给予了肯定的答复。

---

①　OLSHO L W. Infant Frequency Discrimination[J]. Infant Behavior & Development,1984(1):27-35.

②　王争艳,武萌,赵婧. 婴儿心理学[M]. 杭州:浙江教育出版社,2015:210-211.

对于新生儿嗅觉的研究开始于20世纪30年代以前,但是直到60年代中期,这些研究都未能建立起客观的刺激测量指标以及系统分析的方法。

在这些早期研究中,只有一个问题有了明确的可接受的答案。即新生儿对氨水、薄荷和醋酸等刺激物已经有了明显的"嗅觉反应",但这种反应更主要地是由三叉神经末梢引起的,而不是嗅觉接收器。后来一系列的实验结果表明,嗅觉系统和三叉神经系统即便是对纯粹的嗅觉刺激也都会同时产生反应,而且在这一点上成人和婴儿也都一样。

随着婴儿的成长,渐渐发展起对嗅觉刺激的偏好。例如,母乳喂养的婴儿,会很快表现出对母亲体味的偏好。到了1岁多至2岁以后,会越来越被饭菜的香味所吸引,从而愉快进食。

五、味　觉

味觉是个体辨别物体味道的感知觉。人的基本味觉大致可以分为四种:酸、甜、苦、咸。其他味道都由这四种味道混合而成。

比较心理学研究发现:动物的味蕾数有10000～40000个,人类婴儿在10000以上,而成人味蕾数则为9000。这证实人类的味觉已经在退化,目前已发现有些成人不能感觉全部甜味和部分苦味了,这与人类种系味觉进化规律大致相符。

人类味觉系统在胎儿3个月的时候就已经开始发育,并且开始受到多种味觉刺激;出生前味觉系统已经发育成熟。

味觉是新生儿出生时最发达的感觉,因为它具有保护生命的价值。新生儿对不同的味道有不同的反应。甜食最能令他满意,他会较长时间地吸吮甜的液体;而且对于不同种类的糖的反应也不尽相同,他们对蔗糖更偏爱一些,乳糖、葡萄糖则不大受欢迎。苦味则使新生儿拒绝吸吮并躲避;对咸味的反应介于中间,既不特别喜欢,也不特别抗拒。

六、多感官的协调

来自不同感官的信息最初是在不同的脑区进行加工的,但是环境提供的刺激往往是联合刺激,同一时间会收到来自多个感官的信息,这些信息会被整合、加工,形成对外界环境的整体感知。

(一)视听协调

视听协调主要表现为头转向声源并睁眼探寻声音发出的位置。在实验情境下,出生2周的婴儿已经有视听协调的表现。[①] 半个月左右的新生儿把头转向声源的现象在日常生活中可以经常观察到,可见视听协调发生较早。

---

① 陈帼眉.学前心理学[M].北京:人民教育出版社,1989:74.

(二)手眼协调

手眼协调是婴儿认知发展过程中的重要里程碑。手眼协调动作出现的主要标志是伸手能抓到所看见的东西。伸手抓到物体需要有三个前提条件,一是知觉到物体的位置(视觉),二是知觉到手的位置(动觉),三是视觉能指引手的触觉活动。它是视觉—动觉—触觉的协调,大约在出生后 5 个月实现。

七、深度知觉

深度知觉是距离知觉的一种。测量婴儿深度知觉的最常用的工具是吉布森和沃克首创的"视觉悬崖"装置,如图 1-5 所示。在该装置中,婴儿被放置在一块很厚的玻璃上,在一半的玻璃背面铺有方格图案,而另一半玻璃下方的方格图案与玻璃具有几十厘米落差,形成了明显的"视崖"。吉布森等人将婴儿放置在背面铺有方格图案的玻璃上,让婴儿的母亲在对面召唤婴儿,看他们是否愿意爬过这个"悬崖"。

图 1-5 视崖装置

结果表明,研究中大部分 6—14 个月大的婴儿不会通过"视崖"。显然,在这个年龄段,大多数婴儿的深度知觉能力已经发展成熟。然而,该实验没有明确指出深度视觉何时出现,因为只有在婴儿学会爬行后才能施测。在其他实验中,实验者把 2—3 个月大的婴儿俯卧在地板和"视崖"上,揭示出婴儿在这两个位置上的心率有所不同。[①]

第四节 0—3 岁儿童注意的发展

婴儿的注意就其发生来说是一种定向反射,又称探究反射,指由情境的新异性所引起的一种复杂而又特殊的反射,最显著的行为表现即感官朝向刺激物。

---

① CAMPOS J J, LANGER A, KROWITZ A. Cardiac Responses on the Visual Cliff in Prelocomotor Human Infants[J]. Science, 1970(3):196-197.

1—3个月的婴儿的注意表现出选择性的特点；经验在3—6个月婴儿的注意中起作用；1—3岁的婴儿注意的发展表现在与表象、与语言、与客体永久性之间关系的发展方面，1—3岁婴儿的注意时间在逐渐增长，最多能集中注意20～30分钟；注意的事物逐渐增多，范围也越来越广，如已能注意自己的内部状态和周围人们的活动；由于大脑神经系统抑制能力和第二信号系统的发展，注意转移能力和注意分配能力也有较大的发展，但是仍然不大成熟；将近3岁时，有意注意开始出现，婴儿已能注意观察周围环境中的变化并和认知过程结合起来。

一、婴儿注意的发生

新生儿大部分时间处于睡眠状态，他们的觉醒时间非常短暂，几乎不超过10分钟。即使在喂奶的条件下，也不超过半个小时。一方面，新生儿的这种极短暂的觉醒时间是神经系统和脑发育尚不成熟而避免受过多刺激影响的保护性象征。另一方面，它在客观上限制了新生儿注意、记忆和学习活动的发展，同时也给这方面研究增加了一定的难度。

新生儿时期和出生头3个月，随着神经系统和脑的迅速发育，他们保持觉醒的时间逐渐延长，即使不喂奶，觉醒时间也可以延续到1～1.5小时之久。4个月以后出现昼夜之间有规律的睡眠—觉醒状态。半岁期间，婴儿夜间连续睡眠时间可以达到6～8小时。半岁以后，婴儿处于觉醒状态的时间迅速增长。白天有规律地睡眠两次，每次2～3小时，其余时间则醒着玩耍。

睡眠与觉醒的规律化，标志着神经系统和脑的迅速成熟。这为婴儿保持相对较长时间的觉醒，把不同类型的刺激信息沿特异神经通路输送到脑的特定区域，以及维持足够的神经能量，对信息进行加工处理提供了可能。

同时也为注意行为的发生和感知觉的进行提供了可能性。

(一)新生儿定向反射的表现

注意，从它的发生来说，是一种定向反射。定向反射最初是一种无条件反射，因此婴儿一生下来就有注意。

定向反射是外来的新刺激或环境中明显的刺激引起的新生儿及婴儿的复合反应。包括：血流的变化、心率的变化、胃的收缩和分泌、瞳孔的变化、脑电变化等。

定向反射所表现出来的这些变化，是研究注意的非常重要的指标，这些指标都是一些生理指标。

为什么要用这些生理指标？第一，定向反射是婴儿心理活动的外部表现，而婴儿可以测定的行为表现极少；第二，婴儿无能力用语言报告自己内心活动状态，这些生理指标是不需要用语言来报告的。

常用的测量新生儿及幼小婴儿注意的指标有：觉醒状态、习惯化、心率变化、瞳孔扩大、吸吮抑制。

1.觉醒状态

觉醒和注意有倒置的 U 型关系,如果有适宜的觉醒状态,新的或意外出现的刺激会引起定向反应。

2.注意的习惯化

习惯化是指对熟悉的刺激所发生的注意减退现象。也就是说,刺激物出现的次数越多,时间越多,婴儿的注意会越来越少,直至不再去注意它。

传统的测量婴儿习惯化的方法是——固定的实验程序。(在固定的时间内,向婴儿呈现某种刺激,测定在此固定的时间段内婴儿注视的时间或心率,从婴儿第一次看所呈现刺激的时间开始计算,到规定的呈现时间结束为止。)

20 世纪 70 年代以来,一种新的方法——婴儿控制的程序开始流行(是从婴儿开始注视到婴儿转看别处为止。当婴儿视线离开时,也就把刺激物移开)。

3.心率的变化

心率变化是常用的心理生理测量指标之一,是比较敏感的指标。心跳对环境的变化非常敏感。有研究表明:心率减速是定向的表现,而心率加速,是防御和恐惧的反应。

4.瞳孔变化

婴儿注意时,瞳孔的大小也有变化。研究表明:1—4 个月的婴儿注意人脸时,瞳孔大于注意非社会性刺激物;4 个月的婴儿注意陌生人时,瞳孔大于注意母亲的时候。

5.吸吮抑制

最常见的是当婴儿看见或听见某种新刺激时,就会停止吸吮动作。所以,可以通过记录婴儿抑制吸吮的方法研究婴儿的注意。

(二)新生儿注意的特征

研究表明,新生儿已经具有了选择性注意的能力。他们的视线能固定在外部世界的某种对象上,比如新生儿对图形比对杂乱刺激点或线条更容易集中,这种现象被称作"偏好"。

心理学家黑斯用眼动仪记录到新生儿视觉搜索运动的轨迹,证明了新生儿已经具有对外部世界进行视觉扫描的能力。他认为,新生儿无论在黑暗或光亮的环境中,都是以有组织的方式进行扫视,并总结出了新生儿视觉扫视的主要规律,即上述提到的新生儿注意的 5 点规律。

黑斯把以上的规律归结为一个简单的生物学原则:新生儿的扫视活动是一种生理适应现象,它的作用是保持皮质视觉神经细胞的高水平的"兴奋速度"。

其他的研究也表明,新生儿对不同的对象有不同的偏好,主要是对简单鲜明图形的偏好和对人脸的偏好。

总结以上的分析,新生儿时期的感觉和注意基本上是先天的和生理的活动,这些活动在刺激作用下,就具有了心理的性质。由先天的无条件性定向活动诱导的注意和各感觉通道向大脑皮层输入的信息相结合,就是知觉产生的心理前提。同时,知觉经验又进一步影响着注意的选择性。

二、婴儿注意的发展——婴儿注意的选择性倾向

婴儿注意的选择性带有规律性的倾向。这些倾向表现在视觉方面,也称为视觉偏好。

(一)婴儿注意选择性的特点

婴儿注意的选择,有这样几个偏好:

偏好复杂的刺激物;偏好曲线多于直线;偏好不规则的模式多于规则的模式;偏好密度大的轮廓多于密度小的轮廓;偏好集中的刺激物多于分散的刺激物;偏好对称的刺激物多于不对称的刺激物。

婴儿注意选择性的变化有两个明显的趋势。第一,从注意局部轮廓到注意较全面的轮廓,3个月的婴儿的注意则已经比较全面。第二,从注意形体外周到注意形体的内部成分。

(二)婴儿选择性注意的假说和理论

关于这一阶段婴儿注意的选择性主要有两个假说和两种理论。

1.两个假说

一是范兹和吉布森提出婴儿对某些具有功能价值意义的刺激,例如3个点构成的"人脸"模型等,有一种先天的偏爱。二是著名的"差异假说"。这一假说认为婴儿倾向于接受那些与其内在认知水平差异不大的刺激,而这种内在认知水平则随着年龄增长而出现有顺序的变化。

2.两种理论

卡默尔等人的轮廓密度理论主要认为:婴儿的注意受视野中物体轮廓出现与否的制约和影响。轮廓密度是决定视觉偏好的主要因素。而且在任何年龄阶段,这种偏好都与轮廓密度成倒 U 字关系。在任何特定年龄都有其最偏好的轮廓密度。随着年龄的增长,倾向越来越大的密度。卡默尔从神经生理学的角度对这种现象的原因做了解释:那种最受偏好的轮廓密度会引起视觉接收区最大的神经兴奋,因而产生偏好;随着神经系统的成熟,视觉接收区对比较密集的轮廓更加敏感,更容易兴奋。

卡默尔的理论与黑斯的理论有相似之处,而且他的理论确实可以在一定程度上解释婴儿早期注意的倾向性,但是也有不足之处。因为除了轮廓密度以外,每个图案还有其他特性,而且轮廓密度也不是轮廓的唯一特性,轮廓的外形结构等也是我们区别不同对象的重要指标。

班克斯、沙拉帕蒂克建立在对比性感知功能基础上的图形视觉理论,这个理论的核心认为:人有一个对视觉系统特点进行线性分析的系统。他们认为视觉分析器可以像分析声响信息那样分析视觉刺激。一般地,任一特定声响都可能划分成一系列具有不同权重的正弦波,这就是声音的频谱分析。同样,他们认为这种方法也适用于视觉刺激,我们也可以对视觉刺激进行分析,并从对比感觉功能来考察分析婴儿的视觉感受性。

(三)经验在注意活动中开始起作用

3 个月以后的婴儿,生理成熟对他的注意的制约作用已经不像以前那么重要,经验开始对婴儿的注意起作用。

在当前刺激和已有经验之间的关系这个问题上,一直存在着两种主要的不同的观点:一种是"线性理论",一种是我们前面提到的"差异理论"。

线性理论即"直线差异假说",这种理论认为:刺激和经验之间的差异越大,越能保持注意,注意的时间越长,即差异和注意之间是一种线性关系。

差异理论即"倒 U 型差异假说",这种理论认为:当前刺激与经验之间的差异与注意是一种倒 U 型的非线性关系,只有适度水平的差异才能引起最大的注意。

另外,还有人提出了"倒 S 型关系假说",即刺激和经验之间的差异与婴儿的注意呈非线性,也非倒 U 型的,而是倒 S 型的关系。而前面所说的倒 U 型关系只是描述了倒 S 型关系中的一部分内容。也就是说,当差异再增大到一定程度时,则又会引起婴儿更高水平的注意。

6 个月以后的婴儿的睡眠时间减少,白天经常处于警觉和兴奋状态。这时的注意是以更广泛和复杂的形式表现在日常感知活动中的。6 个月以后注意选择性越来越受知识和经验的支配,受当前事物在其社会认知体系中的地位以及婴儿所知的自己与它们之间的关系的支配和影响。

(四)1—3 岁儿童的注意

1 岁以后,婴儿开始逐步掌握语言,表象开始发生,客体永久性日益完善,以及模仿能力迅速发展,这一系列认知方面的突飞猛进使婴儿注意能力迅速发展,并在婴儿末期产生了有意注意。

1.表象的发生与注意的发展

1.5—2 岁,儿童的表象开始发生。从此,儿童的注意和表象就发生了密切的联系。当前事物和其表象出现矛盾或较大的差距时,婴儿会产生最大的注意。如:卡根对 2 岁婴儿进行实验研究后发现,半数以上的被试在看见幻灯片中一个女人把自己的头拿在手里时,表现出明显的心率减速,产生了最集中的注意。

2.语言的发生与注意的发展

2 岁以后,语言真正形成。语词作为第二信号系统的刺激物,已能够引起婴儿的注意。这样,语言的产生与发展使婴儿的注意又增加了一个非常重要而广阔的领域,使其注意活动进入了更高的层次——第二信号系统。在这个时期婴儿注意的一个非常明显的特点就是,当他听成人说出某个物体的名称时,便会相应地注意那个物体,而不管其物理程度如何,是否新异刺激,是否能满足其机体的需要。也就是说物体的第二信号系统特征开始制约、影响婴儿的注意活动。这使得婴儿能够逐步集中注意力看图书、看图片、听儿歌、听故事、看电影、看电视等,为其记忆和学习活动提供了更为丰富广泛的、与表象和语言密不可分的材料和内容世界,使间接经验的学习活动的产生成为可能。

3.“客体永久性”的认识与注意的发展

在这一时期婴儿对客体永久性的认识也日趋完善。

如,12—15个月时,婴儿不但能够知道物体可以从一处移到另一处,而且能够找到先后藏在两个位置的一个客体。15—18个月时,婴儿应能够找到无论在什么情况下藏起来的物体,也无论他看见与否。这时他已经掌握了一个规律:两个客体不能同时处于同一位置,除非一个藏在另一个里面,否则它们就是同一物体。这种对客体的永久性认识,使其注意活动更加具有了持久性和目的性,而不再受物体出现与否的影响,这也使其注意活动更具有探索性和积极主动性,使其直接经验的学习能力迅速发展起来。

综合以上方面可以看到1—3岁婴儿的注意时间在逐渐增长,最多能集中注意20～30分钟;注意的事物逐渐增多,范围也越来越广,如已能注意自己的内部状态和周围人们的活动。由于大脑神经系统抑制能力和第二信号系统的发展,注意转移能力和注意分配能力也有较大的发展,但是仍然不大成熟;将近3岁时,有意注意开始出现,婴儿已能注意观察周围环境中的变化并和认知过程结合起来。

【案例分析】

材料:春节时悦悦10个月了,她已经能够试着站立了,一家人很高兴。但是过去的3个月由于天气冷,孩子穿得比较厚实,体重也偏重(悦悦比较胖),所以很少有机会爬行。春节期间走亲访友,有亲戚认为悦悦不会爬行或者说没有爬行经历将会影响她未来的智力发展,悦悦的爸爸妈妈对这位亲戚的话深感疑惑。

问题:爬行真的会影响儿童的智力发展吗?

分析:婴儿的吸吮、爬行,成人的行走及奔跑都是个体生命和发展最基本的活动。动作的发展是检测、判断婴儿神经系统特别是脑部发育的重要指标,也为心理发展奠定基础和产生重要影响。首先早期儿童与环境的相互作用是通过动作完成的。其次动作发展拓展了婴儿的空间感知经验,为认知发展提供了早期经验。很多研究证实,爬行动作对儿童的认知发展有着重要作用。婴儿需要大量的爬行和行走经验才能对环境的变化做出适应性的反应,学习对新环境的适应,从而促进认知发展;陶沙、董奇等人的研究显示,爬行对于客体永久性的形成具有明显的促进作用;早期的认知发展主要来自感知觉,动作与知觉具有交互作用,身体的位移可以丰富视觉信息,提高空间搜索能力。爬行是自主运动,可以增加婴儿主动适应环境的经验,有助于认知的发展。

【拓展阅读】

陈帼眉.学前心理学[M].2版.北京:人民教育出版社,2015.

林崇德.发展心理学[M].杭州:浙江教育出版社,2009.

罗伯特·费尔德曼.发展心理学——人的毕生发展[M].4版.苏彦捷,译.北京:世界图书出版公司,2012.

董奇,陶沙.动作与心理发展[M].北京:北京师范大学出版社,2002.

【知识巩固】

1.判断题

(1)视力就是人们通常所说的视敏度,是指幼儿分辨细小物体或远距离物体细微部分的能力。　　　　　　　　　　　　　　　　　　　　　　　　　　　　（　　）

(2)神经胶质细胞是神经系统的基本结构和功能单位。　　　　　　　　（　　）

(3)动作的发展是身体运动机能的表现,与心理发展没有关系。　　　　（　　）

(4)婴儿的运动经验有助于空间知觉的发展。　　　　　　　　　　　　（　　）

2.选择题

(1)当物体轻轻地触及新生儿脚掌时,他们会本能地张开脚趾,这属于(　　)。

A.巴布金反射　　　　B.巴宾斯基反射　　　C.游泳反射　　　　D.摩罗反射

(2)吉布森及其同事进行的"视崖实验"是用来测查婴儿的(　　)。

A.形状知觉　　　　　B.大小知觉　　　　　C.方位知觉　　　　D.深度知觉

(3)手眼协调大约形成于(　　)。

A.5—6个月　　　　　B.9个月　　　　　　 C.1—1.5岁　　　　D.2岁

(4)注意的发生以(　　)为主要外显标志。

A.感觉偏好　　　　　B.定向反射　　　　　C.客体永久性　　　D.表象形成

3.简答题

(1)简述婴儿大脑发育的基本特点。

(2)简述婴儿动作发展的基本规律。

【实践应用】

1.案例分析

实例:慧儿出生后,慧儿的爸爸妈妈在布置慧儿房间方面发生了争执。妈妈看了很多的育儿方面的书籍,认为出生后的前几年刺激的丰富性是影响慧儿发展的关键因素,因此坚持把慧儿的房间布置得很丰富,天花板上要悬挂五颜六色的气球、彩花和多种风铃。墙面要用彩色壁纸贴出来,还要准备很多种玩具,例如布娃娃要有很多种,变形金刚和各种动物模型、积木都要有……慧儿的爸爸则觉得小孩的房间应该简单一点,天花板、墙面要素净,屋子里物件尽可能的少一点,这样会比较安全。

问题:如何布置婴儿的房间才能有利于其发展呢?

2.尝试实践

(1)请根据婴儿脑发育的特征,分析婴儿的玩具应该具备哪些特征。

(2)请以身边一个婴儿为例,对婴儿的动作进行观察、记录及分析。

婴儿动作发展观察分析表

观察者姓名：

被观察儿童的姓名：　　　　　　　　　儿童的性别：

儿童的出生年月：

观察场景（何处）：

观察日期：　　　　观察开始时间：　　　　观察结束时间：

简要描述观察地点的物理特点和社会特点：

动作描述	发展水平分析

第二章

0—3 岁儿童认知的发展

【学习目标】

知识目标：

1.能说出婴儿记忆、思维、想象发生的标志和时间；

2.能陈述婴儿期记忆、思维、想象的主要发展成就；

3.能陈述婴儿期言语发展各阶段的主要变化。

技能目标：

能够应用所学原理分析婴儿想象和解决问题的实例。

情感目标：

能够体会到婴儿期认知发展的快速变化，萌发对婴儿进行观察、理解、研究的愿望。

【问题导入】

实例材料一：

给婴儿看一个他够不着的玩具，然后为他们提供一个玩具耙子。小一点的婴儿或者直接够玩具，或者用玩具耙子随意抽打。18个月的婴儿表现出不同的行为：他们几次去够远处的玩具无效后带着请求或者义愤注视他们的妈妈，然后盯着耙子看，突然发出灿烂的微笑，然后立即抽打耙子的一端并用它迅速抓住玩具往自己身边拉。

实例材料二：

给婴儿混在一起的4批不同的玩具马和4支不同的玩具铅笔，9—10个月的婴儿会随手拿起任意一个玩具玩，比如敲敲打打。那么18个月的婴儿会怎样做呢？

问题：

18个月的婴儿在认知方面发生了何种质的变化？

【内容体系】

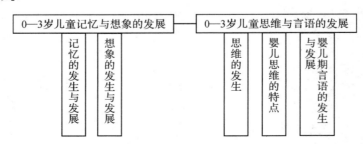

38

第一节 0—3岁儿童记忆与想象的发展

一、记忆的发生与发展

记忆是人脑对经验过的事物的识记、保持、再认与再现,是人类个体的高级认知机能之一。信息加工理论认为,记忆就是对输入信息的编码、存储与提取的过程。

记忆是在感知的基础上形成的,是想象、思维等认知过程的基础,是感知与想象、思维的桥梁,为想象和思维提供原材料。

(一)记忆的发生

记忆作为一种高级的认知机能,是与生俱来的还是后天发生的? 发生的标志是什么?

心理学家判断记忆发生的标志有3个,分别是条件反射的建立、习惯化与去习惯化、重学节省。

条件反射是儿童出生后在无条件反射的基础上,条件刺激物与行为反应之间由于多次重复形成的暂时神经联系。在自然养育的环境中,儿童最早形成的条件反射是喂奶姿势条件反射,即只要母亲抱起婴儿呈喂奶姿势(婴儿身体横着,头部略高),婴儿就会将头部转向乳房方向并开始寻找乳头,出现吸吮动作。通常开始哺乳2周内就能形成喂奶姿势条件反射。以此为标志,婴儿出生后2周左右记忆发生。

在婴儿心理发展的研究中,心理学家常采用习惯化与去习惯化的方法来作为记忆发生和感觉偏好的衡量指标。习惯化指婴儿对反复或持续出现的刺激的反应频率下降的现象,去习惯化则是指婴儿又接受新刺激,从而对其提高反应频率的现象。如果出现习惯化与去习惯化的现象,则标志着记忆发生。

在刺激呈现一段时间以后,当婴儿的注视时间明显地少于开始时注视的时间,并下降至原来注视时间的50%时,则可认为对该刺激形成了习惯化;这时呈现新的刺激,如果注视时间与前一时刻相比突然上升,且上升的幅度显著,则可认为此时去习惯化发生。有研究表明,出生仅2天的婴儿就可形成视知觉的习惯化和去习惯化,标志着记忆发生。

重学节省是艾宾浩斯在研究记忆中创造的一种测试记忆是否发生的方法。同一内容如果第一次识记和第二次识记所用时间出现差异(通常是第二次识记所用时间少),就表明记忆产生。这种方法通常应用于学龄期儿童和成人记忆的研究中。

由于判断记忆发生的指标不同,所以确定其发生的时间有早有晚。随着研究方法及其设备的改进,有研究认为胎儿期8个月左右已经有了听觉记忆。为此记忆发生于新生儿时期是能够成立的命题。

(二)婴儿期记忆的发展

婴儿期记忆的发展主要表现在保持时间的延长和提取方式的变化这两个方面。

萨利文等综合两项婴儿期记忆发展研究的成果发现 3 个月以内的婴儿已经具有了长时记忆。多项研究显示 3—6 个月婴儿长时记忆的保持时间可以增加到一天以上。6—12 个月婴儿长时记忆保持的时间继续延长,典型的行为表现是开始认生、模仿和能玩躲猫猫游戏。

婴儿初期的记忆以再认为基本表现形态,但是 1 岁以后再现能力显著发展,典型表现是延迟模仿的出现。

延迟模仿指在某一行为发生后几个小时或者几天后,对其进行模仿。皮亚杰曾在自己的观察记录中描述了女儿杰奎琳的延迟模仿行为。

在一岁四个月零三天的时候,杰奎琳碰到了一位一岁零六个月的男孩,以前他们就经常见面。男孩在那个下午大发脾气。当他想离开婴儿围栏的时候,他大声尖叫,把围栏往后拽,使劲踩脚。杰奎琳站在那里吃惊地看着这一幕,她以前从来没有看到类似的情境。第二天,她自己在婴儿栏里大叫并且也想摇晃它,轻轻地踩了好几次脚。

1 岁以后具象再认与再现能力快速发展,符号记忆能力开始发展。

根据记忆内容的性质,可以将记忆分为运动(动作)记忆、情绪记忆、形象记忆和语词记忆,3 岁前 4 种记忆都已经全部产生。

运动记忆是对身体运动状态和动作模式的记忆。儿童最早出现的记忆就是运动记忆,前述的喂奶姿势条件反射的建立即运动记忆的发生。

情绪记忆是对体验过的情绪或情感的记忆。儿童喜爱、依恋或害怕、厌恶某种事物即情绪记忆的表现,面对熟悉的人(养育者)表现出依恋,对陌生人表现出胆怯等即情绪记忆产生的典型表现,大约 5—6 个月时已经普遍表现。

形象记忆指感知过的事物以表象的形式在头脑中存储。婴儿能够分清熟悉的人和陌生人,开始认生即形象记忆的典型表现。

语词记忆是以语言材料为内容的记忆。语词记忆的发生与言语行为的产生相关,一般 1 岁以后才出现。

整个婴儿期以具象再认为主,再现能力快速发展,符号记忆能力开始发展。

二、想象的发生与发展

(一)表象、表征与想象的含义

表象(imagination)是过去感知过但当前不作用于感官的事物在头脑中出现的形象。从表象的主导来源可以分为视觉表象、听觉表象、触觉表象等;从表象形成的过程可以分为记忆表象与想象表象。

表征(representation)是信息在心理活动中的表现和记载方式。外部客体在心理活动中可以以动作模式、表象、语词或概念的形式存储与表现。这些动作模式、表象、语词或概念就是信息的表征。它们都是客体的心理符号（mental symbol）。词语或概念是典型的心理符号，数字、音符、事物的标记、记号等也是心理符号。心理符号是客体的代表，但它们与客体不同，它们都代表着一定的事物，是对那些事物的象征，即对客观事物特征的抽象（最初的抽象只是在感知水平）。由于表征方式的抽象概括使得人类个体可以摆脱客观事物的束缚（脱离具体的时间和空间限制）在头脑中对其进行加工操作。因此，符号表征就是以符号形式进行的信息加工。

表征是认知心理学的基本概念，可以在不同层次上使用。从广义到狭义，含义依次是：①以一物作为另一物的信号，比如某人的照片、姓名即该个体的表征；②指信息或知识在心理活动中的表现和存储方式，比如表象表征、符号表征，是外部事物在心理活动中的内部再现；③表象形成的过程即表征，表征是一种心理加工过程，此时表征当动词使用。

象征（symbolization）是指用某种具体事物代表某种抽象意义或者特殊意义。象征作为一种艺术表现手段是指用具体的有形物体代表某一抽象意义的表达方式；在儿童心理发展的过程中，从动作表征向符号表征的过渡阶段即象征期，表现为儿童用一物体作为一种信号物代替现实中的某一客体来实现表征加工，比如拉一根竹竿在胯下来表征骑马，即象征。

想象（imagine）是对头脑中已有表象进行加工改造形成新形象的过程。想象具有形象性和新颖性两个基本特点，是图像加工的过程。

想象与思维同源，起源于表征功能的出现。早期的表征即想象，标志着人类个体对客观事物的反映从直接反映进入间接反映的高级认知加工阶段。

想象是思维的特殊表现形式，是从知觉加工进入符号加工的过渡。在儿童期预见行为的结果并用预期来指导行为即想象的过程。

（二）想象的发生

想象的发生需要头脑中存储相当数量的表象。表象的形成需要大脑皮层趋于成熟，能够快速建立大量的暂时神经联系并能重新组合。因此想象的发生时间较晚。

想象以表征的发生和表象的形成为基础。

表征的发生即外显的象征性行为内化为头脑中的一种形象，时间大约在1.5—2岁期间。例如1岁以内的儿童想要吃奶时会抱着空奶瓶吸吮，到了1岁半以后则会做出抱着奶瓶吸吮的动作（并无奶瓶），闲暇时儿童会抱着布娃娃做喂奶状。这些行为表现说明儿童头脑中已经具有了吃奶、喂奶的动作表象，此时则通过行为将其表现出来，是对客观事物的一种表征。

表象是想象的材料，因此记忆表象出现一定程度的新颖性即想象的发生，1.5—2岁的儿童经常会做出把巧克力糖果塞进布娃娃嘴巴的动作或者一手抱着布娃娃，一手拿着塑料汤匙假装给娃娃喂水等。这都是妈妈喂自己的记忆表象在新的情境下的再现，是把记忆表象迁移到了新的情境，出现了一定程度的新意。

上述行为都是想象发生的标志。最初的想象是无意想象，无意想象的代表行为是做梦，因此在自然状态下当儿童能够做梦也标志着想象的发生。

(三)想象的发展

1.想象的萌芽

儿童最初的想象其实是记忆表象的简单加工,主要表现为在新情境下的复活、相似联想和没有情节的简单组合。

儿童最初的想象都表现在简单的象征性游戏中。3岁前的儿童的象征游戏都是一些对生活片段的模仿,如给娃娃喂饭、假装睡觉或是指着香蕉喊月亮,都是记忆表象在新的情境下的再现或者简单的相似联想。反坐在小的靠背椅上,嘴里发出"滴滴"声并在屋子里转移一段距离也只是一种头脑中"开车"表象的简单组合。

2.完全的无意想象

3岁前儿童的想象是一种完全意义上的无意想象,其特点表现在最初的涂鸦式绘画和伴随语言的简单的象征游戏中。

没有目的、过程缓慢、与记忆的界限不分明、内容简单贫乏、依靠感知动作、依靠成人的言语提示是其典型特点。想象过程起始于刺激物引发的行为动作或者成人的言语提示,由于头脑中表象储存不足,回忆能力又有限,所以过程缓慢且内容简单贫乏。表现在绘画上就是简单的线条涂抹,几乎很难看出造型来,如果没有儿童的说明,成人是看不出来形状的,因此很难命名。表现在游戏中则是简单的动作片段,是扮演角色的片言只语或者动作比画,很难有情节的发展。

第二节   0—3岁儿童思维与言语的发展

一、思维的发生

尝试告诉你的同桌你周围都有什么。你所看到的都是一个一个的个别物体,但是你在给你的同桌介绍物体时却使用了类概念如桌子、书包、笔记本电脑等。

婴儿在和成人一样用语词概括一类物体之前是怎样表征物体的?或者婴儿是如何表征他所感知到的事物的?

(一)思维发生前的表征

在用符号对事物进行意义表征之前,婴儿是采用感知方式表征事物的。婴儿的感知表征即思维发生前的信息加工方式,主要有3种类型。

1.原型

原型是一类客体最具代表性的事物,它反映了一类客体的基本特征。如苹果是水果的原型。给7个月的婴儿看一系列动物图片,每张图片上的动物都不一样,但都被剥制成了标本样式,婴儿出现了习惯化。说明婴儿从众多的感知觉信息中抽取出了"动物标本"的共同特征。

2.共同关系

给婴儿看脖颈长腿短或脖颈短腿长的各种卡通动物图片。结果在给出生活中活生生的具有相同特征的动物图片时,婴儿表现出兴奋性,注视时间长于其他物体。说明婴儿已经从图片中抽取出了各种卡通动物的共同关系即脖颈长腿短或者脖颈短腿长。

3.知觉分类

18个月和24个月的婴儿,当给出的图片有共同部分时无法分类(各种狗和马),给出的图片中有一小部分具有其他特征时能形成分类表征(各种狗的图片中出现2~3张鱼的图片),能把图片摆成两堆。说明婴儿已经能在知觉层次进行分类。

分类、抽象是思维的基本表现形态。在用符号来抽象概括客观事物特征的思维产生之前,婴儿以上述3种形式在感知水平上对客观事物进行表征(信息加工)。

(二)思维发生的过程

语词的概括(符号表征)是思维发生的标志。其发生在何时,为什么?

从前述思维发生前的表征来看,大脑对客观事物共同特征的抽象概括经历了直观的概括、动作的概括和语词(符号)的概括3个阶段。

直观的概括表现为个体知觉到一类物体的相似性(颜色、形状),是对事物外部特征的概括。

动作的概括表现为个体能把目的和手段连接起来,把动作与物体的外部特征如形状等特征联系起来,属于表象水平的概括,也是事物之间关系的最初概括。

语词(符号)的概括指能用语词(符号)称呼一类事物,不受物体颜色、大小等外部属性的影响。符号完全摆脱了客观事物(空间)的限制,能够在任何一个时间和空间内进行信息加工。例如用狗称呼各种大小、外形和皮毛的狗,一个符号就能概括一类事物的主要特征。

语词的概括得益于个体语言的发生,其出现的最早时间在2岁左右。

二、婴儿思维的特点

婴儿期的思维由于刚刚产生,水平非常低。思维的过程是分析与综合、比较与分类、抽象与概括、系统化与具体化。最初的思维主要表现在分类、问题解决和简单推理中。

婴儿的分类还只是停留在根据事物的表面特征如颜色、形状等将物体区分开来,还不是真正意义上的分类。

真正意义上的分类需要符合三项标准,即根据要求来分类(有分类的标准)、能说出分类标准并给各类事物命名。很显然婴儿期的儿童远远达不到这个标准。

推理是根据已知判断(已有事实)推断出(预测)新的判断(可能发生的事实)的思维过程,是思维的高级形式。

婴儿期还不具备真正意义上的推理,只是表现出推理的萌芽,即根据事物的外部特征的相似性来推理,也称为转导推理。例如经典故事《小猫种鱼》(小猫看到小兔春种秋收收获了大量的萝卜,也学小兔的样子种植自己喜欢吃的小鱼在地里,希望秋天能收获很多的鱼),就是婴儿期儿童转导推理的象征性表达。

归纳推理、演绎推理和类比推理中,类比推理是基于两类事物关系的相似性进行推论的过程,比较简单,因此在个体发展中产生较早。在问题情境中检测儿童的类比推理,发现如果经验积累丰富,婴儿期儿童出现最初的类比推理,但水平极为有限。如果具有相关的领域知识并且研究方法适合,婴儿晚期的儿童能完成简单关系的类比。

三、婴儿期言语的发生与发展

(一)言语与语言

言语(speech)是人们对语言的运用过程和结果,即言语活动(行为)和言语作品。言语活动包括言语知觉和言语表达两个方面。言语知觉指听和读,言语表达指说和写。

言语活动根据表现形式可以分为外部言语和内部言语。外部言语包括口头言语和书面语言,其中口头言语又分为对话言语和独白言语。

语言(language)是人类进行交际和思维的工具,是一套以声音和符号为物质外壳,以意义为内涵,由词汇根据一定的语法构成并能表达人类思想的指令系统。语音、手势、表情是语言在人类肢体上的体现,文字符号是语言的显像符号。

语言由语音、语义(词汇和语法)、语用构成。

语音即语言的声音,是语言符号系统的物质外壳或载体,是人的发音器官发出的具有一定社会意义的声音。语音与其他声音的区别在于由人的发音器官发出,不同的声音代表了不同的意义。由于语音代表一定的意义,它是人们交际的基础,具有社会性。

语义是语言的内在含义,由词汇和语法(词法和句法)共同实现。不同的词汇表达不同的含义,词汇根据一定的语法规则构成语句,表达语言的意义。

语用是根据语境流畅表达与适当沟通的规则系统。语境包括交际的场合(时间、地点等)、交际的性质(话题)、交际的参与者(相互间的关系、对客观世界的认识和信念、过去的经验、当时的情绪等)以及上下文。

语用学研究认为当说话人在言语交际中使用了词汇、语法正确的句子,但说话方式不妥、表达不合习惯(说话人不自觉地违反了人际互动规范、社会规约,或者不合时间空间,不看对象,不顾交际双方的身份、地位、场合等)或违背交际语言特有的文化价值观念时,会使交际行为中断或失败,导致交际不能取得预期效果或达到完满的交际效果。

由上述概念可知言语是一种心理活动和人际交往活动,其工具是语言。语言是一套符号系统,是交际的工具也是思维的工具。在诸多语境中语言和言语是混用的,即言语能力常用"语言能力"来替代。

言语能力根据其构成部分,包括两方面的含义,一方面指语言的运用能力即言语表达能力(通常简称言语能力),包括听说读写四个方面。另一方面指分析语言的能力即语言的知觉理解能力,也称元语言能力,包括对语音、语法的意识和敏感性。

作为交际工具和思维工具的语言能力,也包括两方面的含义,一是运用语言交流沟通的能力即语用能力,二是运用语言进行认知与思维的能力,表现为语义的丰富性、逻辑性和智慧性。

(二)言语形成的阶段

1.言语形成的生理基础

(1)发音器官的成熟

人的发音器官由 3 部分组成。一是呼吸器官,包括肺、气管和支气管。肺是呼吸器官的中心,是产生语音动力的基础。二是喉头和声带,它们是发音的震颤体。三是口腔、咽腔、鼻腔,它们都是发音的共鸣器。

婴儿一出生就会哭,哭是发音器官的运动,也是发音功能的练习。在出生后的头半年,在不断的发音练习中,逐渐使发音器官各部分肌肉趋于协调,逐渐能够正确发音。

(2)听觉器官的成熟

人耳的结构及其感受声音的范围与人类发出的声音的范围相符合,对语音刺激敏感且偏好。研究发现婴儿在 6 个月左右时就能分辨母亲的语音和陌生人的语音。

(3)脑机能的发育

大脑皮层从机能上可以分为 3 个区域,成熟时间有先后。调节紧张度和觉醒状态的机能区最先成熟。接受、加工和储存信息的机能区,由于涉及大脑皮层的枕—颞—顶叶等多个区域,负责信息的整合功能,成熟时间次之。负责计划、调节和监控等复杂活动的机能系统位于大脑皮层前部中央前回的额叶,成熟时间最晚。

言语信息的处理是多个脑机能区协同活动的结果,因此言语行为的出现需要以大脑各机能区协同活动为基础。

婴儿的听音、辨音能力和对词意最初的理解能力的发展早于发音能力和表达能力,与大脑半球听觉中枢的发育较早有关。个体只有语言信息积累到一定程度,口腔各部位的动作达到协调时,才能开口说话。

2.言语形成的阶段

由于上述 3 个生理基础并非出生后即达到成熟水平,所以言语的形成是一个相对于其他心理机能比较缓慢的过程。3 岁前是言语的形成期,根据言语行为的特点可以划分为前言语阶段和言语形成阶段。

(1)前言语阶段(0—1.5 岁)

前言语阶段即语言发生之前的萌芽过程。

前言语阶段的言语知觉发展可以相对划分为 3 个阶段,即辨音阶段(0—4 个月)、辨调阶段(4—10 个月)和辨义阶段(10—18 个月)。辨音阶段主要是区分语音与非语音、语音的元音与辅音等,辨调阶段则能区分出不同语调的语音,开始能够把语调与情绪关联起来,当成人发出愤怒的语调时会引发婴儿的害怕、哭泣。辨义阶段已经能够听懂词汇,听指令做出动作,比如听到"帽帽"时会伸手去拿帽子。

前言语阶段的发音则可以分为 4 个阶段,即出现噪音(新生儿期)、出现啊咕声(2—6个月)、出现喃喃语声(6—9 个月)、开始发出语音(9—12 个月)。新生儿时期由于空气刺激气道而发出声音,比如哭声。满月后的前半年,在语音的刺激下,由于发音器官的口腔各部位的肌肉调节能力增强,能发出多种声音,最常见的就是啊咕声。半岁以后,随着发音器官的快速成熟,婴儿发出的声音出现明显的元音与辅音,有了连续音节,声音接近语音。大约8—9个月时,婴儿常常会在从闭嘴到张嘴的过程中发出"ba-ba"或"ma-ma"的声音。此时的语音没有任何意义,只是一种发声练习而已。如果成人给予强化,婴儿会重复这些音节的发音。在成人的指引下,例如把婴儿的"ba-ba"声与父亲联系起来,婴儿开始了最初的语义理解。1岁前的3个月是学习发出语音的阶段,婴儿在成人的示范、鼓励之下反复练习,开始能够有目的地发出几个常见语音如"爸爸""妈妈"。

在使用语言作为交际工具与人交流之前,婴儿已经能够通过表情、动作与人沟通。前言语阶段的语用发展可以分为产生交际倾向期(0—4个月)、交际"规则"学习期(4—10个月)和扩展交际功能期(10—18个月)。产生交际倾向期的典型表现是出现了母子对视现象。交际"规则"学习期,婴儿会发出某种声音,引发养育者的交际行为或抚养行为;扩展交际功能期的婴儿出现最初步的语用行为表现(意图、语境、语词的结合),例如想要吃的时候喊妈妈,想要出去到室外玩的时候会手指帽子(因为出去玩往往要戴帽子),口中发出"滴滴"声(坐车),身体向门口移动。

儿童学习语言是从理解词汇开始。大约在6个月以后,婴儿已能"听懂"一些词,1—1.5岁儿童能理解的词的数量猛增。但是,儿童一般在1岁左右才能说出几个词,在1.5岁以后,才能"开口说话"。

(2)言语形成阶段

从说出最初的具有概括性意义的词汇到3岁前的这一阶段被称为言语形成阶段。这一阶段儿童最显著的变化是习得了母语的语法结构,能够说出结构完整的句子。

单词句阶段(1—1.5岁):这一阶段儿童只能说出一个一个的单词,最初的词汇具有较强的场合限制的特性,例如把母亲拉到门口时才会说出"走",用手指着图画上的某物,目光转向母亲时才会说出"看",等等。但是很快,婴儿就能摆脱场景的限制,真正掌握具有概括意义的词语,例如各种场景下看到小汽车都能说出"车车",在任何情境下(看到图片、指着自己的鞋子等)都能说出"鞋子"等。

这一阶段虽然取得了掌握具有概括性词语的重要成就,但是词意的外延明显缩小或扩大,比如婴儿口中的"鸭子"只用来指代各种玩具鸭子或者不仅指代图片上的、真实的或玩具的鸭子,还指鹅或者鹌鹑等像鸭子的水鸟。

简单句阶段(1.5—2岁):单词句的后期儿童开始说出一些双词句(也称电报句),往往是2~3个名词组合,例如"妈妈班班"(妈妈上班)、"西瓜买"等。词汇有顺序但是没有结构关系,语言形式间断、简略、结构不完整。

在双词句"爆炸"的同时(2岁左右),简单句也快速发展。词汇顺序开始出现结构关系,常见的是动宾结构、主谓结构,如"看图画""妈妈喝水"。在基本的主谓、动宾结构的句子中开始扩充进宾语、状语或量词、助词等,出现双词句和完整句并存的现象。例如"娜娜坐下……娜娜坐椅子"。

完整简单句的出现意味着儿童开始按照语法规则说话,但是常常会犯"规则绝对化"或"规则扩大化"的错误。表现为把语法规则绝对地使用在任何场合,例如只能说出"两个娃娃跳舞"的句子但不能说出"娃娃听老师讲故事"等兼语句或"爸爸去书房看书"等连动句。同时难以理解被动句,会把"白猫被黑猫追"理解成"白猫追黑猫"。

复合句阶段(2—3岁):30个月左右,复合句开始出现,一般是两个简单句以"并列"或者"偏正"关系连接在一起。例如"你拿这个,我拿那个。""把电视打开,我要看。"

3岁末期,儿童已经能够比较明确地表达自己的意愿或者陈述自己的感知结果。虽然常常有词不达意的现象,但应该说已经会说话了,很少出现语法错误,口语基本形成。

3.言语形成的理论

人类的婴儿从只会哭到会说话、能够表达自己的意愿,实现了质的飞跃。言语能力形成的同时也促进思维的产生和发展。那么言语形成的内部机制到底是什么?或者说人类个体是如何形成言语能力的?

(1)条件作用论

行为主义心理学家认为言语的形成其实是条件反射建立的过程,是大量的刺激(言语刺激)与反应(说出词句)的连接。形成连接的主要条件是外部强化。言语形成的主要学习方式是模仿。

条件作用观点能够解释词汇的习得但无法解释人类个体为什么会在非常短暂的时间习得复杂的语法系统。

(2)先天论

美国著名的语言学家诺姆·乔姆斯基等认为人类天生就有一种语言获得装置(LAD,language acquisition device),通过外部环境中的语言输入而引发其功能,儿童就能在很短的时间内获得大量单词和复杂的语法结构。

乔姆斯基的语言转换生成观点虽然能够解释短时间内习得复杂语法的现象,但是始终无法证实 LAD 的存在。

(3)相互作用论

儿童的语言是在先天因素与后天因素的相互作用中发展起来的。丹·I.斯洛宾认为人类个体具有语言获得的先天潜能,是某种遗传制约倾向。利用这种倾向儿童就能在语言环境中捕捉到重要的语言学特征。语言的产生是认知发展到一定阶段的产物。

如果婴儿一出生就和世人隔绝,得不到语言交流的机会,语言发展必然受到阻碍。例如中国民间"十聋九哑"的说法就表明如果没有语言刺激的输入,就无法产生语音系统。言语能力的产生离不开语言环境。

在言语交流的过程中,外部输入的语言刺激与先天的人类的语言敏感遗传倾向相互作用使得言语能力得到了快速发展。

【案例分析】

材料:一名2岁6个月的女婴,骑着她的小小三轮车上一个斜坡失败了,她连续试了3次都没有成功。然后她看看周围好像没有找到熟悉的人来帮助她,于是小女孩下车观看起那个斜坡和她的车子来。看了一会儿,小女孩很兴奋地抓住小小三轮车的座椅后背的栏杆,推着她的车子上坡了。她用尽全力,满脸通红地终于推着车子上了斜坡。休息了一会后开心地骑着小小三轮车下坡,再推上去;就这样不断反复地推上去骑下来,玩得很开心。

问题:这个女孩在解决问题中体现了怎样的认知发展水平?

分析:思维是在问题解决中产生和发展的。这个女孩遭遇到了最常见的问题。在没有人帮助的情境下,她在经验中知晓不能骑车上坡时,能够把斜坡、车子及其车子上行的方式联系起来,在表象水平上概括了事物之间的关系,建立了目的—手段间的关系。这是智慧的萌芽,是符号表征的基础。

18个月的婴儿已经能够根据事物的表面特征区分事物,如导入部分的材料二显示,婴儿在这个年龄能够将玩具马和玩具铅笔区分开来,显示出最初的分类能力的萌芽。即将3岁的女童则在复杂的情境中建立了目的—手段的表象,并有所预期后去实施头脑中的目的—手段方案,获得了成功。这时儿童已经能够在表象水平上概括事物的关系并以目的—手段的方式(表现于外就是顿悟而非试误)解决问题。

【拓展阅读】

庞丽娟,李辉.婴儿心理学[M].杭州:浙江教育出版社,1993.

孟昭兰.婴儿心理学[M].北京:北京大学出版社,1997.

李红,陈安涛.从知觉到意义——婴儿分类能力与概念发展研究述评[J].华东师范大学学报(教育科学版),2003(2):78-86.

魏锦虹.论0~3岁儿童词义理解的几个阶段[J].淮南师范学院学报,2003(4):118-120.

白琼英,李红.0~1.5岁婴儿表征能力的研究概述[J].心理科学进展,2002(1):57-64.

【知识巩固】

1. 判断题

(1)婴儿期儿童的记忆是一种无意识的记忆。　　　　　　　　　　　　　　(　　)

(2)想象是在记忆表象的基础上产生的,表现在涂鸦式的绘画和象征性游戏中。

(　　)

(3)思维的本质是间接性与概括性,语词能够概括一类事物的特征,因此当儿童能够用语词称呼一类事物时说明思维产生了。　　　　　　　　　　　　　　(　　)

(4)语言和言语是同一个概念的不同表达方式,因此可以相互代替。　　　(　　)

(5)印度狼孩的事件说明,语言产生的基本条件是外部的语言环境。　　　(　　)

2. 选择题

(1)在自然养育的条件下,判断婴儿是否产生记忆的标准是(　　)。

A. 习惯化　　　　　　　　　　　　B. 去习惯化

C. 喂奶姿势条件反射建立　　　　　D. 吸吮反射出现

(2)在正常条件下,人类个体想象产生的年龄是(　　)。

A. 6—9个月　　　　B. 1岁　　　　C. 1.5岁　　　　D. 1.5—2岁

(3)人类个体思维产生的标志是(　　)。

A. 表象的概括　　　B. 语词的概括　　　C. 问题解决　　　D. 分类

(4)能够解释在短时间内习得复杂的语法结构现象的语言发展理论是(　　)。

A.条件作用论　　　　　　　　　B.语言装置学说

C.社会相互作用论　　　　　　　D.认知相互作用论

(5)婴儿在单词句阶段最大的发展成就是(　　)。

A.掌握语词的概括意义　　　　　B.口语形成

C.听懂词意　　　　　　　　　　D.语言交际

3.简答题

(1)简述婴儿末期记忆的发展水平。

(2)简述言语形成的过程。

【实践应用】

1.案例分析

实例:小贝现在已经能够指出自己的五官和四肢了,知道白天和黑夜,认识图画书上的月亮、太阳,知道太阳是圆形的、红色的;能根据妈妈的指令把袜子、铅笔等拿来,能叫出家里经常吃的蔬菜、水果的名称,知道喝水时要用杯子、洗手要用洗手液等。没有人陪伴的时候会抱着布娃娃给喂水、梳小辫等。

问题:小贝处在婴儿期哪个年龄段?

2.尝试实践

(1)搜集一个婴儿解决问题的实例并予以分析。

(2)观察记录一个婴儿交际的实例并予以分析。

儿童(语言交际/问题解决)行为观察记录表

观察者姓名:

被观察儿童的姓名:　　　　　　　儿童的性别:

儿童的出生年月:

观察场景(何处):

观察日期:　　　　观察开始时间:　　　　观察结束时间:

简要描述观察地点的物理特点和社会特点:

客观行为描述	解释与分析

第三章

0—3 岁儿童社会性的发展

【学习目标】

知识目标：

1. 能够举例解释社会性、社会认知和社会行为等概念；

2. 能够举例说明安全依恋的特点及其产生条件；

3. 能够陈述婴儿期儿童社会认知与社会行为的发展成就。

技能目标：

1. 能够根据儿童的依恋行为表现分析其依恋类型及其形成的原因；

2. 能够为一个普通家庭制订一个培养婴儿情商的方案。

情感目标：

萌发与婴儿互动，去早期教育中心观察与照料婴儿的愿望。

【问题导入】

实例材料：

1 岁半的磊磊已经能够听懂大人的指令了，妈妈让去拿筷子就会乖乖拿来，让去搬个小椅子也能做到。妈妈觉得孩子温顺乖巧，很幸福。但是过了半年后情况大不同了，磊磊变得调皮、不听话。比如天气凉了，妈妈让穿上外套，他偏不穿；客人来了，妈妈要求磊磊要礼貌地招呼客人，他就是不理不睬。还不太会用勺子，但非要自己吃饭，泼泼洒洒弄一桌子，奶奶要喂他吃他就哭闹。2 岁以后的磊磊常常固执地坚持自己的主张，搞得妈妈很生气、很沮丧。

问题：

磊磊为什么会性情大变呢？

【内容体系】

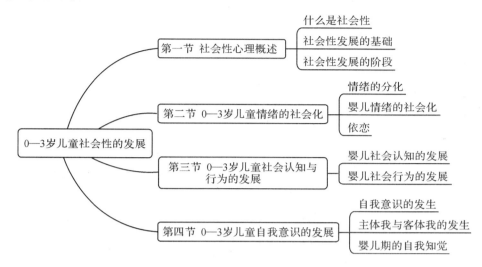

第一节　社会性心理概述

一、什么是社会性

　　社会性是一个较难界定的概念,它与个体生活于其中的社会现象、社会关系有关,区别于人的自然性和生物性。

　　社会是人们通过交往形成的各种各样社会关系的总和,是人类生活的共同体。这个共同体的维护产生了人与人互动的社会规范与各种组织。人类个体要在这个共同体内生活就需要学习它的规范与生活方式,从一个生物的个体变化为社会的个体。这个变化过程即社会化的过程。

　　社会性是个体社会化的结果。个体的社会化是指个体与社会相互影响的双向互动过程,是从生物的人转变为社会的人的过程。社会化过程包括社会认知过程和人际互动过程,在社会认知过程中习得人类共同的社会规范、学会理解他人,在人际互动中形成社会性情感与社会行为方式,从而适应社会生活。

　　因此,社会性是指个体对人及其关系的认知与反应。

(一)社会性的内容

　　社会性心理实际是指人对于人及其关系的认知、体验和行为反应。人及其关系包括自己、他人与社会关系。因此社会性心理的内容包括两个维度(见图3-1),一是对自己的认知、体验与行为控制,即自我意识。二是对他人及其关系的认知、体验和行为,可以称之为社会认知、社会性情绪与社会行为。

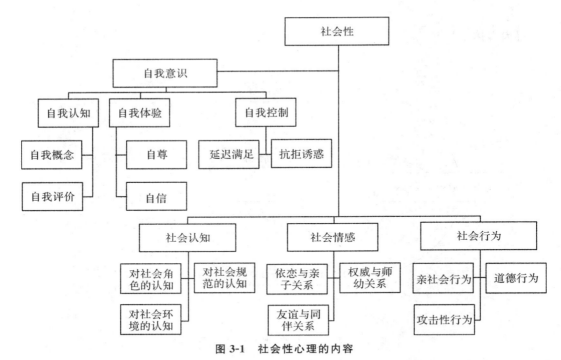

图 3-1　社会性心理的内容

社会认知是指对个体对社会性客体(自己和他人)及其关系(亲子关系、同伴关系)、社会角色(性别角色)、社会组织、社会规范和社会生活事件的认知。

社会性发展心理学对社会认知的研究主要集中在观点采择、心理理论、权威、友谊和社会规则的认知等方面。

社会性情绪指社会性需要(归属、尊重、爱)是否得到满足时的情绪体验。包括对他人的依恋感、友谊感、同情心,对事的责任感、成就感,对自己的愧疚感、自豪感等。

社会行为指人际交往过程中表现出来的态度、言语和行为反应。由于社会行为关涉他人的利益,一般分为亲社会行为和攻击性行为两大类,亲社会行为中又可以特别区分出道德行为。

(二)社会性与个性

在普通心理学体系中并没有社会性这一内容。普通心理学将心理现象划分为心理过程和个性心理两部分。心理现象根据功能也可以划分为认知与意向两个部分,认知部分负责信息加工,意向部分负责心理活动的方向与动力。意向包括了心理过程的情绪情感、意志及其个性。

在发展心理学的内容体系中,无论是国内李丹主编的《儿童发展心理学》、林崇德主编的《发展心理学》,还是西方发展心理学界的威廉·戴蒙等主编的《儿童心理学手册》、劳拉·E.贝克著的《儿童发展》(第五版),都是把心理发展本身分为两部分即认知与语言发展和社会性(包括情绪、个性)发展。

那么如何理解普通心理学中的个性与发展心理学中的社会性的关系呢?

《心理学大词典》将个性定义为"个性,也可称人格。指一个人的整个精神面貌,即具有一定倾向性的心理特征的总和。"①个性是一个人心理活动的总和,具有独特性的一面。然而一个人的心理活动既具有独特性又具有共同性,否则就无法与他人互动和共同生活。一个人心理活动中与他人共同性的部分即社会性,是人们在社会关系中符合社会规范的行为方式(包括态度与情感及其观念)。

个性与社会性都是社会化的结果,从概念内涵看,个性包含社会性部分。但是社会性与个性难以划清界限,而且个性的形成是一个漫长的过程,个性的形成(具有稳定性和系统性)是个体心理发展趋于成熟(即将成年)时才有可能的。为此本教材的内容体系将社会性在广泛意义上使用,即涵盖了心理活动的意向部分的所有内容,包括个性、社会性情绪等。

二、社会性发展的基础

(一)遗传与生物基础

虽然社会性发展是社会化的过程,是个体在社会互动中完成的,但依然以遗传与生物特征为基础。

在动物世界里,不仅人具有社会性,其他部分动物也具有社会性,有相当多的动物是以社群生活方式来生存的。从习性学的研究来看,个体的某些社会性行为是与生俱来的"固定行为模式",是物种进化的产物,例如依恋行为,某些动物的"牺牲"行为等。习性学家劳伦兹发现的印刻现象(跟随反应——出生后的某一段时间小鹅看到谁就会紧紧跟随着谁)不仅揭示了某种行为的获得具有关键期而且证明其行为是一种社会行为(跟随养育者)。由此可见人类的社会性在一定程度上也是物种适应性行为进化的结果,具有遗传基础。

(二)气质类型

气质是神经系统活动的强度、速度、灵活性的表现,受遗传素质的影响。它是最初的心理活动的主观因素,也是社会性发展的心理基础。

1.婴儿的气质类型

普通心理学通常将气质类型根据巴甫洛夫的神经活动特性,借用古希腊时代希波克拉底的气质分类名称将成人的气质类型分为抑郁质、胆汁质、黏液质和多血质四种。

托马斯-切斯对婴儿的气质进行了长达10年的观察研究,从活动水平、生理活动节律性、注意分散程度、对新情境的接近或回避、适应性、注意的广度和坚持性、反应强度、反应阈限、心境质量九个方面将婴儿的气质类型分为3种,见表3-1。

①　朱智贤.心理学大词典[M].北京:北京师范大学出版社,1989:151.

表 3-1　托马斯-切斯婴儿气质类型一览表[①]

气质维度	气质类型		
	易养	缓慢	困难
活动水平	变动	低于正常	变动
生理活动节律	非常规律	变动	不规律
注意分散程度	变动	变动	变动
对新情境的接近或回避	积极接近	起初逃避	逃避
适应性	适应性强	适应慢	适应慢
注意广度、坚持性	高或低	高或低	高或低
反应强度	中等或中偏下	很弱	强
反应阈限	高或低	高或低	高或低
心境质量	积极	消极(低落)	消极(烦躁)

易养型的婴儿生理活动有规律,容易适应新环境,情绪积极愉快,对成人的抚养活动以积极反馈为主,容易受到成人的关爱。

缓慢型的婴儿活动水平偏低,反应强度弱,情绪消极,常常安静地退缩、逃避新刺激,在没有压力的情境中能逐渐活跃起来。

困难型的婴儿生理活动缺乏规律性,适应新环境需要很长时间,情绪总是不好,需要成人费很大精力才能安抚好。

巴斯和普罗敏则根据婴儿在各种类型活动中的不同倾向性,将婴儿的气质类型划分为情绪型、活动型、社交型、冲动型。

情绪型的婴儿通常通过行为或生理变化来表现出悲伤、恐惧或愤怒的反应,对细微的厌恶性刺激容易做出反应并且不容易安抚。活动型的婴儿总是通过大肌肉运动来探索外部世界,喜欢运动性游戏,表现出坐不住、爱活动的行为特征。社交型婴儿愿意与不同的人接触,不愿意独处,在社会交往活动中反应积极。冲动型婴儿表现为在多种活动中,在各种场合、情境之下都容易冲动,情绪、行为常常缺乏自制,行为反应容易转移。

卡根对婴儿进行了长期的追踪研究,发现只有抑制—非抑制这一特性能保持到青春期乃至成年后依然不变,为此他认为抑制—非抑制是气质的本质内容,于是他将婴儿的气质类型分为抑制型和非抑制型两类。抑制型的婴儿拘束克制,谨小慎微,温和谦让;非抑制型的婴儿恰好相反,无拘无束,自由自在,精力旺盛,自发冲动。

2.气质对社会性发展的影响

气质通过影响个体与环境的相互作用方式而影响其社会性,气质的反应性水平的差异影响个体的个性与社会性。具体来讲,气质通过如下 6 种机制塑造着儿童的社会反应。

---

① 庞丽娟,李辉.婴儿心理学[M].杭州:浙江教育出版社,1993:313.

（1）学习过程

早期儿童的社会行为的习得主要是条件反射的建立，气质类型不同，操作性条件反射形成的经验就不同，例如兴奋性和紧张度偏低的儿童不大容易从惩罚中习得经验。

（2）环境激发

气质类型不同，儿童的主动性有差异，他们引发成人和同伴与自己的互动反应就不同，例如易养型儿童具有较高的正性情绪，很容易吸引同伴与自己玩，增加了人际互动的机会，有利于社会性的发展。

（3）环境建构

气质类型不同，儿童对于环境及其环境中他人行为的建构方式不同，即社会认知不同，那么认知引发的反应也就不同。例如难养型儿童具有较高的反抗性，更容易把成人的要求理解为对自己的限制，从而产生敌意性行为。

（4）社会比较

气质类型不同，儿童的反应性不同，因此对于一些社会性刺激例如他人对自己的评价的敏感性就不同，高焦虑的儿童更容易从负面评估自己与同伴的关系。

（5）环境选择

气质类型不同，儿童对于环境中的社会刺激会做出不同的反应，例如易养型的儿童对于社会性刺激更具有倾向性，更愿意与人互动。难养型儿童可能相反。高成就动机的儿童更愿意选择具有挑战性的任务。

（6）环境控制

气质类型不同，塑造了儿童改变、调节和控制环境的不同方式。例如神经活动强度较大的儿童更加积极主动，具有高支配特性的儿童更愿意说服他人来配合自己而不是放弃或者跟随他人。

研究表明道德情感在强度上受到气质类型的影响。婴儿期反应性较高的儿童比其他人更容易内疚。

由于气质类型是心理活动的动力特征，必然会影响儿童的社会认知、社会行为和人际互动的方式。例如对攻击性行为的研究表明，困难型的婴儿更易发展攻击性行为模式。

（三）社会文化

社会文化影响社会性的方向与方式，它通过中介系统如家庭、学校间接影响社会性的发展。根据发展生态学的观点，最初直接影响儿童的系统是家庭。家庭是儿童最初的社会化环境。

家庭在中系统、外系统和宏系统的作用下，将社会的文化传统、风俗习惯和行为方式等以行为塑造（行为主义的观点）、榜样示范（社会学习理论的观点）的方式对儿童的社会化过程发生着直接影响。

研究表明具有相似气质类型的儿童，由于家庭环境不同，可能会发展出不同的社会性特征。例如《儿童心理学手册（第三卷）》显示："迷走神经高度紧张的低反应性男孩代表了一种特殊的气质类型。这些男孩如果成长在典型的美国中产阶级家庭，拥有爱父母且父母对其进行良好学校表现和控制其攻击性的社会化教育，那么他们可能会成为群体的领导。在大城市中被冷漠的父母抚养的同类男孩可能会成为罪犯。"[①]

家庭内影响儿童社会性发展的最直接因素就是亲子互动的方式,它包含了父母的教养方式和家庭的价值观念。关于家庭教养方式对儿童社会性发展的影响研究资料非常丰富。鲍姆林德从规范与关注两个维度将家庭教养方式划分为权威型(authoritative)、专制型(authoritarian)、溺爱型(permissive)和忽视型(neglecting)4 种,其分类及其研究成果获得了广泛认同。大量研究显示权威型的教养行为有利于女孩子的独立性及目的性行为的形成和发展;权威型父母的控制更有利于形成男孩子的社会责任感和女孩子的成就倾向;权威型家庭中的儿童自信、和善、具有良好的社会适应能力,对同伴热情、友好。父母的权威性体现在能给儿童制订严格的行为准则,并清楚地说明对子女施加限制的原因。当然后期的研究发现父母的教养方式与儿童的社会性发展之间是以气质作为中介变量的,儿童与父母是双向互动相互影响的。

三、社会性发展的阶段

由于社会性概念内涵在研究领域并没有取得一致观点,所以社会性发展的阶段划分是一个未解的问题。如果从广义的社会性(社会性与人格对等)含义出发,那么埃里克森的自我(人格)发展阶段是最具有代表性的。

E. H. 埃里克森在弗洛伊德精神分析理论的基础上,引进社会文化的力量,以个体与社会(重要他人如养育者代表的社会文化)的关系为核心,以自我的同一性(冲突或危机的解决)为基本任务来解释自我(人格)的发展,见表 3-2。

表 3-2 埃里克森的人格发展阶段

年龄范围	基本任务	积极品质	消极品质
0—1.5 岁	信任感/不信任	希望	恐惧
1.5—3 岁	自主感/羞怯或疑虑	意志力或自我控制	自我疑虑
3—6 岁	主动感/内疚	目的性、方向性	无价值感
6—12 岁	勤奋感/自卑	获得能力感	自卑、无能
12—18 岁	同一性/角色混乱	明确的自我、忠诚	角色混乱、不确定感
18—25 岁	亲密感/孤独感	爱	疏离他人或关系混乱
25—50 岁	繁殖、创造/停滞	关怀、责任	自私、人际贫乏
50 岁以后	完善感/失望	智慧、意义感	绝望、厌倦

出生后还处在哺乳期的儿童,以生理需要为主,养育者如果能够敏感到儿童的需要并能及时满足儿童的需要,以慈爱、平静、安全的方式来满足儿童的需要,他们就会形成基本信任感。如果养育者拒绝他们的需要或以非惯常的方式来满足他们的需要,儿童就会形

---

① DAMON W,LERNER R M. 儿童心理学手册第三卷(上)[M]. 林崇德,李其维,董奇,编译. 上海:华东师范大学出版社,2009:244.

成不信任感。

如果养育是充满爱和惯常的,那么儿童就懂得他们可以不必为失去一位慈爱和信赖的母亲担心,所以,当母亲不在身边时,他们也不会有明显的烦躁不安。乳儿阶段最主要的社会性成就是基于对外部世界的信任而愿意母亲离开,不产生过分的焦虑和愤怒。因为儿童不仅具有一种外部的预见性,而且还发展了一种内在的信念。

当儿童形成的信任感超过不信任感时,基本信任对基本不信任的危机得到解决。信任感占优势的儿童具有敢于冒险的勇气,不会被绝望和挫折所压垮。

哺乳结束,能够独立行走到 3 岁之间,可以称之为学步儿。这个时期的儿童迅速形成了很多技能,能爬会走,能抓握和操纵物体,学会了使用工具,学会了控制和排泄大小便,学会了用语言表达自己的意愿。他们似乎能"随心所欲"了,但是养育者必须按照社会所能接受的规范,控制儿童的行为。儿童在自主的意愿与父母的要求之间左冲右突。理智的养育者对儿童的行为要注意掌握分寸,既要给予适度的自由,也要有所控制,这样才能养成儿童宽容而自尊的社会性特征。反之,如果养育者过分溺爱或不公正地使用体罚,儿童就会感到疑虑而体验到羞怯。

这一阶段,母亲的地位开始下降,父亲和家庭其他成员在儿童心目中的地位开始上升。游戏能给儿童提供一个安全岛,他们可以在假装的情境中满足自己的愿望又不破坏社会规范,为解决危机提供最佳途径。

3—6 岁为幼儿期,这个阶段由于运动能力、语言表达能力的增强,有意性的产生和想象力的发展,儿童独立自主的要求更加强烈,产生幻想并开始计划未来的前景。同时他们的性别意识产生,在与父母的三角关系中(从恋父、恋母情结发展到认同同性别父母的行为)开始探究他们能成为哪一类人。

在这个阶段,儿童已经开始群体生活,需要遵守各种规范,因此他们在不断地检验各种各样的限制,以便确认哪些行为是许可的,而哪些又是不许可的。如果教育者鼓励儿童的独创性行为和想象力,儿童会因为有目的行为的成功而产生目的感和方向感。然而,如果教育者否定甚至讥笑儿童的独创性行为和想象力,儿童就会觉得是自己没有价值而内疚和缺乏自信心,从而失去主动性。由于缺乏主动性,他们在考虑种种行为时总是易于产生内疚感,从而倾向于生活在别人为他们安排好的狭隘的圈子里,变得顺从、被动。

后续几个阶段的发展不属于学前儿童发展心理学的范畴,有兴趣可以阅读有关拓展阅读的书目。

第二节　0—3 岁儿童情绪的社会化

一、情绪的分化

情绪情感是客观事物是否满足人的需要而产生的一种态度体验。它反映了客观事物与人的关系。情绪有 3 种成分,即内部体验、行为表现和生理反应。情绪具有信号功能、组织功能、动力功能和健康功能。学前儿童具有强烈的情绪性,是"情绪的俘虏",因此情绪在其心理活动中的地位比成人高。

(一)情绪在婴儿发展中的意义

情绪在婴儿发展中具有适应价值。人类婴儿出生后需要成人的哺育和照料才能得以生存,那么婴儿如何表达自己的需要来召唤养育者满足自己呢?情绪的信号功能使得婴儿能与养育者之间进行信息传递,使婴儿能够处于适应的主动地位。

婴儿的心理活动具有强烈的情绪色彩,情绪是直接激发心理活动的内部因素。当婴儿处于觉醒状态时,积极愉快的情绪会激发其视觉追踪、听觉定向的探究以及后期的趋近、探索行为。孟昭兰的婴儿情绪研究显示,兴趣与愉快情绪交替出现支持了婴儿的认知操作活动。

情绪是婴儿人际交往的基本手段。在言语产生之前,婴儿主要依靠情绪的外部表现——表情与他人进行人际互动;言语产生后,表情和身体动作依然是与言语并列的人际交流手段。

(二)情绪的分化

初生婴儿即有情绪反应。情绪的发生研究普遍认为情绪是进化而来的行为反应之一,儿童出生后的情绪反应是一种本能。高等动物如黑猩猩也有和人类相似的情绪反应,可见情绪反应是物种进化的结果。

初生婴儿的情绪是与生俱来的,与生理需要是否满足直接相关。

情绪发展研究的基本结论认为情绪的发展是不断分化的过程。

布里奇斯认为初生婴儿只有一般性的激动,表现为皱眉和哭。3 个月时初生时的原始激动分化为快乐和痛苦两种情绪;6 个月时痛苦进一步分化为害怕、厌恶和愤怒;12 个月时快乐情绪分化为高兴和喜爱,到 18 个月又分化出喜悦和嫉妒。

我国心理学家林传鼎在大量观察研究的基础上,认为新生婴儿就有两种完全不同的情绪反应即愉快和不愉快,两者都与生理需要是否满足直接相关。出生后半月开始到 3 个月末时相继出现了欲求、喜悦、厌恶、忿急、烦闷和惊骇 6 种情绪反应,其中惊骇最为强烈,其他情绪反应尚未高度分明,只是有一些轮廓而已。婴儿 4—6 个月时出现与社会性需要相关的情感体验。

扎伊德的情绪分化理论影响最为广泛。他认为新生儿就已经具有五种以特定的面部表情为标志的情绪反应,即惊奇、痛苦、厌恶、微笑和兴趣。3—4 个月出现愤怒、悲伤,5—7 个月出现惧怕,6—8 个月时出现害羞,1 岁时进一步分离出伤心、恐惧,1.5 岁时伴随自我意识的产生出现羞愧、自豪、骄傲、内疚、同情等情感反应。

孟昭兰的研究给出了情绪分化的时间顺序,这一顺序服从于婴儿的生理成熟和适应的需要。初生时婴儿出现痛刺激引起的痛苦反应、异味刺激引起的厌恶反应和新异性刺激引起的兴趣以及内部的戒律反应引起的微笑。3—6 周时高频的人语声和人脸的出现会引起社会性微笑,2 个月时会出现愤怒情绪,3—4 个月时出现悲伤情绪,7 个月时产生分离焦虑和高空恐惧,1 岁时出现新异物引起的惊奇,1—1.5 岁时出现害羞、骄傲和自豪的情感反应,同时如果做了不对的事情会感到内疚不安。

二、婴儿情绪的社会化

(一)情绪表达的发展

表情是人类个体表达情绪最主要的外部反应。微笑、哭、表现兴趣的惊奇和恐惧是婴儿最基本的表情,它们的发展主要体现在激发这种表情的因素变化。

1.微笑的发展

新生儿就能产生微笑的表情,但这种微笑是一种内源性的,是神经系统兴奋状态的变化引发的,属于生理反应而非心理反应。出生一周以后,婴儿清醒时适宜的刺激如轻轻抚摸、熟悉的说话声等都会诱发婴儿的微笑,但依然是一种反射反应。出生后5周到4个月期间,各种语音、乐音、鲜艳的色彩、成人的点头、抚摸等都会引起婴儿的微笑,被称为不加区别的微笑。4个月以后出现有选择的社会性微笑,即对熟悉的人微笑而对陌生人表现出警惕性注意。4—6个月出现出声的笑,社会性刺激成为婴儿微笑的主要影响源,微笑的表情社会化。

2.哭的发展

哭是婴儿最普遍、最基本的表情,表达了一种不愉快的消极的情绪体验。婴儿刚出生的哭声是一种生理反应,后续相继出现了饥饿的哭、发怒的哭、疼痛的哭、恐惧或惊吓的哭、不称心的哭和招引别人的哭。婴儿的哭有两种变化趋势,一是由机体内外部不适宜的刺激引起的逐渐增加社会性因素,当哭声作为手段想吸引成人的注意时,哭就有了社会性。二是由应答性的反射性哭逐渐变化为主动、操作性的哭;前者是先天性的,后者如招引别人的哭是后天经验中学会的。

3.惊奇的发展

惊奇是婴儿内在动机驱动下的兴奋、好奇、惊讶的表情,表达了一组积极的情感性唤醒状态。最初的惊奇其实是一种感觉刺激引起的先天性应答反应,是最初的情感—认知综合模式。4个月以后,适宜的声光刺激反复出现会引起婴儿的好奇、兴趣,以惊奇、长时间注视和视觉追踪等外部反应来表达对外部世界的兴奋,同时伴随着快乐的体验。9个月以后婴儿对新异刺激感兴趣,惊奇更多的表达了探索的愿望,到2—3岁时新异刺激引发的兴趣会驱动产生模仿行为。

4.恐惧的发展

恐惧也可称为惊恐,是不良刺激引起的一种消极情绪的表达。最初的恐惧是由强烈的声音、高处坠落疼痛等引起的反射性应答。4个月以后,由于知觉经验的积累,恐惧由生理应答为主转变为与知觉相连的经验性恐惧为主。6—8个月时出现陌生人引起的怕生,8—9个月时在主动爬行的经验基础上产生深度知觉恐惧。1.5—2岁时,随着想象的发生,产生想象性或预测性恐惧,对于成人口中描述的黑暗、可怕动物等害怕。

5.自我意识情绪的发展

2岁时,随着自我意识的产生,婴儿出现建立在自我知觉基础上的复杂情绪如尴尬、害羞、内疚、嫉妒、骄傲等,也被称为自我意识情绪。最初的最简单的自我意识情绪是尴尬,在婴儿能够再认镜中的自己时会表现出尴尬的表情,以后随着自我评价的发展,害羞、内疚、骄傲等情感体验一一表达出来。

(二)情绪的识别与理解

关于情绪的识别和理解何时出现,还存在着争议。有研究发现婴儿在 3 个月时就能分辨照片中情绪不同的成人,但是这种分辨也许只是一种视觉辨别,并不代表婴儿知晓表情表达的情绪体验。

7—10 个月时婴儿识别和理解几种常见表情的能力已经比较明显。情绪的识别和理解是婴儿在各种情境下做出适宜的行为和情绪反应的基础,也是后期社会性发展如共情(empathy,也叫移情)产生和情绪调节的基础。

婴儿的情绪识别与理解的发展经历了 4 个阶段或水平。0—2 个月时尚无面部知觉能力,因此还不能接收成人的情绪信息;2—5 个月时已能知觉到成人的面部特征,但不能理解成人表情的意义;5—7 个月时婴儿能对成人的不同面部表情做出不同反应,对表情的理解已经具有了对不同人和不同情境的反应一致性;7/8—10 个月时,婴儿已经能辨认、识别且做出相应的情绪与行为反应,他人的情绪反应是指导自己行为反应的主要参照,被称为社会参照。

影响婴儿的情绪识别与理解能力产生和发展的主要促动模式是社会参照和谈论情绪。社会参照即在不确定的情境中借助他人的表情做出行为选择的推断,例如如果旁边的人对他微笑,婴儿就会接近一个陌生玩具,如果旁边的人显得恐惧,婴儿就会避开陌生玩具。婴儿语言发生,特别是 18—24 个月能够说话后,家庭成员对情绪的谈论有助于婴儿更好地识别和理解他人的情绪体验。

三、依 恋

依恋的形成是婴儿情绪社会化的重要标志。

依恋是婴儿与母亲之间所形成的由爱连接起来的永久性心理联系。依恋的特点是婴儿渴求与依恋对象接近,并努力维持这种接近。

依恋发生的标志是分离焦虑和怯生的出现,时间在第 6—8 个月。

(一)依恋的类型

安斯沃斯采用陌生人情境法,根据婴儿在陌生情境中的行为反应将依恋分为 3 种,即安全型依恋、回避型依恋和矛盾型依恋。

1. 安全型依恋

在陌生情景中,婴儿能以母亲作为自由探索环境的安全基地,能自信地探索环境,愉快地游戏;母亲离开以后,表示出伤感,但没有强烈的分离焦虑;母亲返回时,表现出很大的热情,寻求与母亲的亲近和安慰,平静下来后,重新进行探索和游戏活动。依恋对象在时,婴儿也能对陌生人表现出积极的兴趣。

2.回避型依恋

母亲在场时并没有积极反应,离开时也不难过,对待陌生人和依恋对象没有太大的差别。这类婴儿实际上并未建立起依恋情感。

3.矛盾型依恋

母亲在场时,婴儿也表现出焦虑情绪,不愿进行探索活动;当母亲离开时,表现悲伤等负性情绪;而当母亲返回时,一方面对母亲曾经离开表示愤怒,试图留在母亲身边,但对母亲的抚触行为又表示反抗。

(二)依恋的发展

鲍尔比根据婴儿行为的组织性、变通性和目的性将依恋的发展分为4个阶段。

前依恋期:0—3个月,对人物不加区别的定位和表现信号行为阶段,没有依恋特点。

依恋关系建立期:3—6个月,对特定人物进行定位和表现信号行为阶段。

依恋关系明确期:6个月到3岁,表现出依恋行为特点,依恋感建立,分离焦虑产生。

目标调整的同伴关系阶段:3岁以后,建立起双边的人际关系,依恋情感开始让位于友谊感。

(三)依恋建立的影响因素

1.生物因素

动物也有依恋行为,根据习性学家的研究,依恋是一种生物本能反应,是物种进化中适应环境的行为结果。例如初生的婴儿乃至部分小动物都有一种惹人怜爱、能激发照看行为的形体特征,如圆圆的脸、毛茸茸的或者光滑水嫩的皮肤,就像丘比特娃娃那样。这是动物出生后适应环境保存生命的本能。

习性学家劳伦兹的研究发现,初生小动物在某个关键时期会产生跟随反应,在那个时期看见谁就跟随谁(养育者),寸步不离,劳伦兹将这种现象命名为"印刻",认为它是动物的适应性行为,只有靠近养育者才能获得食物与保护。

哈罗的恒河猴实验则发现,小猴在遇到危险时会寻求具有温暖与舒适特性的母亲而非仅仅能提供食物的母亲。恒河猴实验也说明依恋是动物的一种本能行为。

2.社会性因素

既然依恋是一种本能行为,为什么部分婴儿并不能建立安全依恋关系?

正常养育环境中安全型依恋形成的条件来自两个方面,即养育质量和母婴互动的拟合度。

(1)养育质量

安斯沃斯的研究认为安全型依恋婴儿的母亲从一开始就是敏感的,是能积极主动回应婴儿行为反应的照料者。照料者有积极的态度,敏感及时地回应婴儿的需要就能建立同步互动,为婴儿提供了很多愉快的刺激和情感支持。促进安全型依恋形成的抚养方式具有敏感、态度积极、同步性、共同性、给予婴儿密切关注的支持和引导婴儿行为的良好刺激等特征。

（2）母婴互动的拟合度

并不是所有的婴儿都能激发养育者的积极态度和爱抚行为。婴儿的气质类型与母亲养育行为的契合度越高，安全型依恋越容易形成。卡根的研究发现，易养型气质类型的婴儿1岁时建立安全型依恋的比例远远高于困难型和缓慢型的婴儿。

亲子相互作用机会少、亲子相互作用缺少一致性、亲子相互作用稳定性差的抚养环境不利于婴儿的安全型依恋形成。

(四)依恋的意义

如果不能建立安全型依恋，婴儿后期对他人的信任感将受到不良影响，而信任感是成人后人际关系的基础。对安全型依恋和非安全型依恋儿童的长期追踪研究发现，安全型依恋儿童在幼儿园容易成为同伴中的领导者；相反，非安全型依恋儿童不愿意与同伴玩耍。到青春期时安全型依恋儿童有更强的社会技能、更好的同伴关系，容易获得亲密朋友；非安全型依恋儿童不愿意面对挑战，朋友较少，容易出现问题行为。

安全型依恋儿童更能发展好奇心与探索欲，他们在后期的发展中好奇心强，喜欢学习，自主性高；非安全型依恋儿童则对学习不感兴趣，不敢追求目标，缺乏动力。

依恋关系具有代际"传递性"，即安全型依恋儿童成人后能建立良好的亲密关系和和睦的家庭关系，对其孩子的依恋形成具有积极作用；反之，非安全型依恋儿童成人后难以建立良好的亲密关系，婚姻的幸福度和家庭的和谐度较低，又成为其孩子建立依恋关系的消极因素。

第三节　0—3岁儿童社会认知与行为的发展

一、婴儿社会认知的发展

从逻辑结构看，社会认知包括对他人及其人际关系的认知（社会角色的认知）、社会规范的认知和社会事件的认知，但是由于社会认知的研究兴起较晚，主要集中在对他人的知觉和意图理解、观点采择及其心理理论方面。

早期婴儿的社会认知非常简单，还处在把自己与客观世界、他人区分开来，建立自我和对他人及其关系予以知觉的水平。

(一)社会辨别与期待

出生后2个月时婴儿对他人的认知表现为对面孔感知开始集中于面部视觉三角区，开始进行目光交流。大约3个月时，婴儿就表现出对于客体的反应不同于对于人的反应。人是吸引早期婴儿注意的主要元素，表现出人脸偏好的知觉特点。

6个月时能将熟悉面孔与声音匹配。

2—3个月的婴儿已经能够预期人们对他们自发的行为做出积极的回应，成人的不同回应又对婴儿的社会和情绪反应产生明显的影响。互惠的、相倚的、协同的和交流的亲子互动方式,特别是亲子间的社会交往游戏(面对面的情感交流)有助于婴儿的社会辨别与期待的形成。

最初的亲子互动是共同注意。

(二)共同注意

共同注意是一个人和他人建立眼神接触,跟随或者指示他人注意同一个物体或事件,涉及自我、他人以及第三方的物品或者事件的注意调节。

婴儿的共同注意分为两种,即反应性共同注意和主动性共同注意。追随他人眼神和手指指示的共同注意是一种反应性社会互动应答活动,婴儿利用自己的姿势、眼神接触使他人注意某个物体、事件或自己,是一种主动的社会互动。

眼神接触、眼神变换是一种低水平的主动性共同注意,而手指指示和展示属于高水平的主动性共同注意。12个月以前,以反应性共同注意为主,12个月以后出现大量的主动性共同注意,婴儿开始了主动的三元互动,例如玩具从桌子上掉下去落到地面,婴儿会向成人发出指示,引起成人的注意或行为。18个月左右婴儿已经能够在共同注意中分辨成人的目的性行为(把物体扔到地上)和非目的性行为(物体掉到地上)。2岁左右婴儿已经能够很灵活地使用转移注意或者手势来实现共同注意。

(三)意图理解

意图是希望达到某种目的的打算,能够引导和组织行为。婴儿因为难受而哭是一种被动性的行为,当婴儿通过哭来获得某种结果时,哭就是一种有意图的行为。

意图理解是对他人行为原因的理解,最初的意图理解表现为区分有意图的行为和非意图的行为。

7个月大的婴儿能够分辨出人的运动是自我产生的,而客体的运动是外力驱动的。1岁以后,婴儿开始注意到人是主观的有意图的行为发起者,人的主观性是可以改变的。把人视为主观的有意图的行动者是早期儿童社会认知发展的显著标志。2岁以后婴儿已经能够正确理解他人行为是否有意图的行为,在实验中当结果出乎婴儿意料时会表现出惊讶的表情,如果结果符合预期,则不会有任何异常表现。

社会认知是在积极的人际互动中实现的,婴儿期亲子互动的互惠性、协同性特别是共同注意的过程是理解他人行为意图并根据他人意图调整自己行为的基本途径,共同注意能力是后期心理理论产生的基础。

二、婴儿社会行为的发展

人类的基本特性就是社会性,因此人类个体的社会行为即人际互动行为。根据社会行为对他人影响的性质,一般将社会行为分为亲社会行为和反社会行为。亲社会行为指有利于他人和社会的行为,不考虑其行为动机。亲社会行为的内核是利他行为,即自愿帮助别人而不期望获得回报的行为,是一种无私行为,其极端是牺牲行为;道德行为是亲社会行为中涉及道德意识即符合社会基本道德准则、不损害他人利益的行为,它是亲社会行为的主体部分。同情、安慰、分享、助人、合作是儿童期最常见的亲社会行为。

反社会行为指对他人和社会造成危害的行为,轻者为攻击性行为,重者为违法行为。

(一)亲社会行为

婴儿期的人际互动主要是亲子互动,在亲子互动中主要建立了依恋关系,同伴互动较少,因此亲社会行为尚处在萌芽期。婴儿期常见的亲社会行为是同情、安慰和分享行为的萌芽。

大量研究发现,8—12个月的婴儿有同情行为,即能对他人的情绪反应做出主动的回应。1岁以后婴儿出现安慰他人的行为倾向,例如能够给一个哭泣的同伴擦眼泪。14个月的婴儿能以特有的方式向兄弟姐妹提供注意、同情、关心、分享和帮助。

虽然婴儿在15—18个月就会把玩具给同伴,但是由于缺乏分享观念,其行为还不是真正意义上的分享。2—3岁时在得到别人明确需要或要求的条件下,会表现自愿牺牲利益的主动分享行为。斯坦杰克的观察研究表明2—3岁的儿童能自发地赠送物品和玩具给同伴。

(二)攻击性行为

攻击性行为又可以称为侵犯性行为,是一种对他人造成伤害的行为。具有伤害他人的意图、行为是外显的可观察的、指向有生命的个体、指向非受虐者的特性的行为即可判断为攻击性行为。

根据攻击行为的意图或目的可以分为敌意性攻击和工具性攻击;根据攻击的性质和方式可以将攻击行为区分为8种类型:身体的—积极的—直接的如冲撞、殴打,身体的—积极的—间接的如设置陷阱、阴谋,身体的—消极的—直接的如静坐、示威,身体的—消极的—间接的如拒绝应做的事,语言的—积极的—直接的如侮辱、谩骂,语言的—积极的—间接的如散布流言蜚语,语言的—消极的—直接的如不搭理人家,语言的—消极的—间接的如当别人受到非难时不为其辩护。

婴儿期是攻击行为的发生期,7个月大的婴儿无法够到玩具而受到挫折后会发脾气,似乎是工具性攻击,但没有显示伤害他人的意图,12个月以后的孩子显示了试图获得玩具的强力行为,显示出工具性攻击的特征。2—3岁的儿童与1岁的儿童在强力行为上差别不大,出现争端时反而显示出协商的特点。

(三)模仿行为

模仿他人是最基本的社会行为之一。模仿是指个体自觉或不自觉地重复他人的行为的过程,是社会学习的重要形式。模仿可以分为即时模仿和延迟模仿,婴儿期的模仿以即时模仿为主。

根据大量观察研究,婴儿出生后就表现出了模仿行为,但是6个月以前的模仿只是一种不随意的自动化反应和应答行为。6个月以后婴儿试图模仿发音和一些简单动作如摇头、挥手等。12个月以后开始出现模仿性游戏如模仿妈妈轻拍布娃娃等角色行为。根据皮亚杰的研究,大约18个月时出现延迟模仿,3岁时延迟模仿行为已经发展为儿童基本的角色游戏行为。

第四节 0—3岁儿童自我意识的发展

一、自我意识的发生

自我意识是人对自己以及自己与客观世界的关系的一种意识。

阿姆斯特丹借用动物学家盖勒帕在黑猩猩研究中使用的点红实验——在鼻子上涂上红颜色后去照镜子,以观测黑猩猩是否将镜中的影像觉知为自己。如果用手去摸镜子中的红点点,则不能觉知那就是自己;如果用手去摸自己的鼻子,说明知道镜像就是自己,能够觉知到自己——对婴儿的自我意识的产生过程进行研究。

我国发展心理学家也借用点红实验验证了婴儿自我意识产生的过程。

自我意识的产生经历了5个阶段:戏物阶段——10个月以前;与镜像游戏伙伴阶段——12—18个月;相依性探究阶段——18—21个月;自我认识出现——21个月;自我意识产生,开始用"我"来标示自己——24个月。

二、主体我与客体我的发生

美国心理学家威廉·詹姆斯将自我分为主体我(I)和客体我(me)。客体我由物质的我(外部特征)、社会的我(社会群体中的位置)和心理的我(内在品质)构成,主体我对客体我进行认知和评价,从而产生积极或消极的情绪体验,进而要求和调控客体我的行为。

婴儿在5—8个月,显示了对镜像的兴趣;9—12个月,把自己和物体分开,表现出对自己作为活动主体的认识——主体我产生;12—15个月,能区分自己和他人,主体我继续发展;15—18个月,开始把自己作为客体认识——客体我产生;18—24个月婴儿开始用"我"称呼自己,同时能指认自己的照片,并简单描述照片中自己的外部特征如"戴着帽子",把自己和其他客体并置,这是客体我的重大发展。

一旦能把自己作为一个对象客体来认知,儿童就出现了自我评价及其产生的情感体验,在2—3岁的这一年自我体验和自我调控开始形成,自尊萌芽。

三、婴儿期的自我知觉

自我意识形成后的一年里,儿童的自我发展主要体现在对自我的知觉方面,即知觉水平的自我认知。这个时期婴儿能把自己和他人区分开来并使用人称代词称呼彼此。

(一)指挥别人

婴儿可能会做出把电话放在母亲耳朵旁边的行为,这种行为不是要得到某种物体而是要去影响他人,是对自己能做什么的一种知觉。

(二)描述自己的行为

2岁后的儿童常常会使用"我是……"的句式描述自己,比如描述正在完成的动作,往椅子上爬时可能会说"上去",说明他已经清楚地知觉到了自己的行为目的。

(三)占有感

自我意识产生后,对于自己常使用的物品有强烈的占有感,什么东西都是"我的",即便自己不用也不允许别人使用,给人的感觉是这个阶段的儿童"很自私",实际这是儿童自我知觉的一种体现。一旦开始使用"我"来称呼自己,人称代词"我"成为这个时期儿童使用频率最高的词汇。

(四)执拗行为

自我意识产生后开始出现"我自己来……"的行为特点,吃饭时饭粒撒了很多,家长如果要求喂饭给他吃,则坚决不肯;小书包要自己背,衣服要自己穿……开始不听话,执拗行为增多,进入人生的第一个反抗期。

【案例分析】

材料:欣儿的妈妈得了轻度的产后抑郁症,精神状态很不稳定。一个人坐着就会流眼泪,又或者莫名地发火,又或不合时宜地笑出声来,听见宝宝哭就想使劲打宝宝屁股,但只是想想。整天要么觉得自己是多余的、无用的,要么就怨恨欣儿的爸爸不关心自己、不支持自己,心中满是委屈和怨恨。所以欣儿除了能够饿了有奶吃,尿了后尿片能被更换,并不能在醒来时被妈妈用风铃等玩具逗弄。欣儿妈妈这种状态持续了大约2年多才有所好转。

问题:欣儿能否顺利形成起安全型依恋情感?

分析:婴儿期最基本的人际互动就是亲子互动,如果互动良好则能促使婴儿建立起安全型依恋。上述实例中由于母亲具有轻度产后抑郁症,情绪失控,社会认知迟钝,对他人的情绪及其行为反应不敏感,甚至缺乏对母亲角色的认同而不能积极主动照料婴儿的生活起居,更没有精力与婴儿进行互惠的、相倚的、协同的人际互动,因此不利于婴儿建立安全型依恋。

【拓展阅读】

孟昭兰.婴儿心理学[M].北京:北京大学出版社,1997.

王争艳,武萌,赵婧.婴儿心理学[M].杭州:浙江教育出版社,2015.

张文新.儿童社会性发展[M].北京:北京师范大学出版社,1999.

张华,陶沙,李蓓蕾,等.婴儿运动经验与母婴社会性情绪互动行为的关系[J].心理发展与教育,2000(3):1-6.

梅冬梅,许远理,李通.0—1岁婴儿面部表情识别与情绪调节的发展[J].中国儿童保健杂志,2013(4):379-381.

【知识巩固】

1.判断题

(1)社会性是个体心理活动中与其他人具有共性的部分,与个性是相对立的心理特征。

　　　　　　　　　　　　　　　　　　　　　　　　　　　　　　(　)

(2)社会性是社会化的结果,是受社会文化塑造形成的,与生物因素无关。　(　)

(3)情绪是生来就有的一种心理反应,它的发展是一个不断分化的过程。　(　)

(4)婴儿一出生就会哭,因此人生的第一情绪体验是痛苦。　　　　　　(　)

(5)2岁后儿童变得不听话、执拗,凡事都要自己干,是因为自我意识产生了。(　)

2.选择题

(1)具有"活动水平偏低,反应强度弱,情绪消极,常常安静地退缩、逃避新刺激,在没有压力的情境中能逐渐活跃起来"特征的婴儿属于(　)气质类型。

　　A.抑制型　　　　　B.易养型　　　　　C.困难型　　　　　D.迟缓型

(2)哺乳期,养育者如果能够敏感到儿童的需要并能及时满足儿童的需要,以慈爱、平静、安全的方式来满足儿童的需要,他们就会形成(　)。

　　A.信任感　　　　　B.自主感　　　　　C.主动感　　　　　D.羞怯感

(3)分离焦虑产生、开始害怕陌生人,意味着婴儿(　)的形成。

　　A.自我意识　　　B.依恋　　　　　C.主体我和客体我　D.恋母情结

(4)婴儿识别与理解他人情绪的基本方式是(　)。

　　A.社会参照　　　B.共同注意　　　C.母亲的表情　　　D.移情

(5)儿童自我意识形成的标志是(　)。

　　A.点红实验　　　　　　　　　　B.使用人称代词"我"

　　C.会称呼自己的名字　　　　　　D.区分自己和他人

3.简答题

(1)简述安全型依恋形成的条件。

(2)简述托马斯-切斯划分婴儿气质类型的特性。

【实践应用】

1.案例分析

实例:小贝快3岁了,特别爱说话,喜欢给他人介绍自己。"我2岁半了,我是一个男孩,我的名字叫贝贝。我和妈妈、爸爸住在一起。我喜欢吃肯德基,我有一双大眼睛,在我的房间里有一个大箱子,里面的玩具全部都是我的……"

分析:如何解释小贝的这种行为特征?

2.尝试实践

以张建端修订的"12—36 月龄幼儿情绪社会性评估量表"为工具测查 2 名 1—3 岁的婴儿,并访谈其母亲了解他们母婴互动的特征(要求有详细的访谈记录),分析母婴互动特征对于婴儿情绪社会性的影响。

第四章

3—6 岁儿童感知运动的发展

【学习目标】

知识目标：

1. 能够简要陈述幼儿脑生理及机能的发展成就；
2. 能够描述幼儿不同年段粗大动作的一般水平；
3. 能够举例说明幼儿观察的发展特点；
4. 能够举例说明幼儿注意的特点。

技能目标：

1. 能够根据幼儿感知觉和注意的基本特点分析幼儿园教育活动方案的适宜性；
2. 能够运用幼儿动作发展规律观察并分析幼儿的活动特点。

情感目标：

体验幼儿感知运动机能发展特点在幼儿教育活动中应用的成就感。

【问题导入】

实例材料：

学习了儿童生理基础之后，同学们对于大脑的基本特征有了较好的认识，知道了大脑的分区有哪些，知道了每个分区的基本功能，知道了大脑左右半球具有不同的功能，但是同学们也对这些功能何时产生，又是如何发展的，产生了浓厚的兴趣。

问题：

3—6 岁儿童脑生理特征是什么？幼儿脑机能的发展又促进产生了什么样的心理特征？

【内容体系】

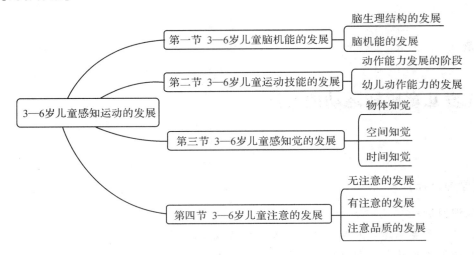

第一节 3—6岁儿童脑机能的发展

一、脑生理结构的发展

（一）神经元髓鞘化的加速发展

进入幼儿期，脑发育主要体现在神经元联结——神经传递通路的增加。然而，脑重增加的主要原因是髓鞘化。正如第二章所提到的，髓鞘可以使神经元之间的信号传递速度加快。虽然髓鞘化过程将持续到儿童期和青少年期，但是其影响在幼儿期最明显，幼儿期脑区的髓鞘化主要体现在运动区和感觉区。

当我们在飞速思考问题，并快速做出决策时，神经元信号的传递速度变得尤为重要。6岁时，多数儿童看到一个东西时能马上说出它是什么，能接住一个球并且扔出去，能按顺序写出英文字母，等等。实际上，这些能力都只有在实现了广泛的髓鞘化后才可能实现。在幼儿阶段，儿童的反应速度会比较慢，主要体现在做事以及做出反应时会较为迟钝，这是因为幼儿大脑的髓鞘化程度还不够，使他们的信息加工速度缓慢。因此，成人在听幼儿说话时要耐心，要帮助他们穿衣服。当然，随着年龄的发展幼儿做事情的速度也会加快。

（二）大脑两半球的联结

在幼儿期，大脑两半球的联结——胼胝体的发育和髓鞘化速度都很快。胼胝体是联结左脑和右脑的长而密的神经纤维束。胼胝体的发育使大脑两半球的沟通更有效，从而使幼儿能协调左脑和右脑以及身体的左侧和右侧。胼胝体发育不良将导致严重障碍，甚至有学者认为这可能是自闭症的原因之一。[①]

　　人的大脑左右半球具有不同的功能,每一侧都会专门支配一些特定的技能,也就是我们常说的脑功能的单侧化。脑的单侧化会反映在身体的运动控制上,因此我们不仅会发现不同人会出现右利手或左利手,而且还会出现脚、眼、耳等功能性的偏好。研究表明,脑的单侧化与胼胝体是同步发展的。[②] 对切断胼胝体的癫痫病人的研究发现,左半球控制身体的右侧,负责逻辑推理、详细分析和基础语言;右半球控制着身体左侧,负责情绪与创造性冲动,包括对音乐、艺术和诗歌的欣赏。

　　但从儿童的技能发展中可以发现,左右半球大脑的单侧化并不是绝对的。对大多数人来说,大脑的左右两半球都参与到了几乎所有技能中。正因为如此,胼胝体是至关重要的:它把左右两半球联结起来。随着胼胝体的髓鞘化,两半球之间的信号传递更快、更清楚了,使儿童能够更好地思考,更少出现笨拙的行为。举个简单的例子:2 岁儿童都不能单脚跳,但 6 岁儿童则可以,这就是大脑平衡的表现。幼儿喜欢的歌曲、舞蹈和游戏常常伴有需要身体保持协调的律动,这也需要更多地借助于胼胝体沟通左右半球。

(三)前额叶的成熟

　　大脑的前额叶皮层是位于前额后面、大脑皮层前部的区域。前额叶被称为脑的执行部位,因为做计划、排列优先次序和深思熟虑的功能都发生在这里,管理着脑的其余部位。

　　进入幼儿期后,前额叶开始飞快发展,但其还需要持续到成年初期才可以完全发育成熟。不过,3—6 岁时前额叶所起到的"管理"功能得到了很大的体现:

①睡眠变得更有规律;

②情绪更具有细微差别和反应性;

③发脾气明显减少;

④难以控制的大笑和哭泣不再常见。

　　前额叶在很多时候会发挥排除干扰、执行命令的功能。心理学中有一较为经典的实验范式 Go/No-Go 范式,被试需要对 Go 的刺激进行反应(例如,按键)。而对 No-Go 刺激则不进行反应。在幼儿阶段的实验中,年龄较小的幼儿大多不能较好地完成该任务,他们在混合刺激中时常会受到前一次刺激的影响,例如会对 No-Go 刺激做出反应。而大一点的儿童则可以较好地完成该任务。

　　一些实验也发现了前额叶成熟带来的影响。例如,给儿童一套卡片,上面有清楚的卡车或花的轮廓,一些是红色的,一些是蓝色的。让他们玩"形状游戏",把卡车放在一堆,把花放在另一堆。3 岁儿童(和一些 2 岁儿童)便能正确地进行分类。然后让儿童玩"颜色游戏",即把卡片按颜色分类。4 岁以下的儿童多数都做不好,但是他们能按形状分类,因

　　① FRAZIER T W, HARDAN A Y. A Meta-analysis of the Corpus Callosum in Autism[J]. Biol Psychiatry, 2011(10):935-941.

　　② BOLES D B, BARTH J M, MERRILL E C. Asymmetry and Performance: Toward a Neurodevelopmental Theory[J]. Brain Cogn, 2008(2):124-139.

为他们以前做过。这个基本的测验在多个国家进行了重复,3 岁儿童通常还是受第一次分类方式的影响,而多数大一点的儿童则能很好地转换分类方式。这也是前额叶发育成熟的结果。

二、脑机能的发展

(一)兴奋与抑制过程的增强

兴奋和抑制过程是高级神经活动的基本过程。随着年龄的发展,幼儿的兴奋和抑制功能都在不断增强。兴奋过程的增强表现为儿童睡眠时间相对减少,7 岁左右的儿童每天睡 11 个小时就足够了,这使儿童有更充足的时间参加游戏、学习和实践活动。同时,兴奋过程的加强也为条件反射的建立提供了必要的觉醒状态,使条件反射容易建立。抑制过程的增强表现为儿童可以按照成人的要求克制自己的冲动性行为,特别是在集体环境中可以克制自己不合要求的行为。

幼儿期大脑皮层的抑制机能相对于 3 岁前发展速度加快,随着大脑皮层髓鞘化的加快和额叶的发展,条件抑制能够快速建立,尤其是 4 岁以后呈现出明显的抑制机能增强的特征,心理活动的有意性开始发展。

虽然幼儿的兴奋与抑制过程不断加强,但是大脑皮层的兴奋与抑制过程发展却依然表现出不平衡的特性,整个幼儿期依然是兴奋强于抑制,因此对于幼儿不能提过高的抑制要求,例如不能长时间坚持集中精力做一件单调的事,否则有可能造成儿童神经系统功能紊乱。

(二)条件反射建立和巩固加快

条件反射的建立,是由于在条件刺激的皮质代表区和非条件刺激的皮质代表区之间多次的同时兴奋,发生了机能上的“暂时联系”。

条件刺激在大脑皮质区引起的兴奋,可以通过暂时联系到达非条件反射的皮质代表区,于是引起本来不能引起的反应。婴儿期由于突触链接相对较少和髓鞘化刚刚开始,其条件反射的形成速度缓慢且容易消退。到了幼儿期,随着外部刺激的增多促进了突触链接的增加和神经元髓鞘化,兴奋和抑制功能增强,因此条件反射(无论是条件性兴奋还是条件性抑制)建立的速度加快,且逐渐稳定,容易巩固。当然,相对于年长儿童或者成人,幼儿期条件反射的建立在单位时间内还较少。

从本质上说条件反射是一种神经系统活动的动力定型,是长期训练养成的一种思维或者行为的习惯。行为,本质上是一种条件反射的连锁。幼儿期是行为习惯养成的最重要时期,因此根据条件反射建立的规律培养孩子良好的行为习惯是幼儿教育的首要任务。一个孩子幼儿期养成的良好行为(生活、学习等方面)习惯,对于他的性格形成和人格完善都至关重要。

(三)第一信号系统和第二号系统开始协同工作

第二信号系统是在第一信号系统基础上发展起来的。两种信号系统的协同作用,是儿童心理现象发生的基础。这两种信号系统在学前儿童时期的发展,经历了以下几个阶段。

首先,直接刺激——直接反应。七八个月以前属于这个阶段。婴儿用身体动作来应答,如看到东西统统用手去抓。

其次,词的刺激——直接反应。8个月之后,婴儿开始对少数词发生一定的动作反应。如问"妈妈在哪里?",他会把头转向妈妈的地方,这时候,还不能算作第二信号系统,"在哪里"这个词对他们来说还不具备信号意义,他们还回答不出来"妈妈在哪里",这和第一信号系统接近。

再次,直接刺激——词的反应。1—1.5岁的儿童对熟悉的事物有词的反应。如看到自己家的小花猫就会发出"喵喵"的喊声。但还是第一信号系统。

最后,词的刺激——词的反应。1岁半以后,词才开始摆脱与具体刺激物的直接联系,才开始成为代表一类事物的具有概括性的刺激物。因此,真正的第二信号系统的活动才开始形成和发展起来。

第二信号系统发展起来以后,两种信号系统的相互作用或协同作用开始发生。幼儿期,由于语言的快速发展,两种信号系统的协同功能增强,幼儿能够同时借助于语言和具体实物来认识客观现实。但是总体上讲,幼儿期依然是第一信号系统占优势,儿童的认知活动表现出具体形象占主导的特点。

第二信号系统的发展给儿童的高级神经活动带来了新的原则,使其心理具有了抽象概括性和自觉能动性。第二信号系统形成后,儿童借助词的作用逐渐能形成高级的复杂的条件反射,为后期以语言为基本工具的认知与学习奠定基础。

第二节 3—6岁儿童动作技能的发展

随着儿童大脑的发育以及大脑中涉及平衡和协调区域的神经元髓鞘形成,幼儿对于自身运动能力的掌控进一步地加强。同时,幼儿循环系统的发育,使得幼儿身体活动的耐力也得到了增加。因此,进入3岁后,儿童的活动水平比整个生命中任何时期的水平都要高。

一、幼儿动作能力发展的阶段

D.L.加拉休提出,动作能力的获得是一个阶段性发展的过程,包括反射性活动阶段、初步动作阶段、基础动作阶段、专门化动作阶段。这些阶段出现的顺序是不变的,但是这些动作能力掌握的速度则有个体差异。[①]

反射性活动阶段(reflexive movement phase)出现在出生后至 1 岁左右,婴儿期的动作发展主要是反射性活动。

初步动作阶段(rudimentary movement phase)包括了婴儿期所获得的基本动作技能:伸手触物、抓物和松手放物、坐、站以及行走。最初两年内获得的初步动作技能为基本动作阶段打下了基础。

基本动作阶段(fundamental movement phase)发生在学前儿童年龄阶段,即 2/3—6/7 岁。儿童越来越熟练地控制自己的大肌肉动作和精细动作,诸如跑、跳、投掷、接物这样的动作得到发展并逐步熟练。每个技能的掌握在达到成熟之前都经历了开始和最初的阶段。这一阶段的儿童首先单独学习每个动作技能,然后再把单个技能联合起来成为一个协调的动作。

专门化动作阶段(specialized movement phase)从 7 岁开始,一直延续到青少年阶段直至成年。

加拉休还提醒,单单成熟和身体活动并不能保证儿童在学前阶段就一定能够掌握基本动作。不能掌握这些动作的儿童在未来的娱乐性活动和体育活动中将会遭遇挫败感。

二、幼儿动作能力的发展

3—6 岁是基本动作阶段,主要涉及儿童对基本动作的掌握。到 3 岁的时候,儿童已经能够掌握多种技能:蹦跳、单脚蹦、跳越和跑步,但是其平衡与协调性还较低。随着年龄的进一步发展,他们对肌肉的控制越来越好,使得技能更加精细化。例如,在 4—5 岁时能在较窄的低矮物体上平稳行走一段距离;5—6 岁时他们可以在斜坡、荡桥和有一定间隔的物体上较平稳地行走。甚至 5 岁儿童可以学会骑自行车、爬梯子、向下滑雪等需要相当强协调能力的活动。

(一)粗大动作的发展

粗大动作是身体四肢大肌肉的运动,主要表现在身体的位移运动方面,但不止于身体的位移,还包括与手部精细动作结合的操作性运动如投掷、攀登、抛接球、踢球等。

1. 走

3 岁以后,幼儿走路时全身的紧张状况已经基本消除,但还不够协调和自然;4—5 岁以后,动作的协调性提高;5—6 岁后,能够自然、轻松地走路,并根据需要自如地控制走的节奏和方向。到 7 岁时,幼儿的行走动作达到了成人的水平,步长保持一致、两腿的间距小、脚尖着地现象很少出现,行走有节奏而流畅,灵活性、平衡性已经达到较高水平,行走过程中遇到障碍物也很少摔跤和跌倒。

① CLELAND F E, GALLAHUE D L. Young Children's Divergent Movement Ability[J]. Perceptual & Motor Skills, 1993(2):535-544.

同时,随着肌肉耐力的增加,幼儿在行走的持久性上也在不断发展。3—4岁幼儿能行走1千米左右(途中可适当休息),4—5岁幼儿可以行走1.5千米左右(途中可适当休息),而5—6岁幼儿则可以行走1.5千米以上(途中可适当休息)。

锻炼幼儿走的动作可以促进幼儿神经系统的发育。成人通过观察幼儿走路姿势可以及时发现幼儿的健康状态,例如,生病或体弱幼儿,走路时常常无精打采。良好的走路姿势不仅是身体健康发展的一个标志,也是反映人的性格与精神状态的一个重要方面。例如,走路时低头或东张西望、摇摇晃晃或弯腰躬背常常被视为不良的习惯。在日常生活中,成人应多提供机会让幼儿进行走步锻炼,同时注意纠正幼儿的走路姿势。

2. 跑

跑是走的动作的延伸,与走不同的是,跑的动作速度快,由单脚支撑与腾空交替形成周期。完成跑的动作需要有足够的腿部力量(蹬地)、平衡能力(维持着地及腾空时的身体姿势)和动作的协调能力(躯干与四肢的协调),因此,跑的动作的发展,反映了幼儿多种身体机能的提高。跑是年幼儿童最常见的动作之一,即使走路尚未稳健的孩子,也在积极地尝试跑。

跑步动作的发展从产生到获得成熟的奔跑模式可以分为4个阶段,第一阶段大约在2—3岁,儿童跑步采用小步伐并且把大腿抬得很高,同时扬着手并架着肩以保持身体平衡,是一种高位保护跑,也称为快速的摇摆走。腾空极小,全脚掌着地,脚趾外展,摆动腿外展,手臂的摆动对跑步没有助力作用。3—4岁的大多数儿童处于跑步第二阶段,属于中位保护跑。腾空时间增加,经常出现全脚掌着地,步幅加大,膝关节折叠至少成90度角,大腿有侧摆导致摆动腿的脚越过身体中线置于身体后侧;手臂摆动的方向与同侧髋部和腿的方向相反;身体直立,腿接近完全伸展。跑步过程中稳定性差,容易摔倒。进入第三阶段,儿童大约在4—6岁,跑动时手臂落在身体两侧成低位保护,伴随着腿的动作前后摆动,肘关节在前摆时弯曲,后摆时伸展,开始发挥跑步中的助力作用;腾空时间继续增加,步幅增大,步频减少,腾空时支撑腿伸展,脚跟或前脚掌着地;跑动时,身体前倾,还不能完全实现从脚跟到脚趾的着地和身体从正直向水平前倾转变。第四个阶段,跑步具有了成熟模式的所有特征,手臂屈臂,有力而协调地摆动,从脚跟过渡到脚尖着地或者脚前掌着地,跑动时身体侧前倾。有研究确认60%的男孩在4岁时就能达到第四阶段跑的水平,60%的女孩在5岁时达到第四阶段跑的水平。[①]

跑的水平也反映在身体的控制能力和速度上,3—4岁幼儿的动作开始平稳,但速度较慢,且不能持续快速跑(能快跑15米左右)或改变方向跑;5—6岁幼儿跑步动作基本成熟,不但速度提高(能快跑25米左右),而且能够自如地控制速度和方向。

锻炼幼儿跑的动作有利于增强幼儿腿部肌肉力量,提高幼儿身体的平衡能力和身体动作的协调性,并为幼儿其他动作,如跳跃等动作的发展奠定基础。跑步对增强幼儿的体质具有重要意义,跑步时幼儿的能量消耗上升,呼吸和血液循环加快,因此,可以锻炼幼儿的心血管系统和呼吸系统。此外,跑步还有助于幼儿中枢神经系统功能的完善,提高幼儿对环境的反应能力。

---

① 　PAYNE G,耿培新,梁国立.人类动作发展概论[M].北京:人民教育出版社,2008:240-243.

3.跳

跳要求幼儿腾空身体,在空中保持身体平衡,并做好落地时的缓冲动作。与走和跑相比,跳的动作更难,需要更多的技能。儿童2岁时出现跳的动作,但3岁后动作还不够协调;4岁以后,上下肢的配合逐渐协调,落地时能缓冲;5—6岁后幼儿可以掌握各种跳跃动作的技能,动作的灵活性、协调性有了很大提高。随着腿部力量与耐力发展,幼儿单脚连续跳跃的能力也在增强。一般3—4岁幼儿能单脚连续向前跳2米左右,4—5岁幼儿能单脚连续向前跳5米左右,5—6岁幼儿能单脚连续向前跳8米左右。

跳的形式较多,常见的有双脚纵跳和立定跳远、跨步和单脚跳以及连续前滑跳和侧滑步等。以立定跳远为例说明幼儿跳跃技能的发展。立定跳远属于典型的跳跃技能,包括起跳、腾空和落地,整个动作过程中不仅需要力量而且要协调好身体的各个部位以及掌握平衡,因此难度较大。儿童虽然在2岁时就出现了跳跃动作,但真正掌握熟练的跳跃动作模式一般要到10岁以后,其发展阶段及特征见表4-1。

表 4-1　儿童立定跳远的发展阶段及其特征

阶段	年龄	动作特征
1	2—4岁	单脚起跳,没有屈膝准备动作;手臂无动作或耸肩以保持平衡;相当于跨步
2	3—7岁	开始双脚起跳,脚跟离地前膝关节开始伸展;手臂外展,向前或向两边摆动,跳跃过程中身体基本能够协调以保持平衡,但落地时容易前倾跌倒,能跳跃大约20~60厘米
3	5—10岁	膝关节伸展与脚跟离地同步,起跳时手臂前摆但是没有完全伸展至超过头的位置,落地时基本能做到缓冲且平稳,跳跃距离能够达到100厘米以上
4	8—10岁以后	脚跟先离地,随后膝关节伸展,跳跃时身体明显前倾;起跳时手臂摆动完全伸展并超过头的位置,能够平稳落地,跳跃距离显著增加

立定跳远需要儿童有较强的腿部肌肉力量(蹬地)、身体活动的协调能力和身体的平衡能力。通过有目的、有计划的体育活动锻炼幼儿的跳跃能力,可以提高幼儿大脑皮质运动中枢的发展水平和功能,促进身体动作的协调,使幼儿四肢骨骼的发育更加坚固,腿部肌肉更有弹性。

4.钻爬

钻爬动作是在爬行的基础上发展出来的高级的适应外部情境变化的身体位移动作,以钻为主,必要时四肢着地爬行配合。

在爬的动作上,3—4岁幼儿能协调地手膝着地爬行,但对爬越、手脚屈膝着地爬以及听信号向指定方向爬却显得有些笨拙。4—5岁能较熟练地爬越以及手脚着地爬,可以仰卧倒退爬、滚动中爬。5—6岁幼儿能够掌握匍匐爬、横向爬、纵向爬、攀爬、手脚着地爬、侧身爬等多种爬行方式。

钻的方式一般有两种:正面钻和侧面钻。正面钻,要求身体面向障碍物,屈膝下蹲,低头弯腰,紧缩身体,慢慢地移动双脚,从障碍物的下面钻过。侧面钻比较复杂,难度比较大。要求身体侧对着障碍物,两腿屈膝,前腿从障碍物下伸过,然后低头弯腰,侧身从障碍物下钻过,钻过的同时,前腿改为屈膝并将身体的重心移到前腿上,然后后腿再跟着伸出障碍物。侧面钻的动作要领除了与正面钻有类似之处（如低头、弯腰、紧缩身体）外，还需要注意两腿屈与伸的交替以及身体重心的移动。

正面钻的动作通常比侧面钻的动作要简单些、容易些，因此，幼儿一般是先学习正面钻，然后再学习侧面钻。3—4 岁幼儿已能基本掌握正面钻的要领，能在 65～70 厘米高的障碍物下采用正面钻的形式钻来钻去，但过程中还不能较好地做弯腰、紧缩身体的动作。4—5 岁的幼儿正面钻的动作已能较好掌握，基本上学会了侧面钻的动作，能在 60 厘米高的障碍物下钻来钻去，但两腿在屈与伸的交替动作方面，有时还不够灵活。5—6 岁幼儿各种钻的基本动作基本掌握，能有意识地做弯腰、紧缩身体的动作，侧身、缩身钻过 50 厘米高的拱形门。

当钻过障碍物有困难时，需要连钻带爬，出现钻爬动作。

在进行钻爬动作指导时，首先要提供高低适宜的辅助器械，例如用于正面钻的器械空隙应在幼儿的胸部以上、耳部以下，宽度要大于幼儿的体宽；而用于侧面钻的器械空隙则应该在幼儿的胸部以下。其次应充分利用废旧材料开展钻爬的活动，这既能激发幼儿的好奇心和探索精神，又能满足幼儿活动的需要。例如，将包装用的硬纸盒的下部剪出一个大洞，让幼儿钻来钻去；把废旧自行车轮胎竖立起来，让幼儿练习钻的动作等。

小班幼儿以爬行动作为主，逐渐加入钻的成分，中班可以开展钻爬练习，连钻带爬越过障碍物或者沟壑，大班可以独立练习钻的动作技能，提高身体姿势变换的能力。

5. 攀登

攀登是四肢协调配合在上下空间移动身体的动作技能，是爬行在立体空间的表现，是爬行的变式。它是上肢引体、躯干收腹屈髋、下肢蹬伸配合完成的，是全身多个部位协调平衡才能实现的动作技能，包含了平衡、协调和灵敏性、力量、耐力多种动作技能的核心特征。

攀登可以分为 3 种，一是双脚的攀登，如登小山坡、登台阶等；二是双手的攀爬，如消防队员用手攀绳或攀杆的动作；三是双手和双脚协同的攀登。通常所说的攀登主要指第三种。

四肢配合攀登是在双脚蹬台阶的基础上发展而来的。幼儿 2 岁左右的时候，开始练习登台阶，2—3 岁的幼儿在上下台阶时，多为并步（即先一脚迈上一个台阶，然后另一脚迈上去，双脚并拢）。4 岁左右逐渐能够做到双脚交替上下台阶，但在下台阶时有时仍然使用并步，这是因为下台阶交替脚的动作比上台阶交替脚的动作难度要大一些，因而幼儿在此方面的发展也就相对晚些。

双手双脚的攀登在幼儿期最常见的就是攀登木梯和绳梯，在攀岩运动被推崇的地区，幼儿园也设置了简易攀岩壁，出现简单的攀岩运动。从四肢协调的角度看，3—4 岁的幼儿多半为并手和并脚，动作的灵敏性和协调性较差。在木梯的攀登中，手握横木的姿势有的不正确。经过自己的不断练习以及成人的指导后，5—6 岁的幼儿在攀登时已能表现出手脚交替的动作，但从攀登设备上下来时，多数幼儿仍然使用并手并脚的方法。不过，这时幼儿已能在攀登设备上较熟练、较灵活地做钻、爬、移位、悬垂等动作，动作比较灵敏、协调，这表明幼儿控制身体的能力已有了较好的发展。

教育者在指导幼儿进行攀登时要注意如下事项。第一，必须首先教会幼儿手握横木动作的正确姿势,这是保证攀登安全的基础。第二,在幼儿攀登的过程中,成人要做好防护措施,要求幼儿有序、慢速攀登。第三,当幼儿登上攀登设备以后,可以鼓励幼儿在保证安全的情况下,适当地观察一下周围以及上下的空间环境,体验攀登过程的艰辛与乐趣。从攀登设备上下来后,可以鼓励幼儿相互交流,以丰富幼儿的运动经验和情感体验,增强幼儿的自信心。第四,不要进行攀登比赛,以免幼儿因求胜心切而忽视活动的安全。

6. 投掷

投掷动作是四肢配合的一种力量型运动,通常可以分为掷远和掷准。掷远,也称为投远,其目的是将投掷物尽可能投得远一些,这一动作属于速度型力量动作。一方面需要用力投掷,另一方面,在挥臂、甩腕时,动作要快,这样才能获得较大的爆发力,从而使物体能掷得较远。掷准,也称投准,要求尽可能将投掷物击中指定的目标。掷准动作不仅需要一定的肌肉力量,而且更需要具有良好的目测能力以及动作的准确性,因此,掷准的动作比掷远的动作相对要难一些。

儿童掷远的动作有多种,如正面投、背后过肩投、半侧面投、半侧面转体肩上投掷等。掷准的动作也有多种,如肩上投、胸前上抛、胸前下抛,还有地上抛滚球等。

小班幼儿的投掷动作是几项基本动作技能中发展最欠缺的,对于挥臂、甩腕、投掷的时机把握不准确,不能很好地协调投掷的方向、速度和力度。中班幼儿由于运动系统的快速发育成熟,可以使用单手肩上投掷、双人相互投掷,能肩上挥臂投掷小沙包,能自抛自接低球或两人近距离互抛互接大球。大班幼儿能够进行协调投掷,并能向各个方向进行投掷,表现为能半侧面单手投掷小沙包等轻物,会肩上挥臂投掷轻物并投准目标。

在幼儿的投掷活动中首先应尽可能让幼儿左手和右手都有机会参与练习,这样脑利于促进幼儿身体两侧肌肉的协调发展;其次要由近到远投掷,掷准的目标应由大到小、由静到动;再次,为了保持和提高幼儿参与投掷活动的积极性,应经常变化投掷目标和投掷物,投掷物的选择要适合幼儿,注意其重量大小以及安全性。

幼儿粗大动作发展水平的关键特性是协调、平衡、灵活、力量和耐力,幼儿各阶段粗大动作关键特性的发展水平可以参见教育部颁发了《3—6岁儿童学习与发展指南》中健康领域的动作发展子领域的典型行为表现。

粗大动作最基础的核心特性是平衡性,它是幼儿进行走、跑、跳等大肌肉运动的基础。幼儿期是平衡能力快速发展的时期,其趋势是从保持一种身体姿势到做各种动作和采取各种姿势时都能保持稳定。幼儿平衡能力的发展有赖于大脑皮层功能的完善,兴奋和抑制过程的平衡以及视觉、前庭器官的协调控制能力的发展。

提高平衡能力对幼儿多方面的发展具有重要意义。首先,可以促进幼儿神经系统功能的完善和各种动作技能的协调发展,为幼儿参与多种体育活动和掌握更为复杂的动作技能(如滑冰、骑三轮车等)奠定基础。其次,对其个性的健康发展也有积极的促进作用,因为保持身体平稳,需要幼儿精神集中,勇敢、镇定、意志坚强等。在提高平衡能力的过程中,幼儿的注意力、坚持性、意志力等品质也会得到发展。此外,平衡感的获得还有助于提高幼儿的自信心。因此在粗大动作技能的练习中要优先考虑那些有助于平衡性发展的运动,如走独木桥等。力量和耐力运动项目则适量即可,不能过量练习,因为幼儿的肌肉水分较多,肌纤维还很柔嫩。

(二)精细动作的发展

精细动作即小肌肉特别是手部的动作,是操作能力的核心。手部精细动作发展的核心特征是手指间或双手的协调配合、动作的稳定和灵活。婴儿期手部动作的发展是由最初的简单抓握到后期的对特定物体的特定动作,例如"握住"勺子、"端"碗等,这是一种巨大的进步。进入幼儿阶段,由于幼儿活动能力的增强,同时动作训练的机会增多,精细动作开始展现出对特定工具的使用,借助工具达到特定的目的。幼儿手部精细动作的发展的核心特征的变化可以在其使用生活用具如筷子、绘画、书写等活动中观察。

中国的孩子吃饭都要学会使用筷子。使用筷子时需要一只手五指合作抓握两根筷子,对手指的灵活性要求较高,能充分表现幼儿精细动作的发展水平。正确的筷子抓握需要五指至少四指合作,拇指及其虎口、中指和无名指(小指往往并在无名指下方增加力量)合作固定一根筷子,拇指、食指和中指成三角架式捏一根筷子上下或者左右活动,与固定筷一起夹取食物;手握在筷子的上三分之一部位。儿童在 3 岁以后会正确抓握勺子或者画笔后才能学习抓握筷子吃饭。正确地使用筷子是整个儿童期的精细动作发展任务。李蓓蕾等人的研究发现 4—5 岁是儿童掌握握持筷子动作模式最快的时期,大约 5 岁时大多数儿童基本能够使用筷子进餐了,但适宜的动作模式要素还不完备,动作的有效性、精确性和稳定性还有待提高。[①]

从不同年龄段幼儿使用剪刀的特征也可发现幼儿在手部动作上的发展特点。3—4岁幼儿可以使用剪刀沿直线剪,并与边线基本吻合。4—5 岁幼儿则能沿轮廓线剪出由直线构成的简单图形,边线吻合。5—6 岁的幼儿能沿轮廓线剪出由曲线构成的简单图形,边线吻合且平滑。

随着幼儿手部小肌肉的发育和活动机会的增加,精细动作的核心特征——灵活性越发凸显,使用工具的精确性、稳定性也在增强。幼儿期精细动作灵活性的发展特点见表4-2。

表 4-2　幼儿动作灵活性发展特点[②]

3—4 岁	4—5 岁	5—6 岁
1. 能用笔涂涂画画; 2. 能熟练地用勺子吃饭; 3. 能用剪刀沿直线剪,边线基本吻合	1. 能沿边线较直地画出简单图形,或能沿边线基本对齐地折纸; 2. 会用筷子吃饭; 3. 能沿轮廓线剪出由直线构成的简单图形,边线吻合	1. 能根据需要画出图形,线条基本平滑; 2. 能熟练使用筷子; 3. 能沿轮廓线剪出由曲线构成的简单图形,边线吻合且平滑; 4. 能使用简单的劳动工具或用具

幼儿手部精细动作的发展需要幼儿不断进行操作性锻炼,家长及教师需要为幼儿创造条件和机会,以促进幼儿手部动作的发展。首先,家长可以在适当年龄提供画笔、剪刀、

①　李蓓蕾,林磊,董奇,等.儿童筷子使用技能特性的发展及其与学业成绩的关系[J].心理科学,2003(1):26.

②　中华人民共和国教育部.教育部关于印发《3—6 岁儿童学习与发展指南》的通知[EB/OL].(2012-10-09)[2019-08-03].http://www.moe.gov.cn/srcsite/A06/S3327/201210/t20121009_143254.html.

纸张、泥团等工具和材料,或充分利用各种自然、废旧材料和常见物品,让幼儿进行画、剪、折、粘等美工活动。其次,可以引导幼儿生活自理或参与家务劳动,发展其手的动作,如练习自己用筷子吃饭、扣扣子,帮助家人择菜叶、做面食等。最后,幼儿园也可以在布置娃娃家、商店等活动区时,多提供原材料和半成品,让幼儿有更多机会参与制作活动。

第三节　3—6岁儿童感知觉的发展

一、物体知觉

物体属性中幼儿较为敏感的属性是颜色、形状、大小。

(一)颜色知觉

颜色知觉的发展主要在于颜色视觉与掌握颜色名称的联系。3岁前儿童虽然能分辨颜色,但不能普遍对颜色命名,而且纵然命名,正确率也不高。

幼儿初期,儿童能初步辨认红、橙、黄、绿、蓝等基本色,但在辨认紫色等混合色和蓝与天蓝等近似色时,往往比较困难,也难以说出颜色的正确名称。

幼儿中期,大多数幼儿已能区分基本色与近似色,如黄色与淡棕色。能够经常地说出基本色的名称。

幼儿晚期,幼儿不仅能认识颜色,画图时还能运用各种颜料调出需要的颜色,而且能经常正确地说出黑、白、红、蓝、绿、黄、棕、灰、粉红、紫、橙等颜色名称。幼儿的颜色视觉存在个别差异,适当的练习有利于提高颜色视觉的敏感程度。在幼儿园中,教师要注意为幼儿提供色彩丰富的环境,使幼儿多接触各种颜色,并经常辅导幼儿做辨认练习。在教学和游戏中注意指导幼儿掌握正确的颜色名称。

张增慧和林仲贤对3—6岁幼儿颜色命名能力进行了研究。实验所用颜色为红、橙、黄、绿、蓝、紫、黑、白,每种呈现10秒钟,要求被试说出名称。结果表明3—6岁幼儿对颜色的正确命名能力随年龄而增长。而对不同颜色的正确命名率是不同的,依次为红、白、黑、黄、绿、蓝、橙、紫。[①]

丁祖荫和哈咏梅的研究指出,幼儿园儿童辨认颜色主要在于能否掌握名称,他们认为,幼儿能否掌握名称,并不在于基本色和混合色的区别,假如混合色有明确的名称,如"淡棕""橘黄",幼儿同样可以掌握。对于颜色深浅色调的辨认问题,也已经不完全是辨色能力的问题,主要是生活经验的影响。[②]

关于幼儿期儿童的颜色爱好,李文馥曾进行了测试研究,结果表明,颜色爱好呈现出

[①]　张增慧,林仲贤. 学前儿童颜色命名及颜色再认的实验研究[J]. 心理科学,1982(2):19-24.

[②]　丁祖荫,哈咏梅. 幼儿颜色辨认能力的发展——幼儿心理发展系列研究之一[J]. 心理科学,1983(2):16-19.

随年龄而变化的趋势,幼儿期最喜爱的颜色是鲜艳的红、橙暖色调和明度大的颜色;这种颜色偏好与客体对象的颜色特性无关;幼儿阶段儿童的颜色爱好具有突出的共同特点,表现出有别于其他年龄阶段的明显的特殊性。[1]

(二)形状知觉

儿童早期对于物体的感觉偏好中,形状方面的偏好最为明显。到了幼儿期儿童已经能正确辨认物体的形状。天津幼师心理组的研究发现,3岁儿童辨认圆形的通过率已经达到100%,中科院何纪全等和天津幼儿心理组的研究一致。[2] 丁祖荫等人的研究显示幼儿掌握8种形状的顺序为:圆形、正方形、三角形、长方形、半圆形、梯形、菱形和平行四边形。由此对幼儿园形状教学提出建议:小班应能正确掌握圆形、正方形、三角形、长方形;中班在小班的基础上,应掌握半圆形和梯形;到了大班还应适当指导儿童辨认菱形、平行四边形和椭圆形。[3]

幼儿期形状知觉和图形辨认,逐渐与掌握图形名称结合,开始掌握基本的感知标准。3—4岁幼儿往往是用形象词汇来称呼几何图形,如用"太阳""皮球"称呼圆形,5.5岁以后一半儿童能够正确认知几何图形,并能使用社会通用感知标准,用几何图形名称来称呼物体的形状,知觉的概括化、系统化开始显现。

(三)大小知觉

婴儿期儿童大约6个月时已经形成物体大小知觉的恒常性。儿童在3岁时已经能够100%根据语言提示完成辨别皮球大小的任务。幼儿期儿童主要采用相继比较法来确定物体的大小,直到6—7岁时才能在一堆物体中根据视觉同时辨别其大小。[4]

二、空间知觉

幼儿期空间知觉的发展主要是方位的辨认与定位。

方位知觉是指对物体的空间关系和自己的身体在空间所处位置的知觉,包括上下、前后、左右、东西、南北的辨别。幼儿方位知觉发展的顺序是:上、下、前、后、左、右。3岁幼儿能辨别上下,4岁幼儿开始辨别前后,5岁幼儿开始能以自身为中心辨别左右,6岁幼儿能较轻松地辨别上下、前后4个方位。

朱智贤等的研究指出,3岁前儿童仅能辨别上下方位,4岁儿童开始能辨别前后方位,5岁儿童开始以自身为中心辨别左右方位,6岁儿童虽能完全正确地辨别上、下、前、后四个方位,但以自身为中心的左右方位的辨别还未达到完善。

① 李文馥. 幼儿颜色爱好特点研究[J]. 心理发展与教育,1995(1):9-14.
② 陈帼眉. 学前心理学[M]. 北京:人民教育出版社,1996:84.
③ 丁祖荫,哈咏梅. 幼儿形状辨认能力的发展[J]. 南京师大学报,1985(3):11-20.
④ 陈帼眉. 学前心理学[M]. 北京:人民教育出版社,1996:84.

田学红等研究表明,4岁幼儿对简单的方位(前后、上下、之间、里外)的理解已经基本实现,而对较为复杂的方位"左"和"右"的理解与左右参照物有关:以自身为参照的的成绩比以客体为参照的成绩好。[①]

由于幼儿辨别空间方位是从以自身为中心辨别过渡到以其他客体为中心辨别,因此,教师在音乐、舞蹈、体育等教学活动中,要用"照镜子式"的方法示范动作(简称镜面示范),即以幼儿的角度来做示范动作。如要对面站立的幼儿举起左手,教师示范时自己要举起右手。否则,幼儿会顺着教师的方向,错误地伸出同侧的手。

三、时间知觉

时间知觉是指人对客观现象的延续性、顺序性和速度的反映。时间很抽象,为了正确地感知它,人总是通过某种衡量时间的媒介来反映时间的。小班幼儿已经具有初步的时间知觉(定向),但往往与他们具体的生活活动相联系,如"早晨"是起床、上幼儿园的时候,"下午"是幼儿园放学回家的时候,"晚上"是睡觉的时候。而对于"昨天""今天""明天"等带有相对性的时间还存在着定向困难。

中班幼儿对于早晨、晚上已经能正确定向,对昨天、今天、明天等时间的知觉也接近正确。但对于前天、后天等较远的时间还很模糊,需要结合具体的事情去感知理解。例如,通知幼儿后天开运动会,要解释"后天就是睡了一个晚上,过来一天,再睡一个晚上就到了"。

大班幼儿能分清上午、下午,开始能辨别前天、后天,知道星期几,但对于更短的或更远的时间就很难分清,如马上、从前等。

根据我国现有的研究,幼儿时间知觉的发展遵循下述规律:

第一,幼儿对时间顺序的知觉发展较早,其特点是由对短时间顺序的知觉逐渐发展到对长时间顺序的知觉。

第二,幼儿对时间间隔(时距)的估计及利用时间标尺的能力发展较晚。5岁儿童估计时间极不准确、不稳定,根本不会利用时间标尺;6岁儿童基本与5岁儿童相似,只是短时距知觉的准确性和稳定性有所提高;7岁儿童开始利用标尺但尚不能主动利用;8岁儿童已能用时间标尺,时间知觉的准确性和稳定性开始接近成人。3岁、7岁可能是时间观念发生质变的阶段。

第三,幼儿对年龄的认知。儿童能否认识年龄大小和出生次序的关系呢?

方格等研究发现儿童对两者关系的认知表现出如下4种水平:水平一(4—5岁),儿童完全不理解两者的关系;水平二(5—6岁),儿童已能理解两者的关系,知道年龄大的先出生,年龄小的后出生,但对于出生次序所产生的年龄差距始终存在不理解;水平三(约6岁),儿童已能理解两者的关系,也能理解出生次序所产生的年龄差距始终存在,但所形成

---

① 田学红,方格,方富熹. 4—6岁幼儿对有关方位介词的认知发展研究[J]. 心理科学,2001(1):114-115.

的年龄概念是不稳定的;水平四,儿童已能完全理解年龄大小和出生次序的关系,并能摆脱日常生活经验的干扰,形成稳定的年龄概念。

总的看来,幼儿时间知觉的发展较晚,能力也较低,对时间的理解达到概念水平则在7岁以后。

四、运动知觉

运动知觉是对物体在空间移动以及对速度变化的反映,表现在辨别物体是在运动还是静止以及物体移动的距离和速度的判断等方面。

进入幼儿期,儿童在能够感知到物体是否运动后会形成物体的运动表象。方富熹的研究显示,4—6岁的儿童运动表象的发展有4个阶段。第一阶段,运动表象还没出现,虽然感知到了物体的起始和终末状态,但头脑中不能反映其运动变化。第二阶段,运动表象开始显露,4岁组的儿童经过训练出现了运动表象。第三阶段,随着对运动过程的加深理解,运动表象开始形成,认知的间接成分逐渐增多,但初形成的运动表象仍具有不完整不精确的特点。第四阶段,运动表象已巩固形成,能掌握客体运动变化的过程,对有关运动表象能作清楚、正确的口头报告和手势演示,择图时不仅依靠直觉的感知,也依靠思维的推理,能比较画得正确的和不正确的图片,并能叙述理由,印象画也比较符合客体运动的实际。6岁组的儿童大部分能够达到这个水平。[1]

对物体运动距离和速度的估计是多种知觉整合的结果。幼儿对运动距离估计的准确性随年龄的增长误差逐渐减少,6岁时已经接近成人水平。[2] 对运动速度的估计要依靠空间位移和时间变化因素。4—10岁的儿童速度估计的发展呈现出从单因素向双因素发展、物体运动起止点的相对位置优于物体运动距离、起止时间的先后优于运动时间的长短的趋势。幼儿期,空间因素较时间因素占优势,两方面的起止点都比过程占优势。[3]

五、幼儿观察力的发展

观察是有目的、有计划、比较持久的知觉,是知觉的高级形式。幼儿期知觉发展的里程碑变化即观察的出现,意味着知觉走向具有目的性、意识性和概括性。

衡量儿童观察能力的强弱,主要从目的性、坚持性、概括性和观察方法等方面进行。

---

① 方富熹.4—6岁儿童的客体运动表象的初步实验研究[J].心理学报,1983(1):70-79.

② 丁祖荫.中国儿童青少年感知觉发展与教育[M]//中国儿童青少年心理发展与教育.中国卓越出版公司,1990:28.

③ 方格,刘范.儿童对物体运动速度的认知发展——4—10岁儿童比较匀速直线运动物体速度的实验(下)[J].心理学报,1981(3):273-279.

(一)观察的目的性

观察的目的性,指根据需要或者要求主动地去观察事物。考察其目的性水平时主要看儿童能否按要求完成观察任务。

幼儿期,观察的目的性随年龄的增长提高,苏联阿格诺索娃的实验[1]和我国姚平子等人(1985)的研究都证明了这一趋势。姚平子等人的研究采用 4 种方式以平面图片为材料让幼儿进行观察,将观察的有意性(目的性)分为 3 个等级:一级水平为根据观察任务,有目的地克服困难和干扰,坚持仔细观察;二级为根据观察任务,能有目的地观察,但遇到困难或干扰不能克服,不愿坚持仔细观察;三级为不能接受主试给予的任务,有目的地观察,而是东张西望,或只看一处,或任意胡指。结果发现 3 岁组儿童能接受观察任务的人数在 4 项任务中的比例分别是 62%、78%、54%、82%和 38%,5 岁儿童达到一级水平的人数占到 22%~82%,6 岁组儿童则达到 24%~98%(随观察任务的难度而变化)。[2]

(二)观察的持久性

观察的持久性主要表现在按照观察任务观察的持续时间长短上。幼儿初期,观察持续的时间很短。阿格诺索娃的实验中,3—4 岁的儿童观察时间的平均数只有 6 分 8 秒,5 岁组达到 7 分 6 秒,到 6 岁时增加到 12 分 3 秒,5 岁以后观察的持久性显著增强,这与观察目的性的增强有关。在教育的影响下,观察的持续时间逐渐增长。

(三)观察的概括性

观察的概括性指能够发现事物的相互关系,主要是内在联系,从而能够从整体上认识对象。丁祖荫以幼儿园和小学儿童为对象,对儿童图画观察能力的发展进程进行研究发现,儿童观察图画的能力从其概括性角度看可以分为 4 个阶段。[3]

第一阶段:认识"个别对象",儿童只看到图中各个对象,或各个对象的片面,看不到对象之间的相互关系。

第二阶段:认识"空间联系",儿童看到各个对象之间的空间联系,依据各个对象之间可以直接感知到的空间关系认识图画内容。

第三阶段:认识"因果联系",儿童认识各个对象之间的因果联系,依据各个对象之间不能直接感知到的因果联系理解图画内容。

第四阶段:认识"对象总体",儿童从意义上完整地认识整个图画的内容,据图画中所有事物之间的全部联系,完整地把握对象总体,理解图画主题。

幼儿园的儿童大部分处于"个别对象"和"空间联系"阶段,少数儿童能够达到"因果联系"阶段。儿童对于图画的观察理解受图画内容和成人指导语的影响。儿童对于内容容易理解的图画表现了较高发展阶段的认识能力。假如成人只要求儿童说出图中

---

① 陈帼眉.学前心理学[M].北京:人民教育出版社,1996:93.
② 姚平子,熊易群,王启苹,等.幼儿观察力发展的实验研究[J].心理发展与教育,1985(2):18-23.
③ 丁祖荫.儿童图画认识能力的发展[J].心理学报,1964(2):51-59.

"有些什么"，常使儿童对图画只注意个别对象或表面关系，对图画的观察停留在较低的发展阶段。

(四)观察的方法

幼儿初期的观察需要借助于外部动作的支持，视觉依靠手的动作的指导。3—4岁小班幼儿常常边看边指。当视觉经历外部语言的指导发展到依靠内部语言的调节，观察的方法基本形成。

观察方法形成的主要标志是顺序观察。当儿童能够按顺序观察时，观察的全面性、细致性、精确性等品质必然提高。小班幼儿观察的次序还比较紊乱反复，缺乏系统（按某种顺序观察），因而常常只能观察到粗略的轮廓或者某些感知特征突出的对象（颜色或者形状）或自己感兴趣的物体或对象的每一细节性特征。中班幼儿开始按照空间关系有一定组织性地观察，表现出一定的顺序性，比如从大到小、从中间到边缘的顺序，但是尚有遗漏现象。大班幼儿基本能做到按顺序观察，观察较为全面，不再忽略主要组成成分。6岁儿童中一半能做到按顺序观察。[①]

幼儿期，观察方法正在形成中，但不是自然就能形成的，需要成人的指导。一方面要明确观察的目的与任务，另一方面要注意指导的方法。指导语要指向观察对象之间的联系而非一一罗列，同时要结合知觉标准。这就要求教师充分掌握社会通用的知觉标准。观察方法的指导不仅是按顺序观察，还要指导儿童从整体到部分再到整体对观察对象进行分析—综合，在整体观察中比较个别对象的不同等。

看图讲述、图画书阅读、观察后绘画等活动对于培养幼儿观察的目的性、持久性、顺序性、概括性等品质十分重要。科学探究活动、动植物观察活动本身就是依赖于观察的教育活动，有利于全面培养幼儿的良好观察品质，特别是对观察的细致性品质非常重要。

第四节　3—6岁儿童注意的发展

注意是心理活动的指向与集中，良好的注意发展会促进幼儿的认知活动，增进幼儿对环境的认知。在婴儿期，儿童的注意形式是无意注意，发展水平较低，不具有目的性。随着年龄的发展，到了幼儿期，儿童的注意开始具有目的性，有意注意开始发展，但仍然以无意注意为主。

一、无意注意的发展

幼儿的无意注意延续了婴儿期的发展，已经较为成熟。

---

①　丁祖荫.中国儿童青少年感知觉发展与教育［M］//中国儿童青少年心理发展与教育.北京:中国卓越出版公司,1990:34.

（一）刺激物本身的特点是引起幼儿无意注意的主要因素

无意注意是客观刺激物引起的注意，刺激物本身的特点包括了3个方面。一是刺激物的强度：刺激物的强度是引起无意注意的重要原因。巨大的声响，强烈的光线，浓郁的气味，艳丽的色彩等，都会立刻引起我们的注意。除了刺激物的绝对强度外，刺激物的相对强度在引起无意注意上有重要意义。二是刺激物之间的对比关系：刺激物在形状、大小、颜色、持续时间等方面与其他刺激物存在显著差别，构成鲜明对比时，都会引起无意注意。三是刺激物的活动和变化：活动的刺激物、变化的刺激物比不活动、无变化的刺激物，更容易引起人的无意注意。

（二）开始与幼儿的兴趣、需要有密切关系

进入幼儿园以后，幼儿所能接触的生活范围随之扩大，幼儿生活经验更加丰富，开始表现出对一些事物的兴趣。进入幼儿期，玩具、绘本等物品成为他们感兴趣的方向，游戏也成为其最感兴趣的活动。有的幼儿喜欢交通工具，有的喜欢玩具武器，有的喜欢动物，有的喜欢人物，等等。同时，随着幼儿生活范围的扩大，成人能做但他们办不到的事情也逐渐成了他们感兴趣的关注点，并会通过游戏的形式表现出来。往往感兴趣的事物更加能够引起幼儿的无意注意。

二、有意注意的发展

幼儿前期已出现有意注意的萌芽。进入幼儿期后，有意注意逐渐形成和发展，有意注意是由脑的高级部位，特别是额叶控制的，额叶的发展比脑其他部位迟缓，幼儿期额叶的发展为有意注意的发展准备了条件，有了这个条件，幼儿的有意注意在成人的要求和教育下就开始逐渐发展。

幼儿的有意注意随年龄的增长、生理的成熟而开始发展，但发展水平较低。幼儿初期的儿童还不善于按照成人的要求，有目的地控制自己的行为，如在组织儿童观察时，小班儿童往往被有趣事物吸引而忘记观察任务，到了大班，儿童可以根据教师的要求去完成任务。

幼儿的有意注意是在外界环境，特别是成人的要求下发展的。进入幼儿期后，儿童对成人言语的理解力迅速提高，使得成人的言语在幼儿有意注意发展中起着引导、组织的作用，帮助幼儿明确注意的目的、任务，用一些具体的语言引导幼儿注意某种事物并积极思考。成人对幼儿有意注意的指导作用还在于，在有意注意过程中，教给幼儿一些保持有意注意的方法，如"把小手放在腿上""眼睛看着老师"等。

幼儿的有意注意是在一定的活动中实现的。多种感官的协同活动，可以提高有意注意的水平，由于幼儿控制自己的能力较低，很容易被外界刺激吸引而分散注意，也可能由于单一的活动而产生疲劳，因此，手脑及感觉器官并用的教学形式更适合幼儿特点。把智力活动与实际操作结合起来，让注意对象成为幼儿的直接行动对象，可以使幼儿处于积极的活动状态，能有效地提高幼儿有意注意的水平。

三、注意品质的发展

注意具有广度、稳定性、转移和分配等四种品质。在幼儿期,儿童注意的品质在良好的教育下不断发展。

(一)注意的广度

注意的广度也叫注意的范围,是指在同一瞬间所把握的对象的数量。成人在0.1秒的时间内,一般能够注意到4~6个相互间无联系的对象。而幼儿至多只能把握2—3个对象,所以,幼儿的注意广度比较狭窄,不过,随着年龄和知识经验的增长以及生活实践的锻炼,注意的广度会逐渐扩大。天津市幼儿师范学校心理组的研究表明,在0.05秒的时间内,较大部分(73.5%)的4岁幼儿只能辨认2个点子,大部分(66.6%)6岁幼儿已能辨认4个点子;4岁幼儿根本不能正确辨认6个点子,6岁幼儿则已有44%的人能辨认6个点子。

(二)注意的稳定性

注意的稳定性指把握对象的时间的长短。幼儿对于有趣生动的对象可以较长时间地注意,但对乏味枯燥的对象则难以维持注意,总的来说,幼儿注意的稳定性还比较差,更难以持久地、稳定地进行有意注意。但在良好的教育影响下,幼儿注意的稳定性不断发展着。如前所述,小班幼儿一般只能稳定地集中注意3~5分钟,中班幼儿可达10分钟,大班幼儿可延长到10~15分钟。

李洪曾等采用"校对改错法"对5—6岁幼儿有意注意的稳定性进行了实验研究,结果表明,除了注意的稳定性随年龄增长而提高外,注意的稳定性还存在着性别差异,5岁时,女孩有意注意的稳定性尤为明显地优于男孩。到6岁时,男孩有意注意稳定性的发展速度加快,与女孩有意注意稳定性的差距明显减少。[①]

(三)注意的转移

注意的转移指有意识地调动注意,从一个对象转移到另一个对象上,这反映了注意的灵活性。幼儿还不善于调动注意,尤其是小班幼儿更不善于灵活转移自己的注意,以致该注意另一对象时,却难以从原来的对象移开。大班幼儿则能够随要求而比较灵活地转移自己的注意。

(四)注意的分配

注意的分配指在同一时间内把注意集中到两种或几种不同的对象上。幼儿还不善于同时注意几种对象,往往顾此失彼,但幼儿期中,注意分配能力逐渐提高,例如大班幼儿进

---

① 李洪曾,胡荣萱,杜灿珠,等. 五至六岁幼儿有意注意稳定性的实验研究[J]. 心理学报,1983(2):52-58.

行早操时,幼儿可以同时注意到自己的位置和动作,也可以关注到自己在集体中的位置和动作。

【案例分析】

材料:俞院长作为一个小学教育专业背景的教学院长,随学前教育系主任在学生实习期间去巡视。在观摩了幼儿园小班、中班和大班的3个集体教育活动后,俞院长深感幼儿园教育与小学教育有着很大的区别,尤其是活动时间和形式让他对于幼儿园老师工作的创造性、复杂性有了深刻的体验。他认为幼儿园教育活动的特点是活动的时间较短、活动的形式多样、动静变化频繁,比如小班十几分钟的时间里,动静变化有3—4个回合,孩子似乎基本都是跟着老师在操弄、把玩。

问题:如何解释幼儿园教育活动时间短但形式多样、变化较多的特点?

分析:幼儿园集体教育活动的组织与实施必须尊重幼儿注意及其感知觉的特点。由于幼儿的注意以无意注意为主,有意注意开始发展,注意的稳定性时间较短,感官容易疲劳,为此教育活动时间不能长。一般来讲,小班幼儿注意的稳定时间在1分钟左右,中班儿童提高到3分钟左右,大班儿童能够维持注意稳定到8分钟左右,为此教育活动中某种形式的活动不能持续时间较长,而且静态的倾听、思考活动和动态的操作活动要不断转换,如此才能完成一项学习任务。同时幼儿期无论是感官还是身体运动器官都容易疲劳,为此教育活动的时间较短,小班一般在15～20分钟,中班在20～25分钟,大班在30～35分钟,根据注意的稳定时间,动静活动的变换一般需要3～4次。

由于幼儿注意以无意注意为主,教师必须使刺激物具有变化性、动态性和操作性才能吸引和维持其注意,所以幼儿园教育活动的形式必须多样,教师在活动中的重点即组织幼儿的活动使其将注意指向活动主题,那么就要在吸引和维持幼儿注意方面具有创造性。

【拓展阅读】

陈帼眉.学前心理学[M].北京:人民教育出版社,2003.

林崇德.发展心理学[M].杭州:浙江教育出版社,2009.

张增慧,林仲贤.3—6岁儿童颜色及图形视觉辨认实验研究[J].心理学报,1983(4):461-468.

张增慧,林仲贤.3—6岁壮族儿童颜色命名及颜色爱好的实验研究[J].心理科学通讯,1990(2):28;50-51.

【知识巩固】

1.判断题

(1)第二信号系统是人和动物共同具有的条件反射系统。 (   )

(2)幼儿方位知觉发展的顺序是:前、后、上、下、左、右。 (   )

(3)幼儿注意的稳定时间较短,因此对于幼儿的学习活动不能在专注性方面提要求。

(   )

(4)判断幼儿颜色、形状等物体知觉的基本方式是看能否命名。 (   )

2.选择题

(1)幼儿最容易辨别的几何图形是(   )。

A.长方形   B.梯形   C.圆形   D.三角形

(2)能用剪刀沿直线剪,边线基本吻合,从手的动作的灵活性看是(   )的一般水平。

A.3岁前   B.3—4岁   C.4—5岁   D.5—6岁

(3)幼儿期知觉发展的最大成就是(   )。

A.时间知觉形成   B.运动知觉形成   C.观察出现   D.观察方法的习得

(4)幼儿听到老师的碰铃声,停止自由活动听老师讲话是注意的(   )。

A.分散   B.转移   C.分配   D.集中

3.简答题

(1)简述3—6岁儿童脑生理发展的特点。

(2)简述3—6岁儿童手部精细动作发展的特点。

【实践应用】

1.案例分析

实例:蓓蓓老师观察到自己班级幼儿的走、跑、跳三项粗大动作中,大部分孩子已经能够轻松自然地走,走平衡木还有点困难;部分幼儿能比较平稳地双脚向前跳了,但是跳跃距离较短,有一部分幼儿双脚向前跳过低矮的障碍物(如报纸卷)还有困难。为此她打算开展一次体育游戏活动,重点让幼儿学习双脚跳过"小河"的动作要领,练习走平衡木。

问题:蓓蓓老师带的班级是幼儿园哪个年段的?请帮助蓓蓓老师设计一个体育游戏。

2.尝试实践

(1)请根据幼儿注意的特点,分析教育见习期观摩到的幼儿园集体教育活动中教师组织活动的有效性。

(2)请根据幼儿观察能力的发展特点,分析教育见习期间观摩到的幼儿园图画书阅读活动的适宜性。

第五章

3—6 岁儿童认知的发展

【学习目标】

知识目标：

1. 能陈述幼儿记忆、想象、思维、言语（语音、词汇、句型、语用）的发展特点；

2. 能举例说明幼儿期各个年龄段（3—4 岁、4—5 岁、5—6 岁）记忆、想象、分类、言语发展的基本水平；

3. 能举例说明皮亚杰认知发展各阶段的特点。

技能目标：

1. 能够根据幼儿期各个阶段的记忆、想象、思维水平选择适宜的学习内容；

2. 能够分析幼儿的绘画、游戏作品或过程；

3. 能够收集若干幼儿的语料予以记录并能分析其语言发展水平；

4. 能够利用皮亚杰理论或幼儿思维发展的特点分析幼儿问题解决的过程；

5. 能够利用朴素理论分析幼儿对自然现象的解释。

情感目标：

1. 体验和领悟到幼儿认知发展的特殊性以及对于教育活动的指导意义；

2. 积极参与自主性、研究性、合作学习，体验到学习的成就感。

【问题导入】

实例材料一：

春游回来，一个班的老师开展了主题为"春游"的绘画活动；另外一个班的老师则开展了主题为"春游"的谈话活动。第二天给孩子们 20 张图片，其中 15 张是春游场所的人和物体的图片（树木、花草、房屋和出游的老人以及清洁工等），请孩子们从 20 张图片中辨认出春游场所的图片。

问题：

请问哪个班的孩子辨认出的图片多呢？

实例材料二：

"有一个人养了一只大猫和一只小猫。她们在猫屋开了两个洞，一个大洞、一个小洞。问，为什么开两个洞？"

问题：

在回答上述问题时如何引导幼儿的思维？

实例材料三：

我们会看到儿童画出这样的画,即一幅画上画了一座山,山上有五六个人。当问儿童这些人都是谁时,幼儿回答那是好朋友"安安"。大人觉得很奇怪,就继续追问除了"安安"还有谁,幼儿的回答是就"安安"一个人。

问题：

如何理解幼儿这样的绘画作品？

实例材料四：

自由游戏时间,两个5岁左右的男孩各自玩着自己手中的玩具,嘴巴也不闲着。A："快看! 我的战斗机! 啾——决斗! 啊,它坠落了!"B："诶我这怎么少了一块,去哪里了嘞,我要把这一块一块瓣开来看。"就这样各自玩着自己的玩具各自说着自己的话。

问题：

从语言发展的角度如何理解这两个孩子的言行？

【内容体系】

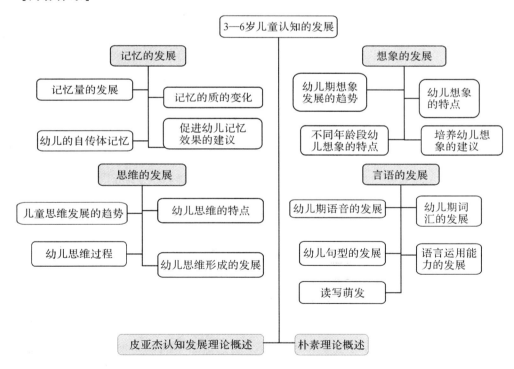

第一节　3—6岁儿童记忆的发展

幼儿期记忆的水平显著提高,其记忆特点可以从量的变化和质的提高两个角度进行分析。

一、记忆量的发展

(一)记忆的范围扩大

随着幼儿活动范围的扩大,特别是从家庭走向幼儿园等集体教育机构,一方面感知范围扩大,另一方面经验内容从日常生活扩大到了部分学科内容,幼儿的记忆范围也在不断地扩大,记忆的内容从动作、情绪和表象扩展到了语词符号。此外,记忆内容之间的联系更加紧密,记忆内容的零散特征逐渐减少。

(二)记忆广度增加

记忆广度是单位时间内能够识记的内容的多少,也叫作记忆的容量。长时记忆的容量理论上讲是无限的,但是在单位时间内能识记的内容还是有限的。幼儿的记忆容量随着年龄的增长在不断提高。

在单位时间内对提供的相同数量的图片进行识记,结果以再认的方式进行提取,其保持量随着年龄的增长在提高,小班的均数与标准差是 7.47 ± 5.54,中班为 11.38 ± 4.79,大班为 13.57 ± 4.59。从数值看,小班的个体差异较大,中班和大班差距小,个体差异也较小班小。

记忆容量通常主要指短时记忆的容量。短时记忆容量有限,成人的容量一般是 7 ± 2 个单位,洪德厚的研究发现,3—7 岁各个年龄段短时记忆的容量分别是 3.91、5.14、5.69、6.10、6.09 个单位。

(三)记忆保持的时间在延长

再认的保持时间从 3 岁时能再认 3 个月以前感知过的事物发展到 4 岁时能再认 1 年前感知过的事物,7 岁时则能再认 3 年前感知过的事物。

再现(回忆)的难度大于再认,3 岁时能回忆几个星期以前感知识记过的事物,4 岁时能回忆几个月以前的事物,7 岁时则能回忆 1 年前的事物。记忆的保持时间在不断增加。

二、记忆的质的变化

记忆的质的变化体现了幼儿记忆的特点。从记忆的目的性角度,一般把记忆划分为无意记忆和有意记忆;根据记忆内容的理解程度划分为有意义记忆和机械记忆;根据记忆的内容划分为有动作记忆、情绪记忆、形象记忆和语词逻辑记忆。

幼儿期记忆的特点是无意记忆、机械记忆、形象记忆继续发展达到相当高度。记忆的意识性和理解性明显提高,有意记忆、意义记忆和语词逻辑记忆逐渐发展,开始出现记忆的方法。

(一)无意记忆占优势,有意记忆逐渐发展

苏联的心理学家采用游戏方式和有目的识记的方式让两组幼儿识记相同内容的 15 张图片,结果发现整个幼儿期都是无意识记优于有意识记。研究结果见图 5-1[①]。

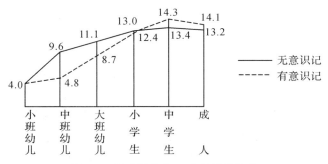

图 5-1　无意识记和有意识记的比较

从图 5-1 可知,在中学阶段前,无论是无意识记还是有意识记都随着年龄的增长在不断提高;中班以后,有意识记的发展速度快于无意识记。

1.无意识记的发展

无意识记随着幼儿年龄的增加不断提高。

天津幼师心理组在 1980 年对 4—7 岁的幼儿进行无意识记的研究发现,对 10 张常见物品的图片进行无意识记,4 岁组的均数是 4.5 张,5 岁组是 5.3 张,6 岁组是 5.7 张,7 岁组是 6.2 张,印证了无意识记随年龄提高的结论。

为什么幼儿无意识记的效果优于有意识记呢?

无意识记并不是无所事事,而是积极认知的副产物。无意识记不是以记忆为直接任务,是在完成感知任务和思维任务的过程中实现了识记。例如让幼儿给图片分类是一种思维任务,虽然没有要求幼儿对图片内容进行识记,但是分类的过程中必然要观察、比较,进行积极的思维过程,自然而然就对图片内容进行了识记。感知、思维活动越积极,无意识记的效果就越好。

幼儿的记忆以无意记忆为主,那么如何提高其记忆效果呢?无意识记的效果依赖于如下几个因素,教育者如果能够充分利用和调控这些因素就能提高幼儿无意识记的效果。

第一,客观事物的性质。具有直观、形象、具体、鲜明等特征的客观事物容易被幼儿注意而感知观察,从而易于被无意识记。例如动画片里的人物特征就很容易被幼儿无意识记。

第二,客观事物与幼儿的关系。凡是能够吸引幼儿和能被幼儿有所理解的事物容易被无意识记。一般来说那些与幼儿的生活经验关系密切的、对幼儿具有重要意义的、符合幼儿兴趣的、能激起幼儿比较强烈的情绪体验的事物容易被幼儿感知、记忆。例如幼儿与父母一起逛商场或超市,幼儿对于玩具记住的最多,对于家用清洁用品记住的则很少。

第三,客观事物是幼儿活动的对象。无意识记是认知活动的副产物,那些成为幼儿活

---

① 陈帼眉.学前心理学[M].北京:人民教育出版社,2003:123.

动(无论是认知活动还是操作活动)对象的事物,由于被积极感知、分析、比较等,很容易被幼儿无意识记。例如有研究给幼儿 15 张幼儿熟悉物体的图片,每张图片右上角添加了醒目的符号如 ¤、△。实验组幼儿根据图片物体分类,对照组幼儿根据图片符号分类,分类结束后请幼儿回忆图片上的物体,结果前者的均数是 10.6,后者的均数仅为 3.1,两组差异显著。实验组幼儿以图片物体为认知对象,而对照组幼儿以符号为认知对象,为此两组回忆物体的成绩差异非常显著。

第四,感官参与的数量。参与到活动中的感官越多,获得感觉经验就越多,识记的效果肯定越好。从记忆的线索依赖性角度看,参与活动的感官数量越多,记忆提取的线索或者通道就越多。研究者将同年龄的幼儿分为两组,学习同一首儿歌,一组边看图片边听儿歌,一组只听儿歌。学习另一首儿歌,两组的识记方法交换。结果视听结合组的平均得分为 76.7,听觉识记组的平均得分是 43.6。可见参与活动的感官数量越多,识记效果越好。

第五,活动的动机强度。活动动机强度越高,幼儿心理活动卷入越多,那么认知的参与度越高,识记效果就越好。例如面对同样的学习材料,在一般性的学习任务和竞争性游戏两种条件下,幼儿在竞争性游戏中的积极性要比在一般性学习任务中的积极性更高,其无意识记的效果也更好。

2.有意识记的发展

幼儿中期有意识记产生并快速发展,是幼儿记忆发展中一个质的飞跃。

(1)有意识记是在成人的要求下产生的

有意识记不是自发产生的,在生活中由于成人向儿童提出各种各样的要求,比如幼儿园老师常常要求幼儿"回家后要告诉爸爸妈妈……"家长也经常会要求孩子给其他人转述一些内容,如爷爷奶奶请幼儿"告诉爸爸妈妈……"幼儿要完成成人布置的任务就必须有目的有意识地去识记。有意识记在生活要求下、成人教育中产生。

(2)有意识记的效果依赖于对记忆任务的意识水平和活动动机

幼儿对记忆任务的意识越明确,则记忆的目的性、针对性越强,那么记忆效果越好。

给幼儿提供 15 张画有幼儿熟悉的物品(常见小动物、蔬菜、生活用品等)的图片,A 组幼儿单纯记忆图片内容,B 组幼儿玩开商店的角色游戏给其他小朋友卖东西(图片上的物品),C 组幼儿被要求将图片内容转述给班级的老师。在相同时间内完成任务,间隔相同的时间后让 3 组幼儿回忆图片内容,各年龄段幼儿的回忆结果如表 5-1 所示。

表 5-1 幼儿在 3 种不同任务动机下有意识记的效果[①]

年龄(岁)	实验室任务	游戏	生活任务
3—4	0.6	1.0	2.3
4—5	1.5	3.0	3.5
5—6	2.0	3.3	4.0
6—7	2.3	3.8	4.4

① 陈帼眉.学前心理学[M].北京:人民教育出版社,2003:126.

3 种任务都需要幼儿有明确的记忆意识,但是动机水平不同。给班级老师转述图片内容的幼儿动机水平最高,因为他们渴望得到老师的表扬或认可。角色游戏中要想使游戏进行下去必须努力记忆图片内容,动机水平高于单纯的记忆任务。

(3)有意再现的发展先于有意识记

有意再现即有目的有意识地去回忆。生活中幼儿被要求回忆过去经验比被要求识记即将经历的经验要早,有意再现的发展先于有意识记是必然的。

苏联儿童心理学家将幼儿有意再现和有意识记都分为 3 级水平,低水平幼儿不能接受有意再现或识记的任务,中等水平的幼儿意识到了任务目的,愿意去追忆或识记,但是难以完成任务,高水平的幼儿能够想方设法去完成任务。结果发现,小班幼儿没有人达到高水平,中班幼儿多数人能在再现和识记任务中达到中等水平,高水平再现的人数多于识记的人数,但都是为数很少。大班幼儿有三分之一的人能达到高水平,再现人数多于识记人数。

(二)记忆的理解与组织程度显著提高

根据记忆材料是否理解,可以将记忆区分为机械记忆和意义记忆。机械记忆是在不理解材料意义的情况下依靠反复复述实现记忆的一种方式,即死记硬背。意义记忆即理解材料的内涵后的记忆。

幼儿期机械记忆表现突出,但意义记忆的效果优于机械记忆。

1.机械记忆表现突出

在日常生活中我们观察到幼儿的机械记忆能力似乎很强,其实是由于幼儿生活经验和认知水平所限,理解能力较弱,凸显了机械记忆。

幼儿机械记忆表现突出的原因之一是幼儿大脑皮层建立神经联系容易,感知过的事物,即便不理解也能留下痕迹;原因之二是幼儿理解能力差,对材料不理解时只能机械记忆。由于意义记忆能力较弱,凸显了幼儿的机械记忆。

2.意义记忆的效果优于机械记忆

相同的材料,理解其意义后的记忆效果优于机械记忆。

早期多项研究结果证实了幼儿意义记忆的效果优于机械记忆,具体结果看表 5-2 幼儿机械记忆与意义记忆的比较。

表 5-2　幼儿机械记忆与意义记忆的比较

年龄(岁)	常见物体	无意义图形	熟悉树的名称	不熟悉树的名称
3—4	47	4	1.8	0
4—5	64	12	3.6	0.3
5—6	72	26	4.6	0.4
6—7	77	48	4.8	1.2

备注:数值为平均记忆数量

意义记忆是对材料理解后的记忆,理解使记忆的材料与过去头脑中已有的知识经验联系起来,把新材料纳入了已有的知识经验系统中。意义记忆使材料相互联系,形成了较大的单位或系统,有利于提取。如果经验系统组织结构清晰,则提取(回忆与再认)更容易。

机械记忆只是把材料作为单个的孤立的小单位来记忆,材料之间没有关联,只能依靠一遍一遍地重复来建立暂时神经联系,对于大脑活动来说能量消耗较大,是得不偿失的方式,因此无论成人还是幼儿都不必选择。

3. 幼儿机械记忆和意义记忆都在不断发展

随着年龄的增长,两种记忆能力都在提高,表 5-2 中纵向观察就会发现,无论是意义记忆还是机械记忆,随着年龄的增加,记忆数量也在增加,而且中班(4—5 岁)与小班(3—4 岁)之间的差距大于中班(4—5 岁)与大班(5—6 岁)之间的差距。说明中班是幼儿意义记忆显著发展的年龄段。

随着理解能力的提高,幼儿机械记忆的优势逐渐让位于意义记忆,或者说幼儿越长大越少应用机械记忆的方式了。

(三)形象记忆占优势,语词记忆逐渐发展

形象记忆是以表象作为经验内容的记忆,语词记忆则是以符号为内容的记忆。幼儿期由于语词符号的表征功能刚刚发展,以形象记忆为主,语词记忆才开始发展。

1. 幼儿形象记忆的效果优于语词记忆

以熟悉的物体、熟悉的词和生疏的词为记忆内容进行研究发现,幼儿对于熟悉物体的记忆效果远远高于对熟悉的词汇的记忆效果,尤其是小班幼儿,具体数值见表 5-3。

表 5-3 幼儿形象记忆与语词记忆的比较

年龄(岁)	熟悉的物体	熟悉的词	两者的比率	生疏的词
3—4	3.9	1.8	2.1:1	0
4—5	4.4	3.6	1.2:1	0.3
5—6	5.1	4.6	1.1:1	0.4
6—7	5.6	4.8	1.1:1	1.2

钱琴珍以具体图片和抽象图片为记忆材料进行幼儿内隐记忆的研究,就材料性质的记忆结果发现,无论是小班、中班还是大班,具体图片的记忆效果都高于抽象图片的记忆效果,具体数值见图 5-2。

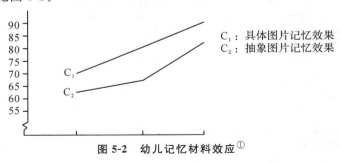

C_1:具体图片记忆效果
C_2:抽象图片记忆效果

图 5-2 幼儿记忆材料效应[①]

---

① 钱琴珍. 幼儿对具体图片与抽象图片的内隐记忆实验研究[J]. 心理科学,1999(5):431-434. 图片根据需要有所剪裁。

2.形象记忆和语词记忆都随着年龄的增长而发展

从上述几项研究结果看,无论是形象记忆还是语词记忆都随着儿童年龄的增加,其水平在不断提高,中班发展速度最为迅速。从熟悉物体与熟悉词汇的记忆效果比率看,小班的比例还是 2.1∶1,中班就迅速降到了 1.2∶1,大班的变化则不大,可见中班是语词记忆快速发展的时期。

3.形象记忆和语词记忆的差别逐渐缩小

由表 5-3 明显可见,到了中大班,幼儿形象记忆和语词记忆的差距在缩小。一方面随着语言的发展,语词记忆的发展速度加快;另一方面形象记忆和语词记忆只是相对的,任何一项内容,既可以表象的形式存贮也可以语词的形式存贮,二者之间还会相互联系、相互影响甚至相融合。因此随着儿童语词的积累,形象记忆与语词记忆开始相互关联,形象记忆中虽然表象起主要作用,语词也会对其发挥标志与组织作用;语词记忆中虽然语词符号是基本内容,但是表象也会对语词代表的事物发挥支持作用。

(四)记忆策略与元记忆能力开始发展

感知内容从短时记忆转入长时记忆的基本条件是复述,记忆策略是有助于提高记忆效果的各种措施或方法。

元记忆是指对自己的记忆过程的了解和监控。对元记忆的界定比较宽泛的心理学家是弗拉维尔,他认为元记忆包括两个方面,即敏度和变量。敏度是指对记忆的敏感程度;变量是指对记忆过程各个变量的了解,包括对影响记忆的个人特征的了解、任务特征的了解和记忆的策略。根据弗拉维尔的界定,我们可以将元记忆的构成要素通俗地表达为三个方面,一是对记忆任务(记忆的必要性和记忆内容)的明确,二是对完成记忆任务过程中困难的预测和记忆策略的选择,三是对自己记忆过程的监控与评估。

从元记忆的内涵界定看,记忆策略是元记忆的必要组成部分。从记忆、记忆策略和元记忆的关系看,只有产生了记忆的意识性才有可能产生运用记忆策略的能力,记忆策略的应用即对自己记忆过程的控制,元记忆中的记忆监测的发生应该更晚。

1.4—5 岁产生记忆策略

4 岁前的儿童基本是无意记忆,记忆的目的性很弱,所以采取有助于提高记忆效果的方法也是不可能的。有研究发现 3 岁组幼儿还不会对图片通过分类来记忆,4—5 岁组的幼儿已经能够把图片归类,提取时按类别回忆。

语言的参与可以提高记忆的意识性和条理性。研究发现,小班幼儿拼图后对图片的回忆,如果有成人对图片予以语言解释则回忆效果明显好于默默拼图的对照组。中班幼儿开始使用命名的方法帮助自己记忆,拼图时会自动说出图片名称。大班幼儿谱图时会边看边说,自言自语指导自己的拼图过程,语言辅助记忆的策略应用更加主动。

洪德厚的研究发现,4.5—5 岁的幼儿开始能够利用中介物帮助记忆,说明形成了间接识记的方法。

幼儿中后期有意记忆和意义记忆的发展,意义记忆对机械记忆、语词记忆对形象记忆的渗透和日益接近,实际就是记忆策略在发挥重要作用。

2.记忆策略的发展阶段

儿童记忆策略的发展可以分为3个阶段:完全没有策略,4岁以下的大多数幼儿处在这个阶段;不会主动应用策略,但经过诱导可以使用,多数4—5岁的幼儿处于这个阶段;能主动而自觉地采用策略,幼儿末期和学龄期儿童属于这个阶段。

左梦兰、刘晓红采用图片配对的方法研究了4—7岁儿童客体记忆、记忆策略和策略评价的发展,结果显示,4岁儿童运用策略水平很低,不大注意到标志画片在记忆中的作用,对记忆策略的分析和评价尚无明显表现。从5岁开始,儿童不论在记忆的操作、策略的运用和对策略的评价方面都出现了明显增长趋势,增长的速度超过其余的年龄,到6岁后趋于平缓,3个方面的发展趋势又十分一致。[①]

处于记忆策略发展第二阶段的儿童是学习记忆策略的敏感期,施燕对3—6岁的幼儿进行了分类与联想策略的训练实验,结果显示幼儿记忆策略能力可以通过教育训练得到提高;其中4—5岁幼儿的成绩提高得最快,联想策略能力通过训练提高得较分类策略能力快;记忆策略能力与幼儿的思维发展水平有关。[②]

综合多项研究结果,可以确定幼儿能够使用的记忆策略有复述、归类记忆和联想匹配(配对)等。

3.元记忆的发展

元记忆是对记忆过程的监控,又可以分为陈述性元记忆和程序性元记忆,前者是知道怎么做,后者是能够怎么做。陈述性元记忆的发展研究表明,3—4岁的幼儿能够意识到记忆较少的东西比记忆较多的东西容易。5岁儿童对绝大多数影响记忆的变量都有了一定的理解。严燕对4—6岁儿童的程序性元记忆进行的研究显示,4岁后儿童的记忆监测能力开始发展,儿童对记忆任务的难易判断、对学习程度的判断和提取自信心判断的准确性随年龄的增长在提高。[③]

三、幼儿的自传体记忆

长时记忆系统中的内容可以分为情节性的和语义性的。情节记忆是对事件(时间、地点、人物、经过等)及其情境的记忆,语义记忆是以概念为基本单位构成的命题网络的记忆。自传体记忆是关于自己生活事件的记忆,是情节记忆的一种,当然其中也包含了有关自我的信息。

自传体记忆的产生与童年期遗忘相关联。童年期遗忘指人们不能回忆起童年早期的事情。大量研究认为童年期遗忘主要指不能回忆发生在3岁之前的事情。从自传记忆的发生学视角来看,自传记忆的发生与发展是以童年期遗忘为起点的,即童年期遗忘的消退就是自传记忆发生、发展的开始。

认知神经科学认为海马区域是情节记忆的主要活动脑区,婴儿期海马区的发育很不

① 左梦兰,刘晓红.4—7岁儿童记忆策略发展的实验研究[J].心理科学,1992(2):8-13.
② 施燕.幼儿记忆策略的实验研究[J].学前教育研究,1996(4):30-32.
③ 严燕.4—6岁儿童元记忆监测的发展[D].长春:东北师范大学,2011.

完善,因此表现为童年期遗忘和自传记忆的缺失。认知心理学的研究认为童年期遗忘是后期认知结构改变的结果;社会认知的研究则强调亲历事件的记忆需要自我认知的组织功能,所以只有儿童自我意识产生,自我认知具有了组织功能才能产生自传体记忆。自传记忆的表达需要有语言的支持,因此我们在日常生活中观察到大多数儿童只有到了3岁以后才能表现出事件追忆性表达,即自传记忆的再现。

俞凤茹等人的研究发现"4岁儿童已能在陌生情境下对自己过去经历过的事情进行自传式回忆,他们在回忆自己过生日事件时平均能说出有关过生日的1.7个事件,所作表述的含字量平均为25个[①]。"王江洋、张馨尹的研究显示3—5岁幼儿的自传体记忆总体表现出随着年龄的增长而发展的特征;在事件描述的逻辑顺序性和内容丰富性上,3—4岁阶段发展相对较慢,4—5岁阶段发展迅速,4岁是发展的转折期,5岁幼儿水平最高;在事件描述的主动性和体态上,3—4岁阶段有所发展,4—5岁阶段发展变化不明显,4岁幼儿水平最高。自传体记忆与语言表达能力密切相关。

在儿童自传体记忆形成与发展的过程中,母亲与儿童的交谈方式发挥着重要作用。母亲的谈话风格如果呈现高精细化,则儿童的自传体记忆易于形成精细化记忆模式,低精细化谈话风格的母亲,其孩子的自传体记忆呈现概括化记忆模式。

有关幼儿自传体记忆和情节记忆的研究相对较晚,很多观点还有待继续验证和深入。

四、促进幼儿记忆效果的建议

(一)选择形象、直观和贴近幼儿生活经验的内容

幼儿的记忆以无意记忆、形象记忆为主,直观、形象生动的事物易于被幼儿记忆,为此在记忆(学习)内容的选择上要避免抽象难懂的材料。《咏鹅》就比《望庐山瀑布》更适合幼儿记忆,因为《咏鹅》的内容贴近幼儿的经验,是幼儿能够理解的,而《望庐山瀑布》的内容,由于幼儿缺乏经验,难以理解,势必会机械记忆。机械记忆虽然也能实现记忆效果但浪费幼儿的精力。

(二)识记阶段多感官参与

无意记忆的影响因素之一即感官参与数量。在幼儿识记事物时参与的感官越多,记忆效果越好,为此记忆儿歌、故事时不仅要让幼儿听,更要配合挂图让视觉参与其中,在幼儿听的同时还可以鼓励其通过身体动作表现学习内容,利用动觉、触觉等感官增强识记效果。

(三)明确记忆任务

有意记忆是在成人的要求下发展的,其效果受记忆任务的意识性和动机水平的影响。因此需要幼儿记忆的内容就要明确具体地交代清楚。中班幼儿的学习可以采用目标导

---

① 俞凤茹,陈会昌,侯静,等.4岁儿童自传式回忆的相关因素[J].心理发展与教育,2002(3):40-45.

向,即学习之前告知幼儿学习的目标,目标要明确、具体可观察。例如,教师准备给儿童讲故事,应在讲故事前向儿童明确提出应注意听什么以及听完后回答什么问题。教师在活动中只有给儿童提出明确、具体的记忆任务,儿童才能在活动中将注意力集中并关注所需要识记的内容,也才能提高记忆的效果。同时,教师应根据儿童完成识记任务的情况给予及时的表扬和鼓励,以提高儿童记忆的积极性。

(四)教给幼儿记忆的有效方法

有效的记忆方法可以使记忆效果事半功倍,但是记忆方法不是自然发生的,而是在儿童成长过程中教育者引导、示范的结果。4 岁以后幼儿进入记忆策略快速发展期,适宜的训练有助于记忆策略的快速习得,为此在一日活动的教育中,当需要幼儿记忆某些事物时,不能仅仅是明确记忆任务,而且要通过引导、示范或讲解教给幼儿记忆的有效方法。比如故事欣赏活动中一般需要幼儿能够复述故事,但是幼儿的记忆特征是记得快忘得也快,为此教师可以提示幼儿及时复习(活动后可以表演故事)。在各种教育活动中教师可以设计一些图谱作为一种中介物帮助幼儿间接记忆,例如韵律活动中教师的动作图谱就是幼儿记住动作及其顺序的中介物。

记忆方法很多,但是适宜于幼儿年龄特征的记忆方法还需谨慎选择,下面这些方法可选择学习与应用。

①协同记忆法:让幼儿多种感觉(视觉、听觉、触觉、味觉、嗅觉、机体觉等感觉)协同参与记忆活动的策略。

②归类记忆法:将记忆材料加以归类后记忆的方法。

③分合记忆法:在记忆有些材料时,教师教幼儿先把材料分成几个意义相对独立又前后相互联系的小组块,让幼儿按顺序记住各组块之后再联合识记成整体的策略。

④形词结合法:语词记忆和形象记忆结合,指幼儿在记忆语词材料时应紧密结合词所代表的形象,在记忆形象时应用语词帮助理解的记忆策略。

⑤线索记忆法:幼儿在记忆材料时,教幼儿快速找出材料的内在线索来帮助识记和回忆的策略。例如幼儿在记忆儿歌、古诗、故事时就可以情节的前后为线索;在记忆各种植物时可以植物的根、茎、叶、花、果实为线索;在记忆数概念时可以数的实际意义、数的顺序、数的组合为线索。

⑥比较记忆法:通过比较鉴别出事物的不同点与相同点是进行有效记忆的重要条件。比较记忆法应遵循两种原则:一是"同中求异",即在共同点或相似点的基础上找出其不同点,使事物的精确形象牢固地保持在记忆中;二是"异中求同",即在不同事物上找出其共同点或相似点,以确定事物之间的联系。

⑦深层理解复述法:建立在对材料充分理解即深层理解基础上的复述效果最佳。

不同的方法适合于不同年龄段的幼儿,方法的选择应用还要考虑幼儿的年龄特征和学习材料的性质。

第二节 3—6岁儿童想象的发展

儿童在 1.5 岁左右产生想象,3 岁前的想象是完全的无意想象,且水平偏低。幼儿期是个体想象最活跃、发展最快的时期。

一、幼儿期想象发展的趋势

想象的发展主要表现在其目的性、创造性和客观性三个方面。幼儿期是想象从简单低级向复杂高级过渡的时期。

(一)从想象的无意性发展到开始出现有意性

无意想象是没有目的的、由外界刺激引起的自由联想,有意想象是有目的的、主动的想象。

苗志平等认为儿童发育到 3 岁时,大脑皮层各区域的突触密度达到顶峰,想象的生理基础发育成熟,但是初期的想象基本是无意想象。

整个幼儿期的想象主要是无意想象,4—5 岁有意想象开始萌芽、发展,幼儿晚期想象的有意性才明显地表现出来。

(二)从想象的单纯再造性发展到出现创造性

再造想象是根据一定的图形图表、符号标记,尤其是语言描述在人脑中再造出相应形象的过程。

由于再造想象依赖于已有的图标与语言描述,因此头脑中形成的新形象(想象表象)缺乏独立性、新颖性。随着儿童独立性、自主性的发展,想象的独立性、新颖性成分增加,开始表现出一定的创造性。根据陈红香的调查研究,小班幼儿的新颖性得分为 0,中班也只有 0.8,大班为 0.93,测验满分为 5 分。[①] 可见幼儿期,创造性想象刚刚萌发。

(三)从想象的极大夸张性到合乎现实的逻辑性

想象是思维的一种特殊形式,也是对客观现实的一种反映,所以有一定的客观现实性。但是学前期的儿童对现实的理解非常表浅,对客观事物的认知处于感知层面,难以理解其发展的规律性,想象又是记忆表象的重组与改造,所以显示出"天马行空"的特征,即夸张性。

随着儿童对客观事物的认知逐渐从感知过渡到思维,想象的夸张性减少,客观逻辑性开始发展。

---

① 陈红香.三至六岁幼儿创造想象发展的调查分析[J].学前教育研究,1999(4):38-39.

二、幼儿想象的特点

(一)无意想象占优势,有意想象在教育的影响下逐渐发展

幼儿期依然以无意想象为主,无意想象是简单初级的想象,因此表现出如下几个特点。

1. 想象无预定目的,由外界刺激直接引起

所谓无预定目的即不是在头脑中构想好了再表现出来,而是由外界的刺激物如看到的物体、他人的言语引发的片段性的行为表现。主要表现在游戏中如看到布娃娃就抱起来,想象给布娃娃喂饭,于是同时表现出喂饭的假装游戏行为。听见妈妈说小狗,于是想象小狗汪汪叫,就在画布上开始勾线涂抹,但是画布上还不能清晰地看出是一只小狗,拿起画笔勾线涂抹只是用行为支持自己的想象过程而已。

2. 以想象过程为满足

由于没有目的性,因此其想象不追求达到一定的目的,只是满足于自己的想象过程。经常可以观察到幼儿一边涂抹一边口中念念有词甚至发出笑声等,幼儿实际上沉浸在自己的想象过程中,绘画或游戏都是其想象过程的外部支撑行为。

3. 想象受情绪和兴趣的影响

由于想象无目的、满足于过程,因此想象就很容易受内外部的刺激影响而发生变化。外部刺激即来自外界的视觉听觉刺激等,内部刺激主要是个人情绪的变化和兴趣的变化。

幼儿绘画时往往在同一个页面画多个相同的形象,而且没有什么构图布局,是并列或散乱在画面上。问其原因,则是同一形象(如同一只小狗)的不同情绪表达,即小狗高兴的、欢奔乱跳的、生气的表现。何以如此? 实际是随个人情绪变化的想象表达。

4. 想象的主题不稳定

由于满足于过程,受内外刺激的影响而想象,所以想象的主题不稳定。表现在听故事时会随着故事情节的变化想象与表达,使得故事不能完整连贯地讲述下去。在绘画中则是绘画没有主题或者同一画面多个主题。开始在画小猫,结果画出来的说是一只小狗的情形比比皆是。游戏活动则是经常半途而废,或者只是假装一会在做饭,一会又去当医生给布娃娃听诊了……

5. 想象的内容零散、无系统

由于没有目的,主题不稳定,因此想象的内容都是一个一个零散的片断,缺乏系统性。游戏、绘画和编故事都是无系统的自由联想的结果。其绘画作品可能是一个画面上看上去画了很多物体,但是物体之间没有内在联系,也可能是同一个形象散乱地排布在画面上,难以命名。

有意想象即有目的的想象,在想象的过程中需要意志努力克服来自外部刺激的干扰,始终围绕主题想象。在日常生活中有意想象的典型表现是命题画。鲍碧君、陈玉枝采用自然实验法研究发现,小班幼儿的绘画指向命题的只有50%,中班幼儿则上升为90%,小

班和中班之间差异显著,中班和大班之间差异不显著。[①]但是苏联的学者采用想象与感知相反内容的实验结果显示,4岁儿童能按要求想象与感知到相反内容的人数只占21.6％,5岁儿童上升到40.7％,6岁儿童也只是56％。[②]可见5岁是有意想象表现的重要转折年龄。有意想象不是自然萌发的,而是成人向幼儿提要求、启发培养的结果,所以在幼儿园我们也能观察到小班幼儿能够完成命题画的情形。幼儿园教育中教师的主题活动、教师的明确要求、提示性的语言建议等都能提高幼儿想象的有意性。

(二)再造想象占主导地位,创造想象开始发展起来

由于创造想象是以独立性和新颖性为基本特点的,幼儿期儿童独立自主性还比较低,对客观世界的感知经验尚不丰富,因此想象中表现出独立性和新颖性还有一定的困难,所以其想象以再造想象为主。

幼儿期主观能动性较低,大部分时间需要成人的陪伴和引导去听故事、看图书、欣赏艺术作品等,在这个过程中幼儿必然会产生再造想象,因此其再造想象占有主导地位。

1.幼儿再造想象的特点

第一,幼儿的想象依赖于成人的语言描述。

再造想象是根据图标符号以及语言的描述进行的想象。幼儿期儿童独立阅读图画标记的能力有限,主要是倾听成人讲述故事,所以其再造想象常常依赖于成人的语言描述。即便幼儿感知到一个图形或实物,也要依靠成人的语言启发如“娃娃要吃饭了”才能启动其想象,开始假装给娃娃做饭、喂饭等。

第二,幼儿的想象常常根据外界情境的变化而变化。

由于幼儿期想象以无意性为主,想象的发生和进行都要依靠外部的刺激,所以其再造想象也表现出根据外界情境变化而变化的特点。表现在教育现实中的情境往往是幼儿听故事想象“狐狸来吃小鸡了,小鸡吓得躲进了妈妈的怀抱”。结果看见了老师胸前的一个小花饰品,又开心地想象并表演起了“小鸡头戴小花唱歌”的画面。

第三,实际行动是幼儿想象的必要条件。

虽然想象是头脑中重组改造记忆表象的过程,但是由于幼儿初期还有直观行动性,头脑中的认知加工需要外部动作的支持,所以幼儿期,特别是幼儿初期想象的启动、进行都表现在绘画、游戏中,如果是故事创编则要依赖于对一定对象的摆弄才能进行下去。幼儿园除了提供绘画、游戏、表演的机会,也要在故事角创设一定的故事板,提供与背景配合的动物、植物、人物的塑偶以便幼儿的故事创编得到行为的支持得以发展下去。

2.幼儿再造想象的类型

再造想象的研究有两种主要形式,即根据语言描述绘画和对绘画作品进行语言描述。李山川等的研究对幼儿的雪景和夏景描述进行分析,发现再造想象主要有4种类型。[③]

第一种是经验性想象,即对画面的描述基于自己的生活经验进行再造想象。例如一

---

① 鲍碧君,陈玉枝.从命题意象画看幼儿想象的发展[J].教育研究与实验,1986(1):47-50.
② 转引自陈帼眉.学前心理学[M].北京:人民教育出版社,2003:159.
③ 转引自陈帼眉.学前心理学[M].北京:人民教育出版社,2003:161-162.

个中班男孩对"夏景"的想象描述是:"小姐姐坐在河边,天热,她想洗澡,她还洗脸,因为脸上淌汗。"

第二种是情境性想象,即对画面的描述是基于画面情境的。例如一个中班男孩对"夏景"的想象描述是:"有个小女孩在小河边玩水,手里拿着手帕当小船玩,又不敢放手,怕被水冲走。"

第三种是愿望性想象,即对画面的描述基于自己的个人愿望。例如一个大班男孩对"雪景"的想象描述是:"她走在大路上,正在想,她想上学,想当个学生。她还想上班,想当一个老师。"

第4种是拟人化想象,即对于画面中的非人物对象赋予人的特征与思想情感。例如一个大班女孩对"雪景"的想象描述是:"小女孩看见了雪人,雪人在看小女孩,眼睛望着她,两只手一动一动的,脚在跳舞,嘴巴在唱歌。"

上述4种再造想象,经验性想象水平较低,占有较大的比例,后面3种在中班时期才相继出现。

3.幼儿创造想象的发展

创造想象的主要特点是独立性和新颖性。独立性指不受外界干扰、暗示或者指导,没有模仿;新颖性指改变原有的知觉形象,不受记忆表象的束缚,想象的结果是新颖的,以前未曾出现过的。

由于幼儿语言表达能力有限,因此幼儿创造想象的发展研究,主要方法是提供原材料(如积木)或简单图形(如一个三角形)请幼儿拼搭或绘画,对其拼或者画的作品的独立性、丰富性和新颖性进行评定。

苏联心理学家契雅琴科研究了幼儿园小、中、大班和小学预备班(6—7岁)的幼儿的创造性想象。给幼儿20张图片,上面分别画有物体的某个组成部分,如一根树枝的树干、有两只圆耳朵的头等,或者是一些几何图形,如圆形、三角形、正方形等。要求幼儿将每个图形加工成为一张成形的图画。研究将幼儿的创造性想象划分为6种水平。

第一水平:最低水平,儿童不能接受任务,儿童不会利用原有的图形进行想象,他们只是任意幻想,在图形旁边另画些无关的东西。

第二水平:儿童能在图画上加工,画出图画,但画出的物体形象(如女孩、树等)是粗线条的,只是轮廓,没有细节。

第三水平:能画出各种物体,已有细节。

第四水平:所画的物体包含某种想象的情节,如画出的不仅是一个女孩,而且是女孩在做操。

第五水平:根据想象情节画出几个物体,它们之间有情节联系。如女孩带着小狗散步。

第六水平:按照新的方式描绘所提供的图形,不再把原来的图形作为图画的主要部分,而把它们作为想象的次要部分。例如,三角形已不作为屋顶,而成了女孩子画画用的铅笔头。[1]

---

① 转引自陈帼眉.学前心理学[M].北京:人民教育出版社,2003:165.

该研究的结果显示只有小学预备班（6—7岁）儿童开始出现达到第六水平的情况。我国多项基于绘画创作的创造性发展研究或教育实验研究也显示，到了大班阶段儿童的创造想象才表现出一定的独立性和新颖性，但水平偏低，而绘画中的图案利用和整体布局在中班阶段就已经开始快速发展。这应该是想象的有意性在中班开始发展和我国幼儿园艺术教育中绘画教学注重造型和构图元素的结果。

根据上述研究结论，可以认为幼儿期是创造性想象萌发的时期，因此其创造想象表现出如下3个特点：一是最初的创造想象是无意的自由联想，本质上看还不是创造想象；二是创造想象的新颖性不足，只是想象表象与知觉形象（原型）略有不同；三是从原型发散出来的形象日益丰富，开始表现出一定的情节性。

（三）幼儿的想象具有夸张性

幼儿想象的夸张性主要表现在两个方面。

一是夸大事物的某个部分或者某种特征。幼儿绘画的"蝌蚪人"现象就是其想象夸张性的典型表现；幼儿喜欢夸张的童话故事如《小人国》《豌豆公主》等；甚至说话夸张如"我们家的猫比房子还大"，都是想象夸张性的表现。

二是假想与现实混淆。幼儿常常把自己想象过的事情当作真实的事情，尤其是那些与自己的愿望密切相关的假想。将假想与现实混淆一方面是由于记忆表象和想象表象不能区分，另一方面是愿望性想象中情绪作用强烈，从而导致将愿望当作现实。

在日常生活中，成人由于不理解幼儿的这一发展特点，往往给幼儿贴上"撒谎""不诚实"的标签。为此儿童发展研究者把日常观察到的幼儿的这种"说谎"称为"认知性说谎"，即认知发展的一种必然表现，是一种阶段性的表现，与幼儿的品德无关。因此成人要谨慎对待幼儿的说谎，必须搞清楚是愿望性想象还是为了逃避惩罚或者获得奖励的有意说谎。

幼儿想象的夸张性与艺术夸张是两种完全不同的夸张。

艺术夸张主要是为了突出表现事物的某个本质特点。它是建立在对客观事物的深刻认识基础上的，是去粗取精、舍弃次要特点的一种表达手法。幼儿的夸张则是其心理发展水平不足的一种表现。

第一，由于幼儿对事物的认知还停留在外部特征上，具有表面性、片面性的特点，因此在想象中具有片面性的特点。想象建立在记忆的基础上，又是发散性思维的具体表现，当思维的发散缺乏逻辑的约束时必然是极端的、夸张的。

第二，幼儿的心理活动具有情绪性，即情绪作用比较突出，情绪往往会影响认知过程，当某种情绪比较强烈时其愿望性想象就会占据主导地位，使得幼儿无法区分假想与现实。

第三，想象的结果需要采用一定的手段表现出来，限于表现手法的不足，幼儿往往会顾此失彼，表现出一种夸张性。例如幼儿初期的"蝌蚪人"是因为幼儿对人物对象的面部特征熟悉、喜欢而只画头部，幼儿中期已经意识到了完整的人物对象应该有躯干和四肢，但是由于其绘画的造型能力有限，往往就画出头大身体小的人来。

三、不同年龄段幼儿想象的特点

为了更好地理解不同年龄段幼儿的想象,可以将上述特点从年龄段的角度加以综合概括。

小班幼儿的想象是典型的无意想象,具体表现为无目的、主题不稳定、内容贫乏且无关联。

中班幼儿以无意想象为主,出现有意想象,但想象的计划性简单,内容依旧零散,基本是再造性的,且具有典型的夸张性。

大班幼儿的想象目的性明显,内容丰富有情节,且独立性和新颖度增加,想象力求符合客观逻辑。

四、培养幼儿想象的建议

幼儿期是想象最活跃的时期,也是想象力培养的敏感期,因此针对上述幼儿想象发展的趋势与特点,教育者可以有所为。

(一)培养途径

结合我国幼儿园的教育实际,培养幼儿想象力最有效的途径是游戏活动、绘画活动、阅读活动和故事创编活动。

游戏尤其是创造性游戏本身就是幼儿想象过程借以展开的实践途径,所以幼儿园不仅要以游戏为基本活动,更要创设环境鼓励幼儿的创造性游戏,并且予以指导,参与式行为的启发、言语提示被实验证明是效果显著的方法。

阅读活动中必然会发生再造想象,因此幼儿期的教育,无论家庭还是幼儿园都要重视早期阅读。在成人的陪伴阅读中,随着图画与语言讲述的展开,幼儿再造想象也必然会展开。

幼儿的绘画和故事创编本身就是其想象过程的自然表现。幼儿期的绘画要以想象为本意,绘画技能的习得则是副产物。为此教育者应该是指导、启发幼儿的想象而非教给其技法。技法学习是想象结果表达中遇到技能限制时的目的。故事创编是幼儿有目的、独立想象的过程,也是想象的新颖性充分表现的过程,因此幼儿期可以创设有利于幼儿创编故事的环境,如提供故事板和立体形象,并予以鼓励与言语指导。

(二)培养措施

想象是记忆表象的加工改组,因此教育者首先要通过"行万里路、读万卷书"丰富幼儿的表象,扩展其经验。

想象的特点就是"异想天开""天马行空",即不受现实的约束,因此教育者要珍惜孩子的异想天开,鼓励幼儿大胆想象。不批评幼儿的"吹牛"和"瞎说"。

在有目的、有意识地培养幼儿想象的过程中,孩子必然会遭遇困难,教育者就要敏锐地观察到孩子的困难,必要时给予语言指导,予以启发,使得幼儿能够顺利进行想象,获得到成就感。

想象是特殊的思维,即发散性思维。因此在日常生活中教育者要鼓励孩子的发散性思维,经常提出一些需要发散的问题。比如"筷子除了用来吃饭还可以干什么?"

第三节　3—6岁儿童思维的发展

2岁左右,随着语言的产生,儿童的思维发生,但最初的思维还是直观行动思维,只是思维的过程中伴随着语词的概括。到了幼儿期,思维的发展表现出具体形象思维的特点。

一、儿童思维发展的趋势

思维的发展总体呈现出由外而内的变化趋势,如图5-3所示。

图5-3　儿童思维发展趋势

(一)思维方式的变化

根据思维的凭借物(工具)及其形态,思维分为动作思维、形象思维和抽象思维。儿童最初的思维即动作思维,准确讲应该是直观行动思维,然后发展出形象思维,在形象思维的基础上产生抽象逻辑思维。

1.直观行动思维

直观行动思维即思维在直接的感知与动作中进行,脱离了直接感知和外部行动思维就无法继续。

外部动作中实际就包含了大量的直接感知,感知与动作相互交织不可分割。

3岁前的儿童基本是直观行动思维,具体表现为遇到问题必须借助于动作不断尝试才能解决;在游戏中如果缺乏实物(玩具)的支持,没有外显的行为动作,游戏就无法进行。动作停止则思维停滞。

2.具体形象思维

3—4岁儿童依然以直观行动思维为主,但是具体形象思维开始产生。具体形象思维即依靠头脑中的形象——表象来思维,具体表现为在解决问题时,首先会在头脑中依靠表象去构想其过程及预见其结果,能够形成解决问题的方案,不再完全依赖于外部动作。由于表象具有形象性与概括性的特点,所以具体形象思维既有具体性、形象性,又提升了思维的概括性,思维水平高于直观行动思维。

儿童4岁后直观行动思维明显减少,具体形象思维开始占主导地位。

3.抽象逻辑思维

抽象逻辑思维是以概念为基本元素,通过概括、判断、推理反映客观事物本质属性及其关系的思维,是思维的高级形式。抽象逻辑思维在幼儿晚期开始萌芽,经过童年期的发展,进入少年期后方才成为个体的主导思维方式。

(二)思维工具的变化

思维方式的变化实际就是思维工具的变化所引起的形态的变化。直观行动思维的工具是感知与动作,具体形象思维的工具是表象,抽象逻辑思维的工具则是语词代表的概念。

在思维发展的过程中,思维的工具逐渐增加,在不同时期某种工具占有主导地位,因此表现出一定的思维方式或者形态。早期儿童思维的工具主要是动作,但是随着年龄的增长,动作的作用逐渐减小,很快表象开始占主导地位,表现出具体形象思维的特征。语言产生后就参与了这个过程,并且其作用逐渐增强,在学龄初期开始占主导地位,抽象逻辑思维的特征逐渐显现。

苏联学者柳布林斯卡娅的研究显示,学前儿童思维中动作与语言的作用变化呈现出三个阶段。幼儿初期,思维主要依靠动作进行,语言只是行动的总结;幼儿中期,语言伴随着行动,语言是行动的支持工具;幼儿晚期,思维主要依靠语言,语言先于行动并起着计划动作的作用。

(三)思维活动的内化

思维起源于动作,所以早期儿童的思维是外显的、展开的,以后逐渐内化压缩成为真正意义上的内部操作。

早期儿童思维由于以感知动作为工具,因此必然会将思维过程展示于外,可观察。表现在问题解决中即典型的尝试错误。尝试错误是无目的地不断重复个体本身所具有的各种反应方式,直到问题解决,但是解决问题的反应几乎是偶然的,因此其中有很多无效的多余的动作。由于行动前儿童缺乏主观的预定目的和行动计划,也难以预见行动的后果。

在这个过程中,除了感知到的事物的外部特征,个体的思维在行动中凭借行动的结果开始理解事物的部分隐蔽属性或者事物间的关系。例如儿童通过敲打游戏逐渐会理解木槌与木钉的关系。

随着儿童对自己的行动结果的感知、分析与评价,逐渐出现最初的、短暂的行动目标与行动计划,有意性产生,盲目的尝试错误的问题解决方式开始发展为最初的探索性行动。行动目的是头脑中的行动结果,最初的行动目的必然是表象形式的。按照头脑中的表象去行动,自然会减少一些无效多余的行为,提高行为的有效性。行动结束后必然会将结果与最初的目的加以对比,这个对比过程也是头脑中进行的内部操作。对比显示出有目的行为的有效性又会增强目的性行为的积极性,如此循环反复,外显的行为逐渐演变为头脑中的操作,实现思维的内化。

内化的思维操作由于借助于表象或者语词符号,不再受制于外部动作的限制,尝试错误式的问题解决方式被头脑中的内部操作所替代,思维活动的内化逐步完成。

(四)思维内容的变化

思维内容即对客观事物属性及其关系的理解,早期儿童由于只能依靠感知与动作来认知事物,所以只能理解事物的外部特征。即便是具体形象思维也因为其工具是感知后的记忆表象,对客观事物的理解依然停留在表面特征上,不过由于表象的概括,能够把握事物外部特征中的主要特征了。

随着思维的内化,思维的间接性特征日益凸显,思维能够摆脱外部束缚,从而在头脑中加以分析、比较等,使思维的间接性、概括性水平得以提高,思维的深刻性得以加强,开始反映事物的本质特征及其内在关系。

二、幼儿思维的特点

学前儿童思维的主要特点是具体形象性,幼儿末期抽象逻辑思维开始萌芽。

(一)直观行动思维的变化

虽然直观行动思维的主导地位后来被具体形象思维所替代,但是直观行动思维也一直在发展。

幼儿期直观行动思维的发展主要表现在3个方面。

第一,解决的问题日益复杂。3岁前儿童遇到的问题往往是获取某物而不能或者想要到达某地而不能,在遇到障碍时会动手敲打或者用身体对抗。进入幼儿期后,随着身体运动能力的提高,身体位移等已经不能构成其问题,问题的主要形态则是欲要完成某任务而不能达到预期结果,复杂性程度提高。例如幼儿期儿童遇到的问题往往是按图示折纸成型等。到了幼儿晚期遇到的需要直观行动思维解决的问题可能是探索声音的特征之实验操作等。

第二,采用直观行动解决问题的方法更加概括化。直观行动思维的概括性主要表现为遇到相似情境时能够应用先前有效解决问题的方式,其概括性可以是动作的也可以是感知的。例如在解决汉诺塔问题时,如果从两个步骤开始,那么4—6岁的儿童很快就能解决4—5个步骤的问题,即幼儿能够把两个步骤、三个步骤中的方法概括应用。在角色游戏中,4岁以上的儿童可以在缺少材料的情况下将游戏推进,即空手比画来扮演角色的行为,实际上也是直观行动思维方法的概括应用。

第三,思维中语言的作用逐渐加强。语言是思维的工具之一,在思维中发挥着两种功能,即概括与调节。直观行动思维早于语言产生,所以在直观行动思维中语言的作用是逐渐加强的。在幼儿的思维中,言语与行动的关系是:起先语言只是行动结果的总结,小班儿童的行动主要受表象的调节,只有在行动结束后语言才能把它反映出来;中班阶段语言开始发挥调节作用,幼儿可以一面行动一面言语,语言伴随着行动;到了大班,语言的概括功能开始发挥,即语言开始起计划作用,语言指导行动。

与成人的动作思维相比,幼儿的动作思维在思维的计划性、对行动结果的预见性和思维内容的广阔性方面还存在不足。

(二)思维的具体形象性成为主要特点

具体形象思维是幼儿期占主导地位的思维形式。具体形象思维的典型特点即具体性和形象性。

形象思维的工具是头脑中的表象,依靠表象可以考虑不在眼前的事物,回忆过去的经验,还可以计划行动的过程,预见行动的结果,在解决问题时不再是试误,而是表现出"顿悟"——看似突然解决问题,实际是头脑中对各种可能的方案进行选择的结果。

1.形象性

具体形象思维的形象性主要表现为儿童头脑中充满了各种各样的形象,这些形象是由颜色、形状、声音等组成的。幼儿在思考时总是会出现生动的形象,比如白头发的是"奶奶",挂着拐杖走路的是"爷爷"等,兔子总是长耳朵、红眼睛和长长的白皮毛等。在理解问题、解决问题时也必须要有形象的支持,因此幼儿园教师教儿童音阶时会使用"楼梯"的形象。

2.具体性

表象具有直观性和概括性的特点,因此形象思维具有具体性。类概念对于幼儿来讲理解就有一定困难,所以必须要使用具有具体指向的词汇,如"小明到桌子的后面"是有效的指令,"短头发的女孩到桌子的后面"对于小班幼儿往往是无效的指令。幼儿头脑中是"小白兔"而非"兔子",头脑中的那只"小黄狗"往往就代表了"狗"。讲故事时如果遇到人物的特征描述,需要教师予以表演或者"图片""影像"的配合才能理解。

幼儿的具体形象思维不同于成人的形象思维,只能反映客观事物的外部特征和非本质联系,因此还具有一些独特的特点。

3.经验性

经验是思维的基础,没有经验就无法进行分析综合、比较归类等思维过程,但是幼儿的思维由于缺乏逻辑性,只能进行从经验到经验的简单类比且不遵守事物之间内在的逻辑,比如"小猫种鱼"的故事就说明了幼儿思维的经验性,即幼儿从"小白兔种萝卜收获萝卜"的经验进行转导(无逻辑的类比),推理认为"小猫要想拥有很多鱼也可以去种鱼"。在幼儿的思维中往往是"没有钱就去银行取款机取"等。小班幼儿还不能理解"如果",所以当我们告诉幼儿"如果你有个妹妹就要让着她"时,幼儿往往是根据经验做出简单判断而回答"我没有妹妹"。

4.表面性

由于具体形象思维以表象为工具,且其表象只是事物表面特征的组合,因此幼儿的思维表面性特征突出。幼儿常常只能理解词汇的表面含义,假如成人说"不听话就给你点颜色看看",那么幼儿就会追着要"颜色"。在概念理解方面只能根据观察到的特征描述,如鸟就是有翅膀会飞的,鱼就是有鳍会游泳的,等等。因此成人在跟幼儿沟通时不能说反话,而是要正面引导,使用肯定句。例如成人如果说:"吃不吃饭,不吃饭就去外面站着去。"幼儿就会很"听话"地去外面站着了。

5.片面性

由于思维具有表面性特征,因此对于事物的认识往往是片面而非全面的。具体表现为对于事物的理解只知其一不知其二。例如幼儿看电影,对于主人公的判断只是"好人"或者"坏人"。成人对于幼儿说的"妈妈,我长大就和你结婚"很难理解,其实这是因为幼儿只知道自己会长大而不知道妈妈会变老。根本原因是幼儿的思维只能考虑到一个维度。

6.拟人性

拟人性又被称为泛灵论,即幼儿往往把其他物体或者动物当作人,认为他们就像自己一样有思想有感情。这也是幼儿特别喜欢童话故事的原因,因为在童话里,所有的物体都和人一样,哪怕是洋葱头、橡皮头也能成为故事的主人公。在日常生活中常常看到幼儿画的太阳公公是笑眯眯的,柳枝姑娘枝干上会有蝴蝶结,等等。

7.固定性

由于思维具有具体性,受到表象的束缚,幼儿的思维缺乏灵活性,表现出固定性的特点。具体表现为幼儿很难理解相对概念,比如在方位概念中可以理解上下和内外,但很难理解左右。小班幼儿只喜欢"自己"那个玩具,也就是最先拿到的那个玩具,如果换一个一模一样的也不行。例如有一个幼儿园中班的桌子是6张宽面桌子,按纵行两列横行三排排列。六一前夕更换了新桌子,新桌子的宽度只有原来桌子的一半,所以共有12张桌子。老师要求幼儿将新桌子两两并列按原来桌子的排列方式摆好。孩子们把桌子拉来推去就是摆不下。因为幼儿无法摆脱一张桌子一个空的排放方式。在老师引导幼儿如何将新桌子变成跟原来的桌子一样宽以后,幼儿才解决了问题。[①] 日常生活中经常能观察到幼儿在解决问题中的固着现象,即在问题情境变化的情况下依然按照原有的方式解决问题。

8.近视性

近视性是思维的具体性在时间维度上的表现,即幼儿考虑问题一般只能照顾眼前,很难考虑到未来。成人经常会问幼儿"长大后想当什么"的问题,得到的答案也常常是"超市服务员"或者"公交车司机",在成人看来是"孩子没有出息,志向不够高远"。其实这正是幼儿思维经验性和近视性的表现,因为在幼儿的经验中在超市做服务员就可以喜欢什么拿什么。头上缝了几针包扎后男孩子会很开心,因为这样就像"英雄"了,对于"会留下疤痕难看"是一点也不在乎的。这都是其思维近视性的表现。"猴子扳苞谷"的故事其实就是在演绎幼儿思维的近视性。

（三）思维的抽象逻辑性开始萌芽

幼儿到4—5岁时,对事物的认识就不再满足于表面现象,开始追求更加深入的认识,不仅要知道是什么,更想知道为什么,出现了抽象逻辑思维的萌芽。苏联儿童心理学家一项关于幼儿解决问题能力发展的研究显示,5—6岁时幼儿的抽象逻辑思维即在概念水平上解决问题的表现已经产生。该实验的任务是要求幼儿找出物体之间的简单的机械关系,即把一套简单的杠杆连接起来以便获得不能用手直接拿的糖果。任务的呈现方式有3种,分别对应着直觉行动思维、具体形象思维和抽象逻辑思维。任务一是把杠杆直接摆

---

① 刘范.发展心理学——儿童心理发展[M].北京:团结出版社,1989:267.

在幼儿面前,他可以直接动手去解决;任务二是呈现图片,图片上有不同的杠杆图形,幼儿需要在头脑中以形象为工具思考解决方案;任务三是实验者口头说明任务要求,幼儿在概念水平上解决问题,实验结果见表 5-4。[①]

表 5-4　不同年龄幼儿 3 种思维方式完成任务的百分数

年龄(岁)	思维方式		
	直觉行动	具体形象	抽象逻辑
3—4	55.0	17.5	0
4—5	85.0	53.8	0
5—6	87.5	56.4	15.0
6—7	96.3	72.0	22.0

从上述数据看,各种思维方式解决问题的能力都在随年龄的增长而提高,但是发展不平衡。具体形象思维在中班阶段发展最快,以后逐渐减缓。抽象逻辑思维在 5 岁以后开始出现,6—7 岁时所占比例也只有 22%。

在儿童思维发展的过程中,具体形象性是幼儿思维的典型特点,从人类典型的思维方式——抽象逻辑思维——的角度看,5—6 岁是幼儿思维发展的敏感期。

三、幼儿思维过程的发展

(一)分析综合的发展

分析是在思维中将对象的整体作一定的分解,划分出对象的因素、属性、特征等不同的成分,而综合则是将分析出的各个成分加以整合。

分析与综合的水平主要看分析的维度的多少,事物越复杂分析的维度越多,分析与综合也就越困难。幼儿的分析与综合水平较低,还不能把握事物的复杂的组成部分。

实验证明[②],对幼儿来说,要求分析的环节越少,相应的概括完成得就越好。该实验向 3—6 岁幼儿提出利用“工具”从器皿中取出带有金属圈糖果的任务。器皿旁放着形状、颜色各异的工具,其中只有带小钩的工具才能取出糖果,任务是选择适当的工具。第一组的工具形状、颜色都不相同,需要从两个维度分析;第二组的工具颜色相同,形状不同,只分析一个维度;第三组的工具虽然颜色、形状都不同,但颜色鲜明(强刺激)的工具最合适,颜色和有钩的形状之间有固定联系,属于最简单的分析,实验结果显示第一组所用时间和尝试次数最多。

幼儿思维的片面性特征就表现为其难以从多个角度综合分析。

---

① 转引自刘范.发展心理学——儿童心理发展[M].北京:团结出版社,1989:271.
② 转引自陈帼眉.学前心理学[M].北京:人民教育出版社,1989:216.

(二)比较的发展

比较是确定不同对象之间共同点和不同点的思维过程。比较是分类的前提,通过比较才能进行分类和概括。

幼儿还不善于对事物进行比较,他们的比较,呈现了以下的发展趋势:

1.比较的面由窄到宽

幼儿作比较时,先学会找物体的不同处,后学会找物体的相同处,最后才学会找物体的相似处。在苏联学者利普金娜的研究中[①],请幼儿比较图片上的形象,发现他们在比较图片上的两个男孩时,大部分的 5 岁幼儿只能说出他们的不同,如"一个手里拿着皮球,一个手里拿着水壶"。在经过启发后,幼儿能够找出物体的相同之处,但还是不会说出相似之处。

2.比较的过程从不对称到对称

幼儿初期在对两个物体作比较时,往往很快就把注意力转移到对其中某一对象的专一描述上,而忘却了另一对象,使比较过程失去对称性。这种情况要到 4—5 岁以后才逐渐改善,向对称地比较发展。

3.比较的条件从泛化到集中化

幼儿起初常常把不同类物体的某些表面特性拉在一起比较,而不善于针对物体的本质属性进行比较。例如,他们常常按物体的颜色来进行比较,当要求他们比较一幅图上的两个孩子时,他们最初只会说"小围裙是绿色的,喷水壶也是绿色的"等表面特性。4—5 岁的幼儿逐渐能够找出物体的相应部分,进行集中化的比较,即一一对应去比较。

(三)分类的发展

分类是在确认对象的共同特征后,将对象归并为一定的种类的思维过程。分类是在比较的基础上派生出来的更为复杂的智力操作。

一般来讲,完全意义上的会分类是指能够按照事物的本质特征进行分类,且能解决类包含关系即进行多层次分类。

3—6 岁儿童处于不会分类到会分类的转折期。

分类研究以实验法为主,排除刺激物的类型(实物、图片、电子影像),刺激呈现的方式(全部呈现、依次呈现)和任务要求(直接自由分类、与目标物匹配、按词取物、解决类包含关系任务)的影响,研究获得了儿童分类能力发展的大概趋势(在年龄分期上研究结果之间尚存在不一致)。

4 岁以下的儿童尚不能分类,只能在知觉水平上将物体区分开来,不能说出分类标准或者分类标准不稳定。

3—5 岁儿童按照颜色、形状或生活情境联系(生活中经常关联的事物分在一起)来分类,分类标准趋于稳定,但还不能算是会分类。

5—6 岁的儿童开始表现出按功能分类的能力,当然还有部分儿童依然停留在生活情

---

① 转引自陈帼眉.学前心理学[M].北京:人民教育出版社,1989:218.

境联系的分类标准上。

6—7岁是按照事物的本质属性分类能力形成的时期,开始从事物的外部特征标准向内部隐蔽的特征标准过渡。9岁以后大多数儿童都能够按照一级概念来分类。[①]

思维中的分类总是与概括密切相关的,分类的标准即对一类事物共同特征的概括。吕静等在3—6岁儿童的分类实验中发现其概括能力可以分为4个等级。[②]

第一级水平的儿童不能对事物进行抽象概括,不能根据事物的某个特征(不管是主要的还是次要的,是本质的还是非本质的)对事物进行分类。这时他们所了解的事物是笼统的、模糊的东西,他们分不清事物的本质属性和非本质属性,主要特征和次要特征。第二级水平的儿童开始能对事物进行抽象概括,他们已了解事物的某些特征或属性,也能根据某些特征来对事物进行抽象概括,但他们所根据的特征常常是表面的、具体的和简单的。第三级水平的儿童能根据事物较内部的特征来对事物进行抽象概括,但还脱离不了具体的情景,脱离不了一些功用的解释,他们考虑事物的特征不再是单一的,而开始考虑两个或两个以上的特征。第四级水平的儿童开始根据事物的本质特征来对事物进行抽象概括,他们能够看到事物的多种属性或特征,在几何图形的分类中,儿童能立即根据两个特征把三维的图片分成九堆。在实物图片分类排除实验中,这级水平的儿童能根据事物的性质对事物进行分类,比如有的儿童说:"苹果是水果,另外的都是菜。"有的说:"筷子是吃饭用的,其他都是学习用品。"有的说:"狮子是凶猛的野兽,而其他是家里养的。"

教育情境中,成人更加关注幼儿思维的结果即理解水平。

(四)理解的发展

理解是运用已有知识、经验,以认识事物的联系、关系,直至其本质、规律的思维过程。理解分直接理解和间接理解两种。直接理解与知觉过程融合在一起,是不需要中介的、能立即实现的思维过程。间接理解则是需要通过一系列复杂的分析、综合活动而逐步达到的理解。

由于思维的水平有限,幼儿的理解主要是直接理解,一般是不深刻的,但在正确的教学条件下,随着儿童言语的发展和经验的丰富,理解力可不断提高,呈现了如下趋势。

1. 从对个别事物的理解发展到对事物关系的理解

这一发展趋势很明显地反映在幼儿对图画和对故事的理解中。根据丁祖荫的研究[③],幼儿对图画的理解,起先只理解图画中最突出的个别对象,或个别对象的片面,然后理解各个对象的姿势、位置等可以直接感知到的空间联系,再后理解各个对象之间的因果关系,最后才能从意义上完整地理解整个图画的内容,理解图画中所有事物之间的全部联系。如果图画得很清楚,幼儿就能理解整幅图画;如果画中细节过多,或者突出了某些琐碎的细节,就会妨碍幼儿把图画中的基本因素联系起来,使他们不理解或不能正确理解图画。

---

① 刘金明,阴国恩.儿童分类发展研究综述[J].心理科学,2001(6):707-709.

② 吕静,庞虹,汪文鋆,等.3～6岁幼儿在分类实验中概括能力的发展[J].心理学报,1987(1):1-9.

③ 丁祖荫.儿童图画认识能力的发展[J].心理学报,1964(2):51-59.

　　幼儿理解故事也是先理解个别的词、句、个别行为、个别情节,以后才能理解具体行为产生的原因及后果,最后才能理解整个故事的思想内容。幼儿所能理解的故事都是比较简单的。

　　2.从主要依靠具体形象来理解发展到依靠概念来理解

　　由于语言发展水平的限制以及幼儿思维的特点,幼儿初期常常依靠具体形象甚至是实际行动来理解。例如小班幼儿在听故事时,往往要靠形象化的语言和图片来理解。随着年龄的增长和言语的发展,幼儿可逐渐摆脱对直观形象的依赖而仅靠言语描述来理解。但在有直观形象的条件下,理解的效果更好。苏联学者科恩德拉托维奇的实验证明,插图可使幼儿理解文艺作品的水平有所提高,3—4.5 岁提高了 112％;4.5—6 岁提高了 23％,而 6—7 岁则只提高了 11％。可见年龄越小的儿童对具体形象的依赖性越大。[①]

　　随着年龄的增长和言语的发展,幼儿逐渐可以不依靠图画而单纯依靠词的说明来理解事物。但是语词说明必须是能在幼儿脑中引起生动形象的。幼儿在理解较困难的材料时,仍需要图画等的辅助。

　　3.从对事物的比较简单的、表面的理解发展到对事物的比较复杂的、深刻的理解

　　幼儿初期往往只理解事物的表面现象,难以理解事物的内部联系。例如,丁祖荫等前述的研究发现,在看图讲述中,幼儿初期只能对图中的人物的形象作表面的描述,"小男孩做功课,妹妹、哥哥、弟弟在窗户上看""他的书包带子掉下来,她的辫子翘起来"等,稍后才能理解人物的内心活动,"他一人在做功课,三个小朋友叫他去玩,他想不能去玩,他说做完功课才能玩"。对于寓言、比喻词、漫画等比较深刻的内容,幼儿往往不能理解。幼儿还往往不能理解成人所用的"反话"。

　　4.理解的情感性质从强烈的主观化向较为客观化发展

　　幼儿对事物的情感态度,常常影响他们对事物的理解。这种影响在 4 岁前幼儿中尤为突出。因此,幼儿对事物的理解常常是不客观的,较大的幼儿开始能根据事物的客观逻辑来理解。比如小班儿童回答"皮球为什么滚下桌子"的问题,答案往往是"它不喜欢在桌子上",大班幼儿则更多从客观事物的特征方面去回答,比如"皮球是圆的"或者"桌子斜了"等。

　　5.对于事物相对关系的理解逐步加深

　　幼儿对事物的理解常常是固定的或极端的,不能理解事物的中间状态或相对关系。对幼儿来说,不是好人就是坏人;不是有病就是健康,难以理解左右概念等。根据皮亚杰的观点,儿童的认知发展只有产生了可逆性才能理解事物的相对关系。

四、幼儿思维形式的发展

　　思维的形式包括概念、判断和推理。

---

　　① 转引自陈帼眉.学前心理学[M].北京:人民教育出版社,1989:248.

(一)概念的发展

概念是人脑对一类客观事物本质属性的反映,是思维的细胞。概念以词汇为外部标志,包括内涵与外延两个部分。内涵即事物的本质属性,外延则是概念所指称事物的范围。

1.幼儿掌握概念的方式

所谓概念的掌握即概念学习。一般来讲,概念学习有两种方式,即概念形成与概念同化。概念形成是指以感觉、知觉和表象为基础,通过分析综合、抽象概括等思维活动,获得事物本质属性的过程。概念同化是以已有的概念为基础,以下定义的方式获得概念内涵的过程。

幼儿掌握概念的方式主要是概念形成。

在日常生活中,幼儿在与成人的互动中,在感知的基础上,经过不断地反馈与指导逐渐获得一类事物的关键属性。例如母亲请幼儿拿来一个盘子,幼儿如果拿来了碗,母亲给予否定反馈,并描述出盘子的特征,幼儿根据母亲的描述拿来了真正的盘之后获得正面反馈,如此多次验证后逐渐理解盘子的关键特征。儿童掌握概念有一个逐渐深化的过程。研究表明,这个过程包括 4 个阶段:第一阶段是特定客体阶段,也称概念前阶段。在这一阶段中,对儿童来说,词所代表的只是某个具体的事物。如对两岁左右的孩子来说,"马"只是指他家中的那个玩具马。第二阶段是具体特征阶段,儿童以事物的某些明显的外部特征来理解概念,并以此来认识概念所指的某类事物,如以马的某些外形来理解"马",并以此来认知马。第三阶段是功用阶段,儿童以事物的某些功用来区分事物并理解有关的概念,如"马"可以拉车,可以给人骑。第四阶段是逻辑定义阶段,即以某类事物区别于其他事物的本质特征来理解概念的阶段。

2.幼儿掌握概念的特点

(1)以实物概念为主,主要掌握其具体特征

能够直接感知的一类事物的概念即实物概念,区别于性质概念、关系概念和道德概念等。实物概念的特点是指称单一、具体的实际对象,对象有可感知的明显的外部特征,是实物较为粗糙的表面特征的概括。例如桌子、鸟等都是实物概念,而友谊、健康等属于非实物概念。

幼儿由于经验所限,抽象概括能力不足,其所掌握的概念以实物概念为主。实物概念可以分为下级类概念、基本类概念和上级类概念,比如松树—树—植物分别对应 3 个类概念的级别。刘静和等[①]在类概念发展的研究中将概念分为一级概念和二级概念,其一级概念相当于基本概念,是树、鸟、兽的层次,二级概念相当于上级概念,是动物、植物的层次。结果显示 4 岁儿童在两级概念层次上都不能分类,说明还不能掌握基本概念和上级概念,6 岁的儿童基本能在一级概念水平上分类,在二级概念层次上的分类虽有所提高但比例很低,因此幼儿还未能掌握基本概念。

---

① 刘静和,王宪钿,范存仁,等.四至九岁儿童类概念的发展的实验——Ⅰ.分类与分类命名的实验研究[J].心理学报,1963(4):39-47.

　　幼儿对于实物概念内涵的掌握以具体特征或功用特征为主。陈帼眉以下定义的方法考察幼儿对于实物概念的理解层次,将幼儿对实物概念的定义分为7种4个水平,结果显示幼儿以说出具体特征为主,5岁以后,初步概念水平(接近下定义)的儿童比例显著增加,但依然低于20%。[①]

　　(2)掌握概念的内涵不精确,外延不适当

　　幼儿掌握实物概念的内涵经历了4个阶段,最初只能感知理解实物的颜色形状等外部鲜明的特征,然后是实物某一突出的非本质特征(往往是用途),继之能够把实物的多个特征加以综合形成实物概念,被综合的特征有本质的也有非本质的,最后能掌握实物概念的本质特征,能以词标志和归入高一级的概念之中。大多数幼儿处在第二阶段和第三阶段。[②]

　　由于幼儿对实物概念的内涵掌握以功用特征为主或者综合了本质特征和非本质特征,因此对于概念内涵的理解就不精确,外延要么过宽要么过窄。

　　结合日常生活中的观察与上述研究,幼儿期各年龄段儿童概念发展的水平表现为:小班幼儿,实物概念的内容基本上代表他们所熟悉的某个或某些事物;中班幼儿,已能在概括水平上指出某些实物的比较突出的特征,特别是功用上的特征;大班幼儿,开始能指出某一实物若干特征的总和,但还只限于所熟悉的事物的某些外部特征,不能将本质特征和非本质特征加以区分。在正确教育下,大班幼儿可能掌握某一实物概念的本质特征。

(二)幼儿数理概念的发展

　　皮亚杰在其发生认识论中将个体的经验区分为物理经验和数理逻辑经验。实物概念属于物理经验,对物理经验反省出的抽象的结果就是数理逻辑经验。数理逻辑经验中的概念包括数概念、空间概念和时间概念。

　　1. 数概念的发展

　　数概念包括基数、序数和数的组成3个部分。数字"8"的基数含义即事物的数量是多少,是数的实际意义;序数则指在序列中是第八个;8可以分解为1和7、2和6等。

　　数概念的掌握在理解基数与序数的基础上,以数的组成为标志,即幼儿能够正确分解一个数。

　　根据吕静,王伟红的研究[③],数概念的发生经历了辨数、认数和点数这3个阶段。1.5—2岁时开始对物体的大小和多少有了模糊的感知,3—4岁开始点数。

　　根据林崇德的研究[④],学前儿童数概念的形成经历了口头数数、给物说出总数、按数取物、数概念的形成四个阶段。根据幼儿数概念研究协作小组的报告[⑤],3岁左右的儿童处于对数量的感知动作阶段,能够区别大小、多少,会在5以内唱数和手口一致的点数;

　　① 陈帼眉.学前心理学[M].北京:人民教育出版社,1989:227.
　　② 李丹.儿童发展心理学[M].上海:华东师范大学出版社,1987:222.
　　③ 吕静,王伟红.婴幼儿数概念的发生的研究[J].心理科学通讯,1984(3):3-9.
　　④ 林崇德.学龄前儿童数概念与运算能力发展[J].北京师范大学学报:社会科学版,1980(2):67-77.
　　⑤ 幼儿数概念研究协作小组.国内九个地区3—7岁儿童数概念和运算能力发展的初步研究综合报告[J].心理学报,1979(1):108-117.

3—5岁儿童建立了数词和物体数量间的联系,能够按数取物、认识10以内数之间的关系和实物支持下的简单的运算。5岁以后进入数的初步运算阶段,能够掌握数概念,形成数的守恒等。

2.空间概念的发展

空间概念的形成以空间知觉为基础,在空间知觉的基础上结合空间词汇的应用可以帮助儿童掌握空间概念。

(1)空间方位概念的掌握

空间方位概念包括上下、前后、左右等。"上下"和"前后"概念由于相对固定,容易掌握。幼儿期基本能够正确理解"上下"和"前后",但对"左右"概念的理解较为困难。自皮亚杰开始,发展心理学家对于儿童空间方位概念掌握的研究就集中在"左右"概念上。我国儿童心理学家朱智贤的研究结果与皮亚杰的研究结果一致,5—7岁儿童能够比较固定地辨别自己的左右方位,7—9岁儿童初步地、具体地掌握左右概念,常常需要依靠具体感知或表象。例如:有的儿童要摆动身体或有手部动作。儿童在9—11岁才能灵活地掌握左右概念。[1]

(2)物体空间维度——长度、面积、体积的掌握

一个物体的空间有三个维度,即长度(一维)、面积(二维)和体积(三维)。儿童正确理解长度、面积和体积实际上就是实现了皮亚杰所说的守恒(具体参见第五节"皮亚杰理论概述")。

儿童认知发展研究协作组有关5—12岁儿童长度概念的发展研究将5根铅丝(其中3根等长,各为15厘米,另外两根的长度分别为14.6厘米和15.6厘米),混合排列呈现,令儿童从中拣出3根等长的铅丝,在儿童确认其等长的前提下,当着儿童的面,将其中2根变形,看儿童能否认识它们仍是一样长,并问其理由。若儿童不会回答或回答错误,就用言语启发,若言语启发通不过,就进一步用表象启发,如果儿童回答仍有错误,就用动作进行启发,让儿童自己做还原操作然后加以比较。到此若儿童还未认识,就将3根铅丝改为2根铅丝,让其比较2根等长的铅丝变成两根后是否一样长。此时再通不过,实验就停止,若通过了,就返回做3根比较,以了解2根比较通过后对3根比较有无启发作用。[2]

实验组把长度概念的发展分为4个等级,说不出理由者列为零级,一级为利用感知和实物操作解决课题的感知工作水平,二级为利用表象解决课题的表象思维水平,三级为借助于概念解决课题的思维水平。结果显示5岁儿童有82%达到了一级,6—7岁时,达到一级水平的人数百分比急剧地从70.0%降到42.85%,而达到二级水平与三级水平的人数百分比则分别从12.85%、7.14%上升到25.71、22.85%;8—9岁时,一级水平的人数百分比继续下降,二级水平的人数百分比很快上升。11岁儿童中一级水平的仅占4.28%,二、三级水平的已占95.70%。

儿童达到长度概念稳定性的加速期为6—7岁、8—9岁。解决2根铅丝的长度比较

① 赵新华.儿童空间概念发展研究述评[J].心理发展与教育,1993(3):47-52.
② 刘金花,李洪元,曹子方,等.5—12岁儿童长度概念的发展——儿童认知发展研究(Ⅴ)[J].心理科学通讯,1984(2):10-14.

任务与3根铅丝的任务有显著差异,说明问题的分析维度是影响因素之一,同时启发可以促进儿童长度概念的形成。

李文馥、刘范参考皮亚杰"牛在田间吃草"实验进行了5—11岁儿童面积判断的实验研究,5—6岁的儿童判断正确的比例都在30%之下,7岁组跃升至70%以上。根据儿童的判断理由将其分为直接判断与推理判断两类,5—6岁儿童以直接判断为主,推理判断的人数占比是11.2%和22.75%,7岁儿童的推理判断人数占比跃升至71.76%。可见6—7岁是儿童面积概念形成的关键年龄。[①]

吕静等所做5—11岁儿童面积等分实验显示,儿童7岁以前基本上没有面积等分概念,8岁后才出现面积等分概念的萌芽,9岁到10岁介于萌芽和过渡阶段,11岁才达到基本掌握水平。[②]

沈家鲜等人的5—17岁儿童和青少年"容积"概念发展的研究[③],以通过人数达20%~50%为开始掌握,达50%~75%为部分掌握,达75%~90%为基本掌握,90%以上为全部掌握,20%以下为未掌握。结果显示,对于"水面会升(降)",除了部分5岁儿童在个别课题上开始掌握外,一般要到6—7岁才开始或部分掌握,8—12岁处于部分掌握与完全掌握之间,波动不稳定,即还不能对升和降有一致的认识,一般对"上升"易掌握(8.5岁后就完全掌握),对"下降"难掌握(12岁后才完全掌握),对于"液面升降的理由"即使12—15岁也只处于开始掌握与基本掌握之间,到17岁才能完全掌握,至于升降的高度及其理由则12岁前几乎一无所知,即使13—17岁也只能开始或部分掌握。根据正确判断的理由,可以划分为任意性回答(一级水平)、根据感知推理(二级水平)、依靠表象概括和推理(三级水平)和根据概念进行逻辑推理(四级水平)。5—7岁基本上属二级水平,8—11岁基本上属三级水平,11岁以后逐步向四级水平过渡,17岁完全达到了四级水平。

综合上述几项研究,幼儿尚未真正形成长度、面积、体积的概念。

3.时间概念的发展

时间是物质运动过程长短和发生顺序的度量单位,具有一定的顺序性和延续性,在时间心理学中主要涉及3个方面,即时序、时距和时点。时间与事件有关,因此受文化特别是语言的制约,当时间心理的研究从时间知觉(反应时、时间条件反射及其知觉阈限)发展到时间认知(表征、记忆和判断推理等)后,关于时间的研究主要是对习俗时间的认知。

(1)时顺认知

时间顺序涉及一日之内的时间顺序(早晨、中午、晚上),一日延伸的时间顺序(昨天、今天和明天)以及周、季节、年等较长周期的顺序。

---

① 李文馥,刘范.5—11岁儿童两种空间关系认知发展的实验研究[J].心理学报,1982(2):174-183.

② 吕静,张增杰,陈安福.5—11岁儿童面积等分概念的发展——儿童认知发展研究(Ⅳ)[J].心理科学通讯,1985(4):10-16.

③ 沈家鲜,刘范,孙昌识,等.5—17岁儿童和青少年"容积"概念发展的研究——儿童认知发展研究(Ⅲ)[J].心理学报,1984(2):155-164.

朱曼殊等对2—8岁儿童对几种时间词句的理解研究显示[1],多数儿童在3岁后能正确理解"先后",只能根据词序做出正确的动作反应,一旦句子时序词逆向表达就不能做出正确反应,说明对时序词汇的理解还不准确,与词汇出现的顺序有关。对于"以前""以后""同时"的词汇顺逆都能正确反应的年龄为4岁。判断"昨天、今天、明天",3—4岁儿童能根据自己所做事件正确反应,根据他人所做事件的正确理解要到4—5岁;正确理解一天内的"上午、下午、晚上"的年龄是4—6岁,对于"去年、今年、明年"能够正确理解的年龄是5—6岁。4岁以后才能正确理解"正在、已经、就要"等动态时序词。由此可以看出幼儿在时间单位(阶段)词句的理解中,首先理解今天、昨天、明天,然后向更小的单位(阶段)如上午、下午、晚上、上午 x 时、中午 x 时、晚上 x 时和更大的单位如今年、去年、明年逐步发展;在动作时态词句中,以现在为起点,然后向过去和未来延伸,最先理解"正在",接着是"已经",最后为"就要"。

方格等[2][3]以图片为材料,采用排序、填充等方式对4—7岁儿童的时序认知的研究发现,5—6岁儿童对一日之内早、午、晚的时序已能正确认知,4岁儿童仍有一定困难;4—6岁儿童对一日前后延伸时序和时序相对性的认知水平较低,7岁儿童已有显著提升。认知过去的延伸时序晚于对未来的延伸时序。幼儿首先认知一日之内3个较大的时间单位即早晨、中午、晚上,然后认知一日的延伸(昨晚、明早);先认知时序的固定性然后才认知时序的相对性。对于一周中的各天和一年中的四季等周期较长的时序,5—6岁儿童对一周之内的时序已基本掌握,到8岁可全部掌握。而对一年内四季的认知则相当困难,但到了7岁有明显跃进。对于周和季节的延伸时序,幼儿期儿童认知水平仍很低,一直到了8岁才有明显的提高。对周和季节的时序相对性,5岁儿童还不具有时间相对可变的概念,6岁儿童也只有极少数的人次可以具备,较儿童对每日时序相对性的认知水平更为低下。

可见儿童对时序的认知是由短周期向长周期发展,儿童对时序的理解是以本身的生活经验为时间关系为参照物的,其中周期性发生的生活经验如生活作息制度、幼儿园的活动和日月运行等对儿童认知时序有重要的影响。循环周期的长短是影响儿童认知时序的重要因素之一。

(2)时距认知

时距是对时间延续性的表征,是两个连续事件间的间隔或某一事件持续的时间段。

皮亚杰最早对儿童的时距认知进行研究,他认为儿童只能依据速度和距离(产出)来考虑时距的长度,儿童是以空间影响的方式建构时间概念的,对时间认知的发展经历了三个阶段:第一阶段是6岁以前,此时儿童会将时间线索与空间线索相混淆。6岁左右进入第二阶段,此时可以部分分离时间;空间线索,可以直觉地理解时距和时序,但不能将它们整合起来理解。7—8岁左右进入第三阶段,这时可以建立并整合所有必要的时空关系,

① 朱曼殊,武进之,应厚昌,等.儿童对几种时间词句的理解[J].心理学报,1982(3):294-301.
② 方格,方富熹,刘范.儿童对时间顺序的认知发展的实验研究I[J].心理学报,1984(2):165-173.
③ 方格,方富熹,刘范.儿童对时间顺序的认知发展的实验研究II[J].心理学报,1984(3):250-258.

最终掌握时间概念。①

后期的时距发展研究降低任务难度,即排除逻辑信息,仅就时距进行比较和估计研究,发现5—6岁儿童已能区分只有几秒钟差异的短时时距;6岁儿童已能使用时间标尺(分、秒、小时等)测量时间,5岁儿童已有潜力把时间看成是可以计数的维量。同时在有声音参照的条件下,5—6岁儿童已经能够比较准确地估计短时时距。②③

以"龟兔赛跑"故事为背景,含有时间、距离、速度等因素的实验研究发现,4.5岁和5.5岁分别是儿童时间持续认知的发生和开始发展的年龄,6.5岁儿童初步掌握时间持续概念,其中有75%儿童处于中以上水平。④

(3)时点认知

时点认知即对时间流逝中的某个点的理解和判断,可以区分为时间定向和时钟认知。时间定向即对白天、黑夜、上午、下午、某月某日、星期几、哪一年等的判断,研究发现幼儿园小班大约25%、中班45%、大班70%的幼儿能够准确判断;对于钟表的认知水平普遍偏低,小班无人能够准确认识钟表,大班幼儿也不足10%。⑤

大量研究都表明,幼儿的时间概念的发展以生活经验为基础,同时时间概念的掌握和时间词语的掌握相互促进。

(三)幼儿判断推理的发展

1.幼儿判断的发展

判断是事物之间或者事物与它们的特征之间关系的反映。判断可以是肯定的,也可以是否定的,判断的正确性以其是否与客观事物本身相符作为检验的标准。幼儿判断的发展呈现出以下趋势。

第一,判断的形式从直接判断为主,开始向间接判断发展。

所谓直接判断就是在感知觉基础上的判断,缺乏复杂的思维加工。例如早晨起来看到地面湿了,很多地方有积水,就可判断昨晚下雨了。间接判断通常需要推理,是对事物因果、时空、条件等联系的判断。

我们坐在行驶的汽车里看到天空飞过的飞机飞得很慢,汽车跑得很快,成人可以推理得知飞机飞得快,幼儿则会直接判断出汽车比飞机快。幼儿认为白头发的都是爷爷、奶奶就是一种直接判断。间接判断则是经过推理实现的,在幼儿中晚期已经出现了合乎逻辑的直接推理和部分间接推理。

第二,判断的内容从反映事物的表面联系,开始向反映事物的本质联系发展。

由于幼儿的判断以直接感知到的信息为依据,所以只能反映事物的表面联系。后期出现了简单的推理能力,部分幼儿已经能够从内在的原因进行判断和解释,在何其恺等的

① 杨姗,方格.儿童时距认知的研究简介及发展趋向[J].心理科学进展,1997(1):21-26.
② 方格,冯刚,方富熹,等.学前儿童对短时时距的区分及其认知策略[J].心理科学,1994(1):3-9.
③ 方格,冯刚.学前儿童对时距的估计及其策略[J].心理学报,1993(4):346-352.
④ 林泳海.4.5—7.5岁儿童时间持续认知发展的实验研究[J].心理发展与教育,1996(1):17-22.
⑤ 葛沚云.幼儿时间认知发展的实验研究[J].心理发展与教育,1986(4):22-28.

因果思维发展的实验研究中,5—6岁的部分儿童对于滚落、倾倒、沉浮等直观—行动的演示能够给出正确答案。[①]

第三,判断的根据从自我中心逻辑向客观逻辑发展。

幼儿早期的判断依据往往是自我中心的或生活经验的,例如在上述何其恺的实验中,幼儿阐述球滚落下来的原因是"它站不稳",物体会浮是因为"它要洗澡",幼儿晚期的儿童已经有部分能够从事物的客观逻辑角度予以回答。在日常生活中,经常能够听到对于无生命事物移动的解释是"它不听话""它们要到一起"等自我中心的拟人化回答,到了幼儿中晚期开始出现"一边高一边低就会滚下去"等符合逻辑的解释。

幼儿的判断即知觉推理,谢渊的幼儿知觉推理能力发展的研究发现,中大班幼儿在单一维度的图形选择任务(知觉推理)中的正确率已经达到了0.78和0.87(1道题的正确回答均数)的水平,二个维度任务中的小中大班幼儿的正确率都普遍偏低。[②]

第四,判断的论据从不明确到逐渐明确。

幼儿初期的判断是意识不到判断依据的,因此在上述多项关于概念、分类、推理的研究中,幼儿对原因的阐述往往是"不知道"或者拒绝回答。在日常生活中,当幼儿做出一个判断后问其原因时往往以"妈妈说的""老师说的"回答。到了幼儿晚期会不断追问"为什么",也乐于回答"为什么"的问题。在上述何其恺的实验研究中,对于沉浮、滚落等情境的回答中出现了"轻的东西会浮""别针变大了""它是圆的"等答案。

日常生活中如果经常给幼儿"讲道理",或者解释行为原因,有利于儿童判断依据日渐清晰明确。女:"妈妈,我要吃桃。"母:"咱家现在没有桃。"女:"上街买!"母:"现在桃子还没下来呢,街上也没有卖的。"女:"有!大斌都吃桃了。"[③]这样的对话,出现在一个3岁左右孩子和她的母亲之间,即说明幼儿已经有了判断的依据,又能说明这样的对话有利于儿童思维的发展。

2.幼儿推理的发展

推理是一种从已知判断推论出新的结论的思维形式。根据推理前提的多少可以分为直接推理和间接推理,只有一个前提的推理即直接推理,有两个以上前提的推理是间接推理。根据推理过程中的思维方向可以分为归纳推理、演绎推理和类比推理3种。

幼儿期推理作为一种高级思维形式,水平偏低,因此各种推理尚处在萌芽状态。最初出现的是转导推理,它是类比推理的特殊形式。类比推理是从特殊到特殊的推理,即根据两个对象在某些属性上相同或相似,通过比较而推断出它们在其他属性上也相同的推理过程。转导推理即根据极少的、表面的属性进行的类比推理,因此推理结果往往是不正确的。

转导推理发生于2岁以后,在3—4岁时依然普遍存在。例如孩子要求爸爸搭个梯子去摘取天上的星星就是一种转导推理,这种现象常常出现在幼儿早中期的儿童身上。

① 何其恺,周励秋,徐秀嫦.学前儿童因果思维发展的初步实验研究[J].心理学报,1962(2):136-150.

② 谢渊.3—6岁幼儿知觉推理能力发展的研究[D].开封:河南大学,2016.

③ 宁沈生.幼儿的判断、推理能力及其培养[J].学前教育研究,1998(6):13-15.

　　类比推理是逻辑思维的组成部分,它的基本模式是 A：B,则 C：D。例如,狗：小狗,则猫：小猫。幼儿期儿童类比推理的研究相对较为丰富,获得了较为一致的结论,即 3 岁前儿童基本不能进行类比推理,4 岁儿童可以进行初步的类比推理,能够完成单维度的操作任务;5 岁儿童的类比推理能力明显提高。3—5 岁是儿童类比推理快速发展的时期,知识经验和表面相似性是影响儿童类比推理的重要因素。[1][2][3][4]

　　归纳推理是一种由个别到一般的推理。根据逻辑学,归纳推理有完全归纳推理和不完全归纳推理,不完全归纳推理又有简单枚举归纳和科学归纳。对于儿童来讲主要是简单枚举归纳,其基本范式是如果 A 有属性 Y,而 B 与 A 具有某种相似性或者属于同一类别,那么 B 也具有属性 Y。大量研究显示[5],儿童 3 岁时具备了最初的根据知觉到的事物的相似性进行归纳推理的能力,之后逐渐发展到能够根据事物的主题关系和概念类别来进行归纳推理。根据李红团队的研究,幼儿 4.5—5.5 岁时已经能够根据主题关系(功能的——粉笔与黑板;空间的——屋顶和房子;时间的——餐馆用餐后付费;因果的——有电,灯才能亮)的情境特征(依然具有表面知觉的特点)或部分概念特征(具有一定的本质或关键特性)来进行归纳。[6][7]　当然其归纳的前提较少,基本都是枚举归纳。

　　演绎推理是从一般原理推断特殊结论的推理。一般有三段论、假言推理和选言推理。三段论是演绎推理的基本范式。一般认为认知发展只有达到形式运算水平才能进行逻辑严密的演绎推理,但是如果任务呈现形象化,难度降低,9 岁儿童已经表现出最初的演绎推理。[8][9]　然而苏联乌利彦科娃的研究证明 5—7 岁的幼儿经过专门教学,能够正确运用三段论进行推理。该研究认为 3—7 岁幼儿的演绎推理的发展经历了 5 个水平,即不会运用任何原理,没有论据或者只提一些极其偶然的论据;运用了一般原理并试图从一些偶然特征上论证自己的答案;运用了一般原理,这种一般原理已经在某种程度上反映事物本质特征但不够准确;不说明一般原理但能自信地解决问题;会运用正确反映现实的一般原理并作出适当的结论。[10]

　　杨玉英以 3—7 岁儿童为对象,采用玩游戏获得玩具予以奖励的方式进行推理的发展

　　① 中央教育科学研究所儿童推理研究组.4—7 岁儿童类比推理过程发展与教育实验研究报告——儿童推理过程综合研究之二[J].心理发展与教育,1987(1):1-9.
　　② 王亚同.3.5—5 岁儿童类比推理的实验研究[J].心理发展与教育,1992(4):8-14.
　　③ 查子秀.3—6 岁超常与常态儿童类比推理的比较研究[J].心理学报,1984(4):373-382.
　　④ 李红,冯廷勇.4—5 岁儿童单双维类比推理能力的发展水平和特点[J].心理学报,2002(4):395-399.
　　⑤ 李红.中国儿童推理能力发展的初步研究[J].心理与行为研究,2015(5):637-647.
　　⑥ 龙长权,吴睿明,李红,等.3.5—5.5 岁儿童在知觉相似与概念冲突情形下的归纳推理[J].心理学报,2006(1):47-55.
　　⑦ 马晓清,冯廷勇,李红,等.主题关系在 4—5 岁儿童不同属性归纳推理发展中的作用[J].心理学报,2009(3):249-258.
　　⑧ 李丹,张福娟,金瑜.儿童演绎推理特点再探——假言推理[J].心理科学,1985(1):6-12.
　　⑨ 方富熹,方格,朱莉琪."如果 P,那么 Q,……?"——儿童充分条件假言演绎推理能力发展初探[J].心理学报,1999(3):322-329.
　　⑩ 转引自陈帼眉.学前心理学[M].北京:人民教育出版社,1989:242.

研究,发现幼儿推理的发展呈现出如下趋势。[①]

第一,推理能力随年龄的增长而发展。3 岁儿童基本上不能进行推理活动,4 岁开始发展,5 岁中大多数、6 岁和 7 岁的全部儿童可以进行不同水平的推理活动。

第二,推理方式从展开式向简约式转化。5—6 岁是两种推理过程迅速转化的时期,5 岁以前儿童的推理以展开式为主,6 岁开始简约式占优势。

第三,在能进行推理活动的儿童中表现出由低到高的 3 种水平:一级水平的儿童只能根据较熟悉的非本质特征进行简单的推理活动;二级水平的儿童可以在提示的条件下,运用展开的方式逐步发现事物间的本质联系,最后做出正确的结论;三级水平的儿童可以独立而迅速地运用简约的方式进行正确的推理活动。儿童推理过程的发展表现在:推理内容的正确性、推理的独立性、推理过程的概括性及其方式的简约性几方面的逐步提高。

对于儿童判断推理的研究还涉及了影响因素的讨论,根据多项研究,影响儿童判断推理的最重要因素是经验的丰富性。同时思维是在问题的解决中不断得到发展的,因此促进幼儿判断推理能力的发展,不仅要扩大儿童的感知范围,丰富其经验,还要给予儿童解决问题的机会。

第四节　3—6 岁儿童言语的发展

3 岁后,言语的发展进入基本口语阶段。

一、幼儿期语音的发展

(一)基本能够掌握本民族语言的全部语音

婴儿期是语音习得的时期,从生物性啼哭到发出完整的音节是婴儿期的重大突破。幼儿期是语音的完善时期,儿童 4 岁左右基本掌握本民族语言的全部语音,并达到发音正确。

3—4 岁时出现发音不准确的现象属于正常,4 岁以后发音不准确的人数急剧下降,成为一种特殊现象,需要教育者特别注意予以矫正。根据陈帼眉等人的调查,3—4 岁儿童音节的发音不准确率依然有 90.48%,到了大班 5—6 岁时降低到了 20.72%,通过教师的普查则 3—4 岁时是 19.82%,5—6 岁时降低到 8.56%。[②] 刘兆吉等的调查结论[③]与陈帼眉的一致,3—4 岁是语音发展的飞跃期,错误发音的分布比较分散,因此可以认为 3—4 岁幼儿已经接近掌握全部语音,4 岁以上的幼儿能够掌握全部语音。这应该与发音器官的完善和大脑的调节机能的增强有关。

---

①　杨玉英.3—7 岁儿童推理过程发展的初步研究[J].心理科学,1983(1):30-38.

②　陈帼眉.学前心理学[M].北京:人民教育出版社,1989:264.

③　转引自陈帼眉.学前心理学[M].北京:人民教育出版社,1989:264.

（二）语音发展的顺序

儿童语音的发展呈现出连续性与顺序性的特点。各民族儿童语音的发展都表现出相似的阶段和特点，各种语言的语音出现顺序也是较为相似。

早期儿童语音的习得就表现出阶段性和顺序性。李宇明将儿童语音发展阶段划分为语音发生的准备阶段和音位系统的发生发展阶段。[①] 许政援等的系列研究显示，3岁前儿童的语言发展是一个连续的、有次序的、有规律的过程，不断由量变到质变的过程。它既有连续性，又有阶段性。[②]

多项研究获得较为一致的结论，语音的发展呈现出音调、元音、辅音的顺序，辅音中尾辅音早于首辅音出现。[③] 单音节早于多音节，汉语普通话的韵母早于声母。[④]

语音的发展以"树杈分枝"的方式进行，由中等程度差别的音位向两端发展，例如先发 a 和 e 之间的音，然后发 a 和 e，新出现的发音是原来已经会发的音的分化结果。起初语音发展是一个不断分化扩展的过程，到3—4岁时非常容易学习各种语言的发音，但是4岁以后语音发展出现收缩趋势，在掌握母语语音后再学习新的语音时出现困难，年龄越大学习第二语言的语音越困难。

（三）幼儿期常见的发音错误

3—4岁是语音发展的转折期，发音错误的现象还比较普遍，同时也是语音学习和矫正的关键时期。幼儿发音的错误主要在辅音上，而且集中在平舌音和翘舌音即 zh/ch/sh 和 z/c/s 之间，舌尖音和舌边音即 n 和 l 之间。

从发音方法看，主要是摩擦音和塞擦音容易出现错误，常常出现扭曲、省略、替代等，此外送气音和不送气音之间的替代、清音与浊音之间的替代、塞音与塞擦音之间的替代也是常见错误。

幼儿期从发音器官的角度看已经能够发出所有语音，出现错误的原因是对发音器官的调节能力不足，主要困难是掌握发音部位和正确的发音方法，只要加以练习矫正就能正确发音。当然，听音辨音的能力和语言环境也是影响幼儿正确发音的因素，因此一方面要构建有利于儿童发音的语言环境，成人发音要正确和清晰，另一方面要正确示范发音方法和加强发音练习。幼儿园小班的语音学习至关重要。

（四）语音意识的发生

语音意识是指个体对口语中声音结构的意识，包括基本口语单元音位的意识，也包括对于更大的音节和押韵的意识，是对于口语语音的有目的有意识的感知和操作能力。

语音意识是阅读能力获得的先决条件，也与其他语言能力具有密切关系。

---

① 转引自陈茸.汉语儿童语音发展研究概述[J].佳木斯教育学院学报，2013(12):299-300.
② 许政援.三岁前儿童语言发展的研究和有关的理论问题[J].心理发展与教育，1996(3):3-13.
③ 刘春燕.普通话儿童语音习得研究综述[J].徐特立研究:长沙师范专科学校学报，2006(4):34-38.
④ 龚勤.早期儿童语音习得的若干特点探析[J].黄石理工学院学报:人文社科版，2011(5):48-52.

语音意识的发展,是一个由浅入深、由简单到复杂的连续体。语音意识的发展阶段按出现的先后次序大致可以概括为 11 个方面:一是意识到句子是由单词构成的;二是意识到单词是押韵的,并可以说出押韵单词;三是意识到单词可以分成音节,并可以说出音节;四是意识到单词可以分成韵首和韵脚,并可以说出单词的韵首和韵脚;五是意识到单词有相同的首音,并可以说出有相同首音的单词;六是意识到单词有相同的尾音,并可以说出有相同尾音的单词;七是意识到单词中间有相同的音,并可以说出中间有相同音的单词;八是意识到单词可以分割成单个的音位,并可以说出其中的音位;九是意识到可以删除单词中的某个音从而形成新的单词,并可以说出删除了音之后的单词;十是能够将音位组合成单词;最后是能够将单词分解为独立的音位。[①]

汉语儿童普通话的语音意识的发展研究显示,音节意识发展最早,大约在幼儿园中班时期,其次是韵脚意识,中班晚期开始表现;声调意识和首音意识的发展相对较晚,一般要进入小学学习了拼音后明显表现。[②] 汉语作为表意文字,一个音节是由声调、韵母、声母构成的,因此语音意识包括声调意识、声母意识和韵母意识,且声调意识最先产生,其次是韵母意识、声母意识。[③]

语音意识的发生,使得儿童开始关注自己和他人的发音。例如喜欢做发音游戏,意识到自己发音的弱点或者错误,努力练习学到的新的发音或者有意识地改正自己的发音,能抓住他人发音的错误并试图予以纠正,有意识地改变通常的发音或者根据情境或者为表达某种情感而改变发音等,意识到同音字具有不同的意义。

二、幼儿期词汇的发展

词是由语音和语义结合而成的最基本的语言运用单位。词汇是词的总汇,各民族的语言都有其基本词汇。儿童自 1 岁左右开口说出第一个词到 3 岁的词汇量在 1000 左右,主要是具体的名词和少数的动词、形容词、副词、代词、连词、数词、象声词和语气词。[④]

词汇的快速发展是在幼儿期。

(一)词汇数量的增加

词汇量的发展是衡量儿童语言发展的一个重要指标,也是衡量儿童认知发展的重要指标之一。

不同时期不同的研究者关于学龄前儿童词汇数量的调查结果都不尽相同,最早对学龄前儿童词汇数量进行系统研究的德国心理学家斯特恩的观察结果是 3 岁时为 1000～

① 郝玥,王荣华.语音意识的概念及其发展阶段[J].山西财经大学学报(高等教育版),2008(4):62.
② 唐珊,伍新春.汉语儿童早期语音意识的发展[J].心理科学,2009(2):312-315.
③ 徐宝良,李凤英.学前儿童汉语普通话语音意识发展特点及影响因素[J].学前教育研究,2007(4):14-18.
④ 吴天敏,许政援.初生到三岁儿童言语发展记录的初步分析[J].心理学报,1979(2):153-165.

1100,4岁时为1600,5岁时为2200,6岁时达到2500～3000;美国心理学家史密斯1929年对美国说英语儿童词汇量的调查显示3岁时为896,4岁时为1870,5岁时为2072,6岁时为2562;我国1990年中央教科所做的10省市调查结果是3岁时为1000,3—4岁时为1730,4—5岁时是2583,5—6岁时达到3562。[①]

虽然具体词汇量不同,但是学龄前儿童词汇数量增加的趋势比较明显,可以看出词汇数量随年龄的增长而增加,联系3岁前词汇数量的增长发现,2—3岁时是学前儿童词汇量增长的高峰期,3—4岁儿童的词汇量增长也非常迅速,4—5岁时词汇量增长依然是活跃期。从增长率来看,随着年龄的增长,3岁后增长速度在递减。

(二)词类的扩大

词汇数量的增加不仅在于同一类词数量在增加,还在于词类在扩大。

根据词的性质,一般将汉语词汇分为实词和虚词两大类共15小类,实词包括名词、动词、形容词、代词、数词、量词、副词等,介词、连词、助词、语气词、拟声词和叹词属于虚词。

综合多项研究成果发现,学前儿童词类的扩大是以实词为主,但后期虚词的增加速度上升,实词的速度反而下降。[②] 根据史慧中的研究,实词在3—4岁时增长速度比4—5岁快,但虚词在4—5岁时增长最快。[③]

儿童掌握的词汇与其使用词汇频次是不相关的。总体来看名词的词汇量大于动词,但是动词的词频却高于名词。代词、助词和副词的词汇量不大,但是使用频率却较高。多项研究表明,助词的词频率最高,其次是代词,人称代词"我"是学前儿童的高频词。[④] 根据张廷香的研究,3—6岁儿童实词中单音节词的使用率高于双音节词,虚词的使用频率高于实词且相对集中,语气词的频率高于助词,助词高于连词和介词,而且虚词中的兼类情况较多。[⑤] 形容词在4岁以后快速增长,描述物体特征的形容词占绝对优势。

根据词的语义进行分类是另一种词汇分类方式,李葆嘉等人将汉语词汇根据语义分为四种,即指称类、陈述类、描述类和情态功能类。学前儿童指称类的词汇包括名称词、称代词、空间词、时间词,4岁儿童使用频率最高的是亲属的称呼名词;在陈述类词中,4岁幼儿使用频率最高的是动作动词;在描述类词中,4岁幼儿使用较多的是数量词,而情态功能类词中使用最多的是"了",其他小类词使用频率较低。[⑥] 姚寒露也在语义分类的基础上研制了5岁幼儿的常用词词表,5岁幼儿常用汉语词汇为2329个,划分为10类33个小类。李云芳也以语义为标准将6岁幼儿的2974个常用词划分为7类,其中最多的是指称类,共有1195个,使用最多的是指称、陈述和描述类词汇。[⑦]

---

① 史慧中.3—6岁儿童语言发展与教育[M]//中国儿童青少年心理发展与教育.北京:中国卓越出版公司,1990:195.

② 李宇明.儿童语言的发展[M].武汉:华中师范大学出版社,1995:101.

③ 转引自陈帼眉.学前心理学[M].北京:人民教育出版社,1989:275.

④ 李宇明.儿童语言的发展[M].武汉:华中师范大学出版社,1995:102.

⑤ 张廷香.基于语料库的3—6岁汉语儿童词汇研究[D].济南:山东大学,2010.

⑥ 谢冉冉.4岁幼儿话语的语义词类研究[D].南京:南京师范大学,2016.

⑦ 李云芳.6岁幼儿的词汇统计及语义分类[D].南京:南京师范大学,2015.

从语义角度进行词汇分类及其幼儿的词汇量和使用频率的研究尚不成熟，还需要更多的研究来充实丰富才能获得较为可靠的结论。

(三)词义的深化

词义由于语言环境的不同，可以区分为 3 种，即日常词义、科技词义和文学词义，学前儿童理解的词义主要是日常词义。在日常生活中也能听到儿童一些具有文学性的话语如"太阳公公睡觉了""小鸟唱歌很好听"，但实际上不是在使用词语的文学意义，而是其思维泛灵论的表现。

儿童最初掌握的词语，都与某一特定的对象相联系，具有专指的性质，比如最早掌握的"爸爸""妈妈"仅指自己的爸爸妈妈，最初理解的"狗狗"也只是自己家那只小狗，这些专指的事物是学前儿童词语的原型。学前儿童以词语原型为基点开始提取词语的语义特征。在原型身上提取若干语义特征后，词义逐步深化发展。

幼儿词义发展的首要特点是词义的泛化、窄化和特化。儿童从词义原型中提取了一个语义特征后把这个词运用到其他事物上就是词义泛化。例如用"苍蝇"指称所有昆虫，用"月亮"指称所有圆形物体等。词义窄化则是词义过于具体化的表现，某些概括性词汇只用来指称词义的原型，比如"车"只是自己的那辆玩具车，"帽子"仅仅指自己出门要戴的那顶帽子。词义特化指儿童的语词指称与目标语言完全不同，例如儿童看到手里举着"小红旗"欢迎外宾的景象，同时听到"欢迎，欢迎"，以后只要见到小红旗就称之为"欢迎"。

幼儿词义发展的第二个特点是语词的语义特征调整。词义的泛化、窄化和特化常常表现于学龄前的早期阶段，随着年龄的增长，儿童对于词义的理解逐渐准确，这个过程即词义的语义特征调整过程。语义调整通过增加或者减少词语的某些语义特征，使泛化内缩、窄化外扩或者改换语义特征实现词的语义特征逐渐靠近目标语义，对词义的理解越来越准确。例如用"虫子"替代"苍蝇"来指称各种昆虫，用"车"指称各种车辆，用"猩猩"替代"毛人"指称各种类人猿动物。

儿童在这个语义特征调整的过程中出现了一些词义理解不准确或应用不当的情况，有学者把儿童正确理解并准确应用的词汇称为积极词汇，理解不准确，特别是应用不当的词汇称为消极词汇。

幼儿词义发展的第三个特征即词义的深化。通过语义特征的调整，儿童的词义逐渐充实和深化，一方面词义从原型意义升华为典型意义，原来特化的或者不合适的原型被更换，泛化和窄化的则增加或者减少语义特征，经过不断地升华，词的语义原型升华为典型，例如苹果成为水果的典型，但凡与苹果有相似特征的果实都会被称为水果。儿童以词的典型为中心形成系列语义特征，构成词的语义，对词义的理解逐渐深化充实。另一方面，词义除了原型典型化外，还开始掌握多义词、同义词、反义词等，特别是到了幼儿末期开始掌握词的隐义或寓意。例如，能理解"东西"不仅是方位词，也是人、事、物的泛指，甚至是厌恶的人与动物的特指。

三、幼儿期句型的发展

词只是语言的构成单位,组词成句才能实现交流的目的。

儿童经过婴儿期的单词句、双词句、电报句阶段,2—3岁时出现具有语法结构的完整句。

(一)句长的发展

衡量儿童语言发展的一个基本指标是句子的长度,即句子的含词量。根据史慧中领衔的十省市的研究①,3—4岁儿童的句子长度含4~6个词汇的占多数,4—5岁的以含7~10个词的句子占多数,5—6岁的儿童,多数句子含词量为7~10个,同时出现了11~16个词汇的句子。

(二)句型的发展

句长不能反映儿童句子的质量,因此需要考察其句子的类型。幼儿期句型的发展主要是从简单句向复合句、无修饰句向修饰句、陈述句向非陈述句的发展。

1.从简单句向复合句发展

根据语法结构可分为简单句和复合句。简单句就是只含有一个主谓结构并且句子各成分都只由单词或短语构成的独立句。复合句则由两个或两个以上意义相关,结构上互不作句子成分的分句组成。

根据史慧中等的研究②,整个幼儿期儿童的句子都是简单句为主,复合句的数量较少,但是增长速度较快,尤其是5岁儿童的复合句增长显著,到了6岁时,简单句和复合句的比例相差不大。简单句又可以分为主谓句和非主谓句两大类,幼儿的简单句以主谓句为主,且主谓句逐年增长,非主谓句则逐渐下降。主谓句中较为复杂的是连动句、兼语句,2—3岁时连动句和兼语句就已经出现,随着年龄的增长,这两类句子增加很快,6岁时连动句是3岁的2.6倍,兼语句是3.68倍。③

复合句在幼儿期数量较少,比例不大。史慧中的研究显示,3岁时复合句只占所有句型的17.43%,6岁时也只是37.15%,且句子结构松散,缺乏连词。④ 已经出现的复合句中联合复句较多,偏正复句很少,联合复句中并列复句为主。条件复句、因果复句和转折

---

① 史慧中.3—6岁儿童语言发展与教育[M]//中国儿童青少年心理发展与教育.北京:中国卓越出版公司,1990:116.

② 史慧中.3—6岁儿童语言发展与教育[M]//中国儿童青少年心理发展与教育.北京:中国卓越出版公司,1990:116.

③ 史慧中.3—6岁儿童语言发展与教育[M]//中国儿童青少年心理发展与教育.北京:中国卓越出版公司,1990:117.

④ 史慧中.3—6岁儿童语言发展与教育[M]//中国儿童青少年心理发展与教育.北京:中国卓越出版公司,1990:118.

复句在5—6岁时增长明显,但所占比例依然不高。这与幼儿连词的掌握和思维水平是相一致的。

2.从无修饰句向修饰句发展

句长的增加不仅在于简单句联合形成复合句,而且在于句子的结构成分在增加,即从主谓宾发展为出现定状补等成分,主谓宾增加了修饰成分。

对于2—3岁的儿童,"小白兔""大灰狼"只是一个词而非两个词,虽然看上去有修饰成分,但实际只是词语的窄化现象。所以其句子是缺乏修饰成分的。3岁后,句子主要成分的修饰性词汇增加,修饰句开始出现,3—4岁是修饰句增长最快的时期,此后修饰句开始占优势。[①] 修饰成分以定语和状语为主,补语还比较少。定语出现较早且使用普遍,补语出现最晚,6岁时才开始出现;状语的使用具有较强的年龄特点,3岁儿童多用行动状语,4岁儿童除行动状语外开始较多使用地点状语,5岁儿童又增加了时间状语。根据黄宪姝、张璟光的研究[②],4岁以前的儿童主要修饰一个成分,到6岁时修饰2—3个句子成分开始成为主流。

3.从陈述句向非陈述句发展

句子根据功能可以分为陈述句、疑问句、祈使句和感叹句四大类。儿童最早使用的是陈述句,整个幼儿期陈述句依然占优势,且叙述句为主,判断句较少,5岁后判断句显著增多,从3岁时的6.3%增长到6岁时的12.8%。[③]

疑问句、祈使句和感叹句在幼儿期开始出现。最早出现的是疑问句,在儿童2岁左右还没有出现完整句时就出现了疑问句。整个幼儿期陈述句增加不多,而疑问句和感叹句数量显著增长,尤其是疑问句的增长尤为显著,祈使句数量始终较少。说明幼儿期语言表达功能在增强。

(三)句子结构的发展

根据句型的发展变化和朱曼殊等对于儿童简单句结构的研究,学龄前儿童句子结构的发展呈现出从混沌一体到逐步分化、从结构松散到结构严谨、从结构压缩呆板到逐步扩展灵活的特点。

1.句子的分化

句子的分化表现在两个方面,一是句子内容的分化。幼儿早期句子的功能主要是表达情感、意动和指物,这几个方面紧密结合且需要动作的辅助,后期随着句子成分的增加,语法意识的萌芽,不同意义的句子逐渐分化。表达愿望、所属、将要发生的事、过去发生的事、正在发生的事等的句子在3岁后分化出来。二是句子中词性的分化。由于词在句子

---

① 陈帼眉.学前心理学[M].北京:人民教育出版社,1989:288.

② 黄宪姝,张璟光.关于三至六岁儿童口语句法结构发展的调查[J].福建师范大学学报:哲学社会科学版,1982(2):134-139.

③ 史慧中.3—6岁儿童语言发展与教育[M]//中国儿童青少年心理发展与教育.北京:中国卓越出版公司,1990:117.

中承担不同的结构成分,其性质也逐渐分化,名词当作动词使用的现象逐渐消失,不同性质的词在句子中开始承担其主要功能,句子的结构逐渐明晰。

2.句子结构逐渐严谨

3 岁前缺失句子主要成分的现象减少,随着主谓宾结构句的出现,句子的基本结构初步形成。介词、助词的使用和副词的大量应用使得句子结构在幼儿期逐渐复杂起来,出现被动句、否定句等句型,同时句子的结构也日渐严谨,例如被动句从缺少"被""把""给"等介词的句式发展为结构严谨的有适当介词的句式。当然,虚词误用、不合语义的搭配偏误、句子存在冗余成分等语言的偏误现象小班较为普遍,大班虽然减少但依然存在。①

3.句子结构扩展灵活化

早期儿童由于词汇较少,语法意识尚未产生,常常以词代句,句子结构不完整,意义表达压缩成词,需要借助语境才能理解。3—4 岁儿童生造短语、模仿句型现象依然普遍,4 岁以后改变句型成为幼儿产生新句型的重要途径,而且随着修饰语的增加和虚词的使用,句法结构扩展到各个成分都出现,5 岁时语句结构趋于完善,主谓倒装、状语后置、宾语前置等句型在 4—5 岁时出现;5—6 岁时儿童句型丰富多样,各种句型都已经出现。② 同一个意义能够使用不同的句型表达,"给""把"字作介词的语句大量出现,有"被"字的被动句和单重否定句也开始出现。③ 2—3 岁时兼语句产生,3 岁后简略的兼语句和典型的兼语句根据语境并列使用,表现出一种句式结构的灵活性。

(四)句意理解的发展

在口语交际中,句意的理解也是儿童言语发展的重要方面。关于语句的理解,一般认为有两种策略,即词序策略和语义(事件可能性或词义)策略。根据研究,儿童早期采用的是事件可能性策略,2—3 岁时尚未习得句语法关系,只能根据主要词汇的意思和语境及其经验来理解语句的意义。3 岁半以后,词序策略开始占优势,这应该得益于语法意识的产生。5 岁以后句法结构日益完善,儿童会将词序策略和语义策略结合起来使用。④

(五)语法意识的产生

对语句理解采用词序策略说明儿童已经习得了最基本的语法结构,当儿童能够完成句子的可接受性任务时,说明儿童产生了句法意识。句法意识是元语言能力的一种,是个体反思句子的内在语法结构的能力,也就是说个体将注意从句子的内容转向了句子的形式。

儿童在 2—3 岁时习得最基本的句法之后很快就萌发了句法意识,4 岁后随着有意性

① 翁楚倩.自主表达语境下学前儿童句法特征研究[D].西安:陕西师范大学,2016.
② 翁楚倩.自主表达语境下学前儿童句法特征研究[D].西安:陕西师范大学,2016.
③ 李宇明.儿童语言的发展[M].武汉:华中师范大学出版社,1995:172-189.
④ 王益明.儿童理解句子的策略[J].心理科学,1985(3):51-56.

的发展,句法意识迅速发展。无论是早期宋正国的句子可接受性判断研究[①],还是龚少英等的句子可接受性和句法修改任务的研究[②],抑或近期张丽莎采用四项任务做的 3—6 岁儿童句法意识的发展特点研究[③],抑显示句法意识在儿童 4 岁以后开始发展,4—5 岁时句法意识水平还较低,5—6 岁是句法意识发展最快的时期,8 岁以后句法意识依然稳步发展。

四、语言运用能力的发展

语言既是交际的工具,又是思维的工具。语言的各个成分是在语言的运用过程中发展起来的,当语言的各要素发展起来后,语言的运用能力自然也发展起来。

语言的运用能力体现在其口语交际功能的发展和语言思维功能即概括与调节功能的发展两个方面。

(一)口语交际能力的发展

语言产生之前,儿童主要借助于动作、表情和身体姿态等工具与他人,主要是养育者进行交流沟通。当语言产生后,迅速替代动作等工具成为主要的交际工具,语言运用能力快速发展。

"儿童的语言运用(language using)是指儿童在学习和获得语言的过程中不断操作和使用语言进行交流的现象。儿童在交往过程中成长起来的语言运用能力主要表现为儿童如何运用适当的语言形式表达自己的交往倾向,如何运用适当的策略开展与他人的交谈,如何根据不同情境的需要运用适当的方法组织语言表达自己的想法。"[④]可见语用能力的发展主要体现在对话活动中。

1. 对话能力的发展

3 岁前儿童的语言运用基本是人际对话,根据周兢的研究,在语言成为交流工具之前,儿童的交流倾向已经显现,交流行为主要是手势、表情与声音。14 个月以后,汉语儿童语用交流行为的清晰度快速增长,语用交往行为类型明显扩展,语用交流行为的核心类型浮现。[⑤]

（1）言语交流倾向的发展

言语交流倾向是交际意图的体现,研究者将其分为讨论、协商、标记(比如标示或者指

① 宋正国.4—8 岁儿童句子可接受性判断能力及其特点[J].心理科学,1992(5):23-29.

② 龚少英,彭聃龄.4～10 岁汉语儿童句法意识的发展[J].心理科学,2008(2):346-349.

③ 张丽莎.3—6 岁汉语儿童句法意识发展特点及其对早期阅读的影响[D].西安:陕西师范大学,2016.

④ 周兢.重视儿童语言运用能力的发展——汉语儿童语用发展研究给早期语言教育带来的信息[J].学前教育研究,2002(3):8-10.

⑤ 周兢.从前语言到语言转换阶段的语言运用能力发展——3 岁前汉语儿童语用交流行为习得的研究[J].心理科学,2006(6):1370-1375.

出某一事物或情绪事件等)和元交流(比如吸引他人注意)四大类 22 个子类。3 岁前所有言语交流倾向大类都已经出现,但主要集中在引导听话者注意力、协商即刻进行的活动、讨论当前共同关注焦点 3 个子类上。进入幼儿期后,所有子类逐渐出现。讨论不在现场的人或物、讨论想象中的人或事物的频率逐渐增加,讨论说话者的情绪与想法、讨论听者想法的使用比率依然较低。

我国儿童的协商类型出现较晚,商议即刻进行的活动在 3 岁前出现,商议将来的活动在幼儿期表现较多,其他如商议物体的所有权、商议成熟的共同关注点、商议想象情境的活动、商议共同意见等在幼儿期都已经出现但频率较低。①

(2)言语交流行为的发展

言语交流行为体现了交际者以何种言语方式与他人进行交流沟通。言语行动类型根据功能被划分为问答系统、指令系统、表述系统、标志系统、评估系统和元语言等六大类 65 个子类,其中大部分在 6 岁前都已经出现,使用频率最高的是问答、指令和表述三大类,有 6 个子类在幼儿期未出现,使用最多的是对特殊疑问句的回答和陈述自己的观点这 2 个子类。

(3)对话技能的发展

早期的语用研究集中在对话过程的分析上,发现儿童的对话技能主要包括话轮转换、发起对话、维持对话和修补四个方面。研究认为婴儿和抚养者之间共同参与的"相互对视"行为即轮流会话的起源,可见轮流的技能产生较早。早期的研究认为,整个幼儿期同伴间的对话尚不能达到与成人对话的话轮转换水平,4 岁前的对话往往是自我中心式的独白语言,不能达到对话的目的。杨晓岚的研究显示,3 岁儿童同一话题下的话轮数量不到 2 个,但整个幼儿期话轮数量持续增长,6 岁时同一话题下的话轮数量达到了 6 个以上。说明幼儿期是掌握对话轮流技能的重要时期。②

根据杨晓岚的研究,幼儿期发起会话的能力有了较大的提高,但是从交流倾向和言语行为的微观角度看,幼儿还不是一个会话的成功发起者。一是自言自语的交流倾向占比较大,二是陈述性言语作为主要的言语行为,不足以发起会话。4 岁以后维持会话的语句数量超过了发起会话的语句,4 岁后维持会话能力快速发展。从会话的交流倾向看,讨论想象情境中的活动和讨论当前关注焦点两类使用较多,建议类的言语行为也在增加,这种变化有助于引发同伴的回应,从而有利于维持会话。③

受到儿童社会认知特别是观点采择能力的影响,幼儿的会话修补能力较弱,还不能进行会话的自我修补,引发他人修补的方式比较单一,主要是请求重复。④

2.讲述能力的发展

对话是一种情境性语言,其意义根据语境和说话者的身体姿态、声音等辅助手段的配合就能相互理解,对语言的连贯性与完整性不作要求。

① 周兢,李晓燕.0—6 岁汉语儿童语用交流行为发展与分化研究[J].中国文字研究,2008(1):139-148.
② 杨晓岚.3—6 岁儿童同伴会话能力发展研究[D].上海:华东师范大学,2009.
③ 杨晓岚.3—6 岁儿童同伴会话能力发展研究[D].上海:华东师范大学,2009.
④ 杨晓岚.3—6 岁儿童同伴会话能力发展研究[D].上海:华东师范大学,2009.

根据皮亚杰的观点,2—7岁儿童的语言可以区分为自我中心语言和社会化语言两类。儿童早期的语言往往是自我中心性质的,即不需要他人回应。儿童最初的单词句、双词句和简单句,虽然没能连句成篇,但由于不需要听者回应,因此属于独白语言的萌芽。

随着人际互动需要的增强,以对话为主的社会化语言逐渐发展。在对话中为了将事情说清楚,儿童开始连句成篇。大约2岁开始使用重复与搭配等词汇衔接手段,3岁后儿童获得语法结构,指称、省略以及问—答结构的语篇衔接手段开始被应用,3—4岁时语篇逐渐生成,开始了讲述活动。[①]

(1)讲述连贯性的发展

语篇的基本特征是连贯。连贯是指每个单句与其他句子的意义相互关联,包括线性连贯和宏观结构连贯。线性连贯指的是句子或一系列句子表达的命题之间形成的连贯,宏观结构连贯指由总摄语篇的主题所代表的语义结构的连贯。语篇中较大的功能块由较小的功能块组成,如果这些较小的功能块在组成较大的功能块时能形成统一体,能共同实现交际者的交际意图,那么语篇就是连贯的。

连贯以句与句之间的衔接为基础,衔接是将同一语篇中相互关联的成分组成一个整体的手段和方式,连贯则是指语篇在语义上的关联。

李甦等以实物为讲述对象进行实验发现,3—5岁是儿童口语表述显著变化的时期。[②]

武进之等人对幼儿看图说话特点的研究显示,2—6岁儿童的讲述内容呈现出从外显的动作、表情到内隐的心理活动,从孤立的、片面的事件到事物之间的联系和事物的各个方面,从行为的结果到行为的过程,从画面的直观到画外想象的发展趋势。4岁后不仅讲述的主动性明显,而且大部分幼儿讲述的连贯性达到了基本连贯的水平,6岁时能够做到比较连贯地讲述。[③] 谢晓琳等认为衔接起来的句子形成话语模式就是篇章的发展,有平行、延伸、交叉和集中四种发展话语模式,4—5岁是儿童语篇的衔接与发展形成的重要时期,5岁时儿童已经达到了衔接和发展的标准,以平行和延伸两种发展模式为主。[④]

(2)讲述逻辑性的发展

当儿童能够围绕主题,按顺序、突出重点地讲述清楚一件事或者一个对象,那么讲述就具有了核心特征——逻辑性。

学龄前儿童的讲述,研究者一般将之区分为空间事物的说明性讲述和时间顺序的叙事性讲述。通常采用看图讲述和生活事件(或观察生活中事物后)的讲述来研究学前儿童讲述能力的发展,其中讲述的逻辑性(以顺序性为核心经验)是讲述能力的关键指标。

综合幼儿讲述能力发展的研究,2—6岁儿童讲述能力的核心即讲述的逻辑性经历了5个阶段:3岁前的讲述只是简单的指认或者罗列,既无关系也无顺序;3—4岁儿童的讲

---

①　汲克龙.两至四岁汉语儿童叙事语篇生成能力的发展[D].北京:首都师范大学,2009.

②　李甦,李文馥,周小彬,等.3—6岁幼儿言语表达能力发展特点研究[J].心理科学,2002(3):283-285.

③　武进之,应厚昌,朱曼殊.幼儿看图说话的特点[J].心理科学,1984(5):8-14.

④　谢晓琳,徐盛桓,张国仕.学龄前儿童篇章意识和篇章能力形成和发展的初步探讨[J].心理科学,1988(5):3-6.

述开始注意到事物之间的联系,但基本是表面的、片断的联系;4—5岁时讲述能够突出主要关系,是讲述能力发展的转折时期;5—6岁时开始关注到讲述对象的整体和事件的拓展,能够围绕主题完整有序地讲述,显示出讲述具有了一定的逻辑性。

（3）讲述的流畅性

讲述的流畅性指个体应用口头语言传递信息的流利程度,是适当的停顿、延长和加速的语流节律特征。口吃是流畅性的病理表现。

口吃的基本表现是说话时经常重复音节或单词、拖长声、经常出现不适当的停顿。调查发现,口吃儿童经常使用较少的词句,避免使用难词或用简单的词替换难词。当口吃严重时交谈可被打断并伴有呼吸不规则、面部及身体其他部位的动作。大多数口吃儿童在唱歌、做游戏、背诵、与动物或熟人交谈时并不口吃。

典型的口吃多发生于学龄前3—5岁时,少数人发生于学龄后期。口吃出现的年龄以2—4岁为多,3—4岁是口吃的多发期。12岁以后口吃不再可能自发性康复,之前的口吃只要造成口吃的原因消失,可以自发康复。

造成口吃的原因是多方面的,除少数口吃患者是生理原因外,大多数学龄前口吃儿童的口吃是心因性的。一是心理紧张造成的紧张性口吃。说话时急躁、激动和紧张都会使得发音器官的控制失调而造成不恰当的停顿、拖延。尤其是4岁以下的儿童,发音器官的自我调控能力还较弱,当发音速度和头脑中词汇组织形成语句的速度不匹配时就会出现不适当的停顿;要么词汇已经组成语句但是还没有做好发音准备,要么已经准备发音了但词汇尚未组成语句。心理紧张会使得发音系统受到抑制,影响发音的流畅性,也可能使得组词成句的认知加工流畅性受到影响。二是模仿与强化造成的习惯性口吃。儿童出现口吃后往往会受到成人的特别关注,有些成人会给予严厉的批评,有些则给予特别的关心,这些反馈无疑都是一种强化;4岁后儿童语言意识产生,强化还会加重儿童心理的紧张,两种原因叠加,口吃会更加严重。口吃儿童的特异性有时还会引起其他儿童的模仿,长期的强化或者模仿就造成了习惯性口吃。

矫正后天心因性口吃的方法:一是解除紧张,二是忽视。解除紧张就要营造宽松的语言氛围,成人对于儿童的语言表达特别是讲述不要过于关注和要求过高。忽视已经发生的口吃现象,口吃行为得不到强化就会自然消退。

（二）语言思维功能的发展

人际交往中的语言是一种发出声音让他人听得见的外部语言。语言从外部的交际工具发展为内部的思维工具是一个不断内化的过程。在这个内化过程中出现的自言自语是外部言语到内部言语的过渡形式。4岁左右,儿童所运用的语言开始从公开变为隐蔽,语句简略压缩,具有不完整性,是典型的内部言语,发挥调节概括的功能。心理活动的有意性,是语言作为内部工具的调节与概括功能的结果。

自言自语产生于2—3岁,主要是一种语言游戏,儿童通过自言自语（语言游戏和模仿）习得语言的语音、语义、语法等语言的形式能力。[①]

---

① 李佳礼. 对2—3岁儿童自言自语现象的研究[D]. 长春:东北师范大学,2009.

根据维果斯基的观点,随着年龄的增长,自言自语的频率呈现倒 U 字形的形态——高峰出现在学前的中期和后期,然后当孩子听得见的自语被低声或听不见的喃喃自语取代后,就逐渐降低了。

多项研究普遍认为,自言自语具有心理调节功能和情感释放功能。幼儿期是自言自语的高峰时期,其自言自语的主要功能是心理调节(思维)功能,且主要发生在解决问题中和游戏中。因此幼儿的自言自语被区分为"问题语言"和"游戏语言"两类。韩波的研究发现,5—6 岁儿童在游戏中自言自语现象依然非常普遍,儿童借助自言自语在自由游戏中进行着行为的调节、想象和自我的表现。[①]

五、读写萌发

根据传统观点,口语先于书面语在出生后逐渐习得,书面语则在口语的基础上通过专门的学习而获得。幼儿期是基本口语时期,而 0—6 岁整个学前期是为读写做准备的阶段。但是自 20 世纪 60 年代提出读写萌发(emergent literacy)的概念后,读写技巧的学习和读写能力的发展从儿童出生时就已经开始了,读写能力的发展是从儿童出生时就开始的一个连续的发展过程的观点得到了广泛的认同。

(一)读写萌发的含义

读写萌发是儿童在正式学习读写之前所具有的关于读写的知识、技巧和态度。它包括早期阅读、前识字和前书写 3 个方面的知识、技能和态度。

儿童早期读写起始于图画书阅读,在阅读过程中逐步提升阅读水平并获得读写文字的经验。

早期阅读是儿童凭借变化丰富的色彩、生动形象的图像、成年人的口语讲述以及相应的语言文字来理解以图画为主的读物的所有活动。

大量研究发现,儿童最初认为文字和图画没有差别;而后儿童尽管能够辨别文字和图画的不同,但是儿童会看着图画而非文字,并利用图画中的信息做出回应;最终,儿童在阅读中将逐渐地从文字中获得信息,产生文字意识、书写意识及其初步技能。

(二)汉字认知与文字意识的萌发

汉字是通过笔画和部件在空间的组合以及位置的变化形成的平面图形。汉字认知一般会在笔画、部件和结构三个层次上予以考察。周兢、刘宝根的研究显示:"汉语学前儿童在阅读图画书过程中逐步建立起有关汉语的文字意识和初步概念。"[②]赵静、李甦的研究则发现:"3 岁儿童较难区分汉字与各类似字符号。4—5 岁儿童对汉字笔画特征有了一定

① 韩波.幼儿园自由游戏情境中 5—6 岁儿童自语研究[D].南京:南京师范大学,2008.

② 周兢,刘宝根.汉语儿童从图像到文字的早期阅读与读写发展过程:来自早期阅读眼动及相关研究的初步证据[J].中国特殊教育,2010(12):66-73.

意识。6岁儿童对汉字组合模式的认识显著提高。笔画意识出现较早且发展速度较快，组合模式意识出现较晚且发展速度较慢。5岁和6岁是汉字字形认知发展的重要时期。"①胡永祥的研究显示，字形意识的萌发包含了部件意识、笔画复杂度意识与结构意识这3个发展过程，部件意识和笔画复杂度意识的萌发发生在中班，结构意识的萌发发生在大班。绝大部分儿童在小班时不具备字形意识，经过中班的发展，到大班时大部分儿童具备了字形意识。总之，学前儿童的字形意识萌发是一个随着年龄增长而逐步发展的过程，字形意识的萌发主要发生在中班。②

汉字部件的组合规则被称为正字法，钱怡等以学龄前儿童为对象的正字法意识发展研究显示，儿童的正字法意识4岁左右才开始萌芽，5岁还未成熟。具体表现为部件与数字的分辨能力发展快于部件缺失意识和部件旋转意识，对假字符合正字法规则性的认识发展较好较稳定，对非字部件位置错误或功能错误的认识处于不断发展的过程。③

(三)前书写能力的发展

研究结果普遍认同，儿童是从涂鸦和图画中学习书写的。日常生活中我们能够观察到大约2—3岁时，儿童开始试着使用纸笔涂画，他们还不能分辨"字"和"图画"的区别，只是能够画一些简单的画。逐渐地，儿童理解了书面语言与图画之间的不同，将书写视作一种沟通和交流的手段，了解到人们在纸上写字以传递信息，并尝试使用自己的方法"书写"。儿童书写行为的萌发通常开始于3—5岁，延续整个学前期或一年级。书写萌发的形式包括但不限于涂鸦、从左到右的涂画、绘图、创造"像字母而非字母"的书写形式，或者创造随机的字母排列等。拼音文字为母语的儿童的书写行为萌发经历了涂鸦、画图、发明字母、随机字母、摹写单词、拼写发展、书写通达7个阶段，起始于2.5岁，6岁时可以达到书写通达的水平，写出短语或者简单句。汉语儿童的书写行为萌发与以拼音文字为母语的儿童的发展阶段相似，也经历了7个阶段，具体表现为无意义的涂鸦，有结构的线条，简单的曲线和符号包括数字、英文字母、箭头等，以图画或者其他简单的字替代目标汉字，像字而非字的符号或抽象的汉字字形，有一些小错误但十分接近正确汉字字形的书写，基本符合规范的汉字字形。④ 根据林永海的调查，学前儿童前书写行为的发展，具体表现为2岁左右的儿童即能开始写字，但与涂鸦是分不开的，3.5—4.5岁和5.5—6.5岁是快速发展的两个时期。⑤

可见书面语言的学习在幼儿期是可行的。莫雷等的实验研究发现，书面语言学习的最佳起步点可以是3岁，识字的敏感期可能在4.5—5岁，阅读的敏感期则在4—4.5岁。⑥

① 赵静,李甦.3～6岁儿童汉字字形认知的发展[J].心理科学,2014(2):357-362.
② 胡永祥.中国学龄前儿童汉字字形意识的萌发[D].福州:福建师范大学,2012.
③ 钱怡,赵婧,毕鸿燕.汉语学龄前儿童正字法意识的发展[J].心理学报,2013(1):60-69.
④ 陈思.汉语儿童前书写发展研究[D].上海:华东师范大学,2010.
⑤ 林泳海,李琳,崔同花,等.幼儿早期书写与书写教育:思考与倡导[J].学前教育研究,2004(3):8-10.
⑥ 莫雷,张金桥,陈新葵,等.幼儿书面语言掌握特点的实验研究[J].学前教育研究,2005(7):29-32.

第五节 皮亚杰认知发展理论概述

一、皮亚杰认知发展理论的基本观点

皮亚杰是儿童心理学建构主义认知发展理论的创建者和主要代表,其儿童认知发展的理论建立在发生认识论的基础上。

(一)智慧起源于动作

皮亚杰认为心理发展是主客体相互作用的建构过程,建构形成结构,结构又不断地建构,使得认知结构从简单到复杂不断发展。建构过程即主客体相互作用的过程,依赖于主体的活动。

儿童最初的活动有两种,一是各种适应外部世界的无条件反射与条件反射,二是身体的不随意运动与随意运动。二者的共同形式是动作,当动作从无意抓握碰触发展为目的—手段的连接后,新的行为方式建立,主客体的协调、客体之间的时空协调开始发展,主体从客体中分离出来使得主体能够反身认知,智慧开始萌芽。

(二)认知发展阶段

皮亚杰认为个体的认知发展是从较为低级、简单的结构向高级、复杂结构逐渐发展的连续过程,同时由于认知结构在不同的年龄具有不同的特点而呈现出阶段性。各个阶段出现的先后次序是固定不变的,不能跨越,也不能颠倒。每个阶段其认知结构都有独特特性,这些相对稳定的特性决定儿童行为的一般特点。

根据认知结构的特性将认知发展划分为 4 个阶段,分别是感知运动阶段(0—2 岁)、前运算阶段(2—6/7 岁)、具体运算阶段(7—11/12 岁)、形式运算阶段(12—14/15 岁),之后认知进入成熟水平。

(三)认知发展的机制

1.认知图式的建构机制

皮亚杰将有组织、可重复的动作模式或认知结构称为图式(schema)。例如吸吮即儿童最初的一种动作图式,动作图式内化即最初的认知结构。图式发展变化的机制是同化与顺应。

同化指对获得的信息进行转化,使其符合已经存在的认知结构的过程。婴儿将新的刺激反应的连接或者动作纳入已有的图式(或认知结构)的过程就是最简单的同化,即用已有的图式或认知结构去把握新动作或新信息的过程。例如刚出生不久的婴儿,已有的动作图式是抓握反射、吸吮反射,故你无论把什么东西放到他嘴里,他都去吸吮;你无论放什么东西在他手上,他都抓住不放。同化是将已有的外在经验加以改变,来迁就已有动作图式或认知结构的过程。同化不会产生新的动作图式或认知结构,不会使图式有质的变化,而只会使图式在数量上有所扩展。

当人们不能用已有的图式来同化外部刺激时,只能改变已有的图式来适应新的刺激。

顺应指个体改变自己已有的动作图式或认知结构以适应新经验的过程。例如婴儿遇到有硬度的食物无法吸入时就要改变原有的动作图式,产生新的动作图式即咀嚼。新的动作图式的加入使得原有的动作图式结构发生质的变化。

通过同化和顺应,有机体的动作图式和认知结构不断丰富,不断从低级向高级发展。

2.认知发展的影响因素

皮亚杰认为,支配认知发展的因素有4个,即成熟、经验、社会环境和平衡。

成熟即生理成熟,主要指神经系统的成熟。皮亚杰认为动作图式的出现,有赖于相应的神经通路和躯体结构的成熟。生理成熟是认知发展的必要条件。

经验指主客体相互作用的结果,包括物理经验和数理逻辑经验。物理经验指个体作用于物体,由主体的动作所产生的有关物体位置、运动和性质的经验。例如从物体性质抽象出来的物体的特性如大小、形状、重量等。物理经验的本质特点是源于物体本身,是物体本身固有的。数理逻辑经验是主体动作之间协调的结果,是对动作协调的反省抽象。例如,5—6岁的儿童从经验中发现,一组物体的总和同它们的空间排列位置无关,也和它们被计数的次序无关。数理逻辑经验不是从客体本身抽象出来的,而是从主体自己施加于客体之上的动作中抽象出来的(即从主体自身的动作中抽象出来的),数理逻辑经验不存在于客体本身。

社会环境主要是指社会生活、文化教育、语言等。皮亚杰认为,社会环境因素是影响认知发展的必要条件,儿童所处的社会环境较好,则使儿童从较低级的发展阶段向较高级的发展阶段发展的速度加快;如果社会环境(教育)不良,则儿童从低级阶段向高级阶段的过渡时间推迟。在社会环境中与他人互动获得的经验称为社会经验。

真正对认知发展起决定作用的是"平衡"。平衡指儿童把来自客观世界的零散知识经验整合成一个统一整体的过程,它是一个在同化和顺应之间求得平衡的过程。平衡的实质是主体内部的自动调节。皮亚杰认为,儿童天生就是环境的主动探索者,他们通过对客体的操作,积极地建构新知识,通过同化和顺应的相互作用达到符合环境要求的动态平衡状态。

当个体意识到现有的认知发展水平和他们知觉到的环境不匹配,就会产生不平衡感,从而带来不快和紧张,促使自身去改变已有的认知结构,向更新、更高级的水平发展。平衡状态只是暂时的,在主客体相互作用中必然产生主客体之间的不协调,从而对认知发展水平感到不满意,于是主体会自动调节,新的平衡过程启动。如此不断地失去平衡到再平衡,认知结构趋向更加复杂和高级。

二、皮亚杰认知发展理论的核心概念

皮亚杰认知发展理论中除了同化、顺应、平衡3个概念外还有一些独有的核心概念,只有理解这些核心概念的内涵才能理解其认知发展阶段的特点。

(一)运算

运算(operation)指头脑中的符号及其构建的观念的操作,它是内化了的动作模式,具有可逆性、守恒性和系统性。

最初的运算是一种表象性的操作。例如,如何将一个广口瓶中的水倒入一个小口径水杯,使得水不会洒在外面。外部动作的操作即使用物品广口瓶、小口径水杯尝试倒水,所谓"卖油翁熟能生巧"。作为运算的头脑中的操作就可以在头脑中借助表象去预测倒水不会洒出的各种可能性,最后确定可以借助于一个上大下小的工具(漏斗)来倒水的方案。然后可以直接去借助物体操作,保证一次成功。头脑中的操作即运算。

幼儿期有简单运算,如 7 可以分解为 1 和 6 或 2 和 5,同样也可以分解为 5 和 2 或 6 和 1。爷爷是爸爸的父亲、爸爸是爷爷的儿子。金丝雀是一种雀,雀是鸟的一种,金丝雀是鸟。鸟包含了雀,有一种雀是金丝雀。如果能够正反表达清楚金丝雀与鸟的关系,则说明具备了运算能力,具有头脑中符号操作的可逆性。

(二)象征符号

象征符号是指儿童用一个物体代替另一个物体实现动作图式的操作形式。例如,幼儿骑一根竹竿当马,坐在小板凳上嘴里喊着"嘀嘀"假装开车,拿两块积木架在脖子上当小提琴拉,其中的竹竿、小板凳、积木就是马、汽车、小提琴的象征符号。儿童认知发展从感知运动阶段向运算阶段过渡,操作从外部动作向头脑内部符号的操作转换,操作对象从实在的物体向头脑中的符号转变的过渡形式就是象征符号。

(三)自我中心

自我中心指儿童只能从他自己的角度看待事物,不知道他人看到的事物与自己不同,因而很难从别人的角度看事物的现象。自我中心表现为言语的自我中心和空间视角的自我中心两个方面。

言语的自我中心是指儿童的谈话往往是非交流性质的,是自己跟自己在说话。尤其是 4 岁前的儿童在对话时往往是各讲各的,4 岁之后这种语言开始减少。

空间视角的自我中心指儿童只能从自己的角度看到事物特征。皮亚杰著名的三山实验就是儿童认知自我中心的最佳例证。

(四)守恒

守恒指儿童认识到一个事物的知觉到的外部特征无论怎么变化,它的根本特征如数、量等始终保持不变。例如珠子的数量不会因为它摆放形式的变化而变化,一杯水的体积也不会因为水杯形状的变化而变化。皮亚杰的研究中有数量守恒、长度守恒、面积守恒、体积守恒。儿童只有明白了长度守恒才意味着真正理解了长度的概念内涵。

(五)可逆

可逆指思维运算从一个步骤运演到另一步骤,同时也能逆向运演。例如小明比小宝高,小宝比小辉高,同时也能确认小辉最矮、小明最高、小宝处于中间状态。这是儿童认知最初的可逆。当儿童能确认自己的左右与对面人的左右互反就是真正的可逆。

三、认知发展的阶段

(一)感知运动阶段

感知运动阶段是认知发展的智慧萌芽阶段。儿童主要依靠感知觉和动作来适应外部世界。

1.目的—手段的建立

这个阶段从无条件反射开始,发展出一系列的新的动作图式。视听协调,开始寻找声源,出现自主性的动作。手眼协调,开始抓弄身边所见的一切东西,进而目的与手段分化,动作表现出目的性,建立目的—手段的协调,即为了抓取某一个物体而伸手或移动身体。

目的—手段的分化、协调因记忆而内化为头脑中的动作表象,在遇到物体抓握不到的困难时,儿童不再反复地抓握,而是用头脑内部的动作表象达到突然的理解与顿悟从而寻找到新办法。例如,儿童面对着一只稍微开口的火柴盒,内有一只顶针,他首先使用外部动作,试图打开这火柴盒,但失败了。接着他停止了动作,细心地观察火柴盒。在观察过程中,他的小嘴巴缓慢地一张一合了好几次(小嘴巴一张一合,是因为表象的力量太弱,须借助动作)。突然他把手指伸进盒内,成功地打开了火柴盒,取出了顶针。

头脑中完成的内部动作的出现,或者解决问题从尝试错误转变为顿悟,是智慧的最初形态,标志着智慧的产生。

2.客体永久性的建立

婴儿最初分不清自我和客体,儿童不了解客体可以独立于自我而客观地存在,只认为自己看得见的东西才是存在的,而看不见时也就不存在了。

客体永久性是指儿童理解了物体作为独立客体而存在,不会因为知觉不到而消失。当物体从眼前消失时(如球滚到了椅子下),婴儿会去寻找它(不再认为它从这个世界上消失了),标志着客体永久性的建立。日常生活中孩子开始玩躲猫猫游戏是其客体永久性的典型表现。客体永久性是感知运动阶段最大的成就,被皮亚杰称为"哥白尼式的革命"。

客体永久性建立之前,婴儿物我不分,不知道自己是世界客体中的一个,所以常常会抓住自己的手脚来吸吮,与身边的玩具、被单的一角没有不同。客体永久性的建立使主体(婴儿自身)开始将身体看作处于空间中的诸多客体中的一个,主客体分化。主体将自身作为客体,在实物动作水平上消除自身(身体的)中心化,开始反身来认识自己和客观世界。消除中心化同符号功能结合,表象或思维的出现成为可能。

(二)前运算阶段

前运算阶段是感知运动阶段到概念性智慧(运算)阶段的过渡期,又被称为自我中心的表征阶段。

1. 象征性阶段(2—4岁)

这个阶段的主要特点就是象征,即以象征性符号为工具进行思维。前一个阶段的动作被简化、概括和符号化,儿童操作象征性符号物体来表征复杂的行为模式,如倒坐在小板凳上,口中喊着"嘀嘀",象征在道路上开小汽车。这个阶段的儿童最典型的活动即象征游戏(角色游戏)。

(1)自我中心

这个阶段儿童认知的典型特征是自我中心,即只能从"我"的角度理解客观事物,不知道他人的理解与自己的不同。儿童虽然已经身体去中心化(客体永久性)了,思维还处在"中心化"的水平。典型的表现就是自我中心的言语,儿童说话时不需要知道说给谁听,谈话时也不能从听者的角度考虑如何讲述,只是根据自己所知来讲述,以为别人也知道自己所知道的。在解释事物发生变化的原因时也往往从自己的逻辑或者愿望出发,例如对"球为什么滚到下面了"的解释是"它不喜欢待在上面"。

(2)泛灵论

由于儿童的思维是自我中心的,因此认为所有的物体都跟自己一样有生命有感情。典型的行为表现就是儿童的绘画中各种物体都有五官,喜欢童话故事,因为童话故事的特点就是万物有灵、生命不死。

(3)转导推理

这个时期儿童对事物的理解是从个别到个别,不知道个别与整体之间的关系。给幼儿呈现5朵红色的花、2朵黄色的花,问幼儿红花多还是花儿多,幼儿的回答往往是红花多。在联系事物时往往也是从个别到个别,因此会出现转导推理。

2. 直觉思维阶段(4—7岁)

直觉思维阶段,去自我中心往前推进了一步,思维能够反映事物的客观逻辑,从个别与个别的关系进展到了个别与整体的关系,能够理解个体和类的关系,但依然受直接感知的影响,呈现出"半逻辑"的思维特点。

(1)不可逆

这个时期由于思维还没有概念化,因此头脑中的操作运演还缺乏灵活性,思维表现出不可逆的特点。最典型的行为表现就是儿童能够进行数的组合和加法运算,但是还不能将运算逆转,例如不知道5+2=7和2+5=7是一回事,更不能理解加法和减法的关系。

(2)不守恒

当面对的知觉形象被破坏,儿童往往就不能正确理解对应关系,所以当排列的珠子重新摆放密集后儿童就难以正确判断其数量,数量作为一个被抽象的特征是受制于外部可知觉的特征的影响的。

同时这个时期的思维依然是单向度的,即不能同时考虑到两个维度,因此只能根据一个维度的变化来判断事物的特征,长度、面积、体积因为外部特征的改变会被认为也改变了,难以达到守恒。一块橡皮泥被搓细拉长就认为它变多了。

直觉思维阶段,象征性游戏急剧减少,概念代替象征符号作为思维的工具开始被应用,对事物相对关系的理解萌芽,出现了一些前科学的概念,例如对于"影子""运动"有了一定的前科学的理解,朴素理论大量表现。

3.分类缺乏等级性

这个时期的儿童能够根据事物的一些主要特征(未必是本质特征)进行分类,但是分类只能是一个维度的,还不能进行等级分类,对于事物的等级关系的理解也有一定困难。例如只能把狗分为大狗和小狗或者卷毛狗、长毛狗和短毛狗等,并不能按等级分类从而涵盖到各种狗。

(三)具体运算阶段

这个阶段,儿童的认知已经克服了中心化的特点,概念成为思维的主要工具,因此克服了前一个阶段思维的诸多局限性,从而达到真正的运算水平,但是依然需要具体形象的支持。

运算虽然还离不开具体事物和事物表象的支持,但具有内化的、可逆的、守恒的、整体性的操作实现了。

1.守恒

这个阶段思维最大的改变就是从单维度发展为至少两个维度,即能够同时考虑事物的两个方面,因此可以实现思维的可逆和守恒。例如,儿童充分理解了小明比小宝高,也即小宝比小明矮,实现了思维的可逆。能够理解一家 3 个男人,有两个爸爸两个儿子的陈述。也能理解一块橡皮泥可以被搓成短而粗的,也能搓成长而细的,但是体积保持不变。

2.序列化

在可逆性(互反可逆性)形成的基础上,借助传递性,能够按照事物的某种性质如长短、大小、出现的时间先后等进行顺序排列。例如给孩子一组棍子,长度(从长到短为 A、B、C、D……)相差不大。儿童会用系统的方法,先挑出其中最长的,然后依次挑出剩余棍子中最长的,逐步将棍子正确地顺序排列。要求在已经排好的序列中插入一根棍子使之依然按序排列,前一阶段的儿童需要依次插入不同的位置,最终找到合适的位置插进去,但是具体运算阶段的儿童会根据经验,与长度最相近的棍子比较后找到合适位置插入进去。

如果问"小王比小明高一些,小明又比小张高一些,那么 3 人之中谁最高?"具体运算阶段的儿童直接回答还是有困难的,他们需要借助于工具例如以木棍代替小王、小明和小张,通过给木棍排序才能判断谁最高、谁最矮。

3.等级分类

给事物分类从早期的单维度分类发展到多维度分类,也能实现按等级分类。例如,能够将班级同学按性别分类的同时又能按身高分类;知道麻雀属于鸟,鸟属于动物,动物属于生物,能将具体的物体排列在一个等级序列中。

4.心理的空间操作

儿童在这个阶段可以脱离实际情境理解事物的相对关系,也就是能够在头脑中进行空间变化,实现心理上的空间操作。因此这个阶段的儿童能够真正理解"左右"概念,明确知晓对面人的左右与自己的左右互反。例如在已经全方位观察了室内情境的情况下,离开屋子后儿童能够正确判断自己在不同位置可以"看"到什么;假设将物体位置互换,儿童依然能够判断在原来位置能够"看"到什么。

（四）形式运算阶段

形式运算阶段的认知是完全意义上的人类的智慧。

形式运算指思维能摆脱具体事物的束缚和表象的支持，把内容与形式分开来，开始进行抽象符号的操作即数理逻辑运算，例如纯粹的逻辑运算、代数运算等。

空间、时间、因果关系、隐喻等能够被理解。思维具有了系统性，是完全意义上的抽象逻辑思维，能够通过假设演绎推理来理解感官无法感知的客观事物及其内部特征。

（五）认知发展阶段的比较

1. 工具的变化和主客体关系的变化

认知发展的本质是思维工具或者主体适应方式的变化以及主客体关系的变化。具体区别如表 5-5 所示。

表 5-5　皮亚杰认知发展阶段的本质区别

阶 段	工 具	主客关系
感觉运动	身体动作	主客体分离、客体永久性
前运算	表象	自我中心、单维度认知
具体运算	符号	借助于表象在多维度中理解事物关系
形式运算	符号	以符号为工具在系统中理解事物及其关系

2. 客体恒常性观念的发展

在感觉运动阶段儿童产生和发展了客体永久性观念，可以认为主体理解了客体存在的守恒；前运算阶段是从对事物外部特征的认知向内部特征的认知发展的过渡期，经过这个时期，到达具体运算阶段，儿童产生了客体的内部特征不会随外部特征的变化而变化的观念，产生量的守恒；到形式运算阶段，高度抽象的符号运算能力形成，因而可以理解客观世界的质能守恒规律，能理解和推论物体的质量不会随着其形状和空间位置的变化而变化。

3. 对客观事物关系的理解

在感知运动阶段，儿童只能根据物体的外部特征如颜色、形状来分类，能够从功能的角度将物体关联起来，理解动作与动作结果间的关系。前运算阶段的儿童可以从功能上或者物体的某个主要特征、关键属性上进行分类，但是只能是单一维度的分类。进入具体运算阶段后，儿童开始理解事物的类包含关系，进而能够进行多重分类。

四、皮亚杰理论的发展

随着皮亚杰理论影响的广泛扩展，验证皮亚杰理论的研究大量出现，后期的研究证明皮亚杰低估了幼小儿童的运算能力，同时又高估了年长儿童的能力。认知发展阶段在形式运算的基础上继续发展,达到辩证思维的阶段。不是每个人也不是每个个体在各个领域都能达到形式运算水平。在研究方法上横断研究逐步被纵向研究取代,儿童的认知发展模式被修正。在理论的应用上,学习源于动作的观点被广泛接受,教育领域的研究一致认同幼儿园和保育室的教育应该是以儿童为中心,为儿童的主动学习创建操作探索的情境。

(一)皮亚杰理论的局限

皮亚杰理论第一局限于认知发展,忽视了非认知因素的发展及其认知发展与非认知发展间的关联;第二局限于理论建构,忽视了理论的教育和社会应用;第三局限于认知发展的宏观规律,即认知发展的普遍性,忽视了个体间认知发展的差异性;第四局限于认知发展的数理逻辑形式,忽视了认知发展的其他本质如信息加工的秩序。

(二)新皮亚杰学派的理论发展

1. 新日内瓦学派的发展

新日内瓦学派接受皮亚杰理论中的传统概念和发展模式,但扩展了内化、结构、适应等概念的内涵与外延;重视应用研究,积极把实验结果运用到教育中,恢复了日内瓦大学重视教育研究的传统,强调教育对儿童认知发展的作用,促使建构主义教学理论产生;把个体认知发展与社会认知发展结合起来,重视社会因素在个体认知发展中的作用,强调社会关系、社会文化的发展功能;在研究方法上重视多变量相互作用情境的创设,强调儿童在实验中的作用。

2. 新皮亚杰学派的发展

新皮亚杰学派指把信息加工观点和皮亚杰发生认识论结合起来而形成的研究儿童认知发展的发展心理学流派。

新皮亚杰学派对认知结构给予综合性定义,区分认知过程的一般过程和特殊过程;认为成熟、教养形式、语言形式、文化训练在认知发展中导致特殊的发展,即在某些领域超越了认知发展阶段;个别差异对整体发展具有重要的影响,例如对工作记忆及其特定加工的影响;文化决定认知高水平结构的内容。

(三)新皮亚杰理论的发展走向

新皮亚杰理论更加重视经验的作用,强调认知发展是渐进的过程;重视智力发展的核心命题如工作记忆、短时记忆、信息处理速度等;守恒任务、类包含任务、概念任务因信息处理能力、认知风格的不同而不同;与各种理论趋向折中,与维果斯基理论融合。

第六节 朴素理论概述

皮亚杰的认知发展理论描述了思维发展的普遍阶段,适合于各个领域。思维运算涵盖儿童对数、时间、空间、重量、道德、分类、因果关系等的理解,认知结构与各领域的内容

无关。然而皮亚杰之后越来越多的认知心理学家和发展心理学家的研究认为并非所有概念的产生都是依据同样结构的,认知发展具有领域特殊性,认知对各领域的知识经验有依赖性。儿童的认知发展是各领域朴素理论的发展。

一、什么是朴素理论

(一)儿童的朴素理论

所谓理论是指人们对客观现象的解释,主要回答"为什么",不同于心理表征主要回答"是什么"。理论既可以是哲学层次的对客观世界的总括解释,也可以是具体学科层次的对某一领域现象的解释。

朴素理论(naive theory)是人们对客观世界的内在机制的解释,是人们认识世界的非科学理论、非正式理论。它与科学理论、成熟理论、正规理论相对应。

儿童尤其是学前儿童不可能获得科学理论或者正规理论,但是不代表他们对客观世界没有自己的解释。

儿童的朴素理论指儿童对于日常生活中观察到的客观现象的非科学、非正规的理解和解释。

某一领域的朴素理论一般包含 3 个要素,即理论的认知对象、一组相互关联的概念、一组因果解释。例如关于生物的朴素理论总是涉及动物、植物等对象,不会和磁铁、物体的沉浮等混在一起。

(二)儿童朴素理论的特点

1. 儿童的朴素理论是框架性的

儿童的朴素理论和科学理论的主要区别就是儿童的朴素理论只是一个框架。在结构上与科学理论有相似之处,比如有确定的对象、有概念以及概念间的关系和因果解释。但是儿童的朴素理论在具体内容和细节上是不明确的,也缺乏文化的认同,甚至往往是个人性的。

2. 儿童的朴素理论具有内部一致性

儿童某一领域的朴素理论从对象到概念到因果关系是相互关联的,与其他领域又是相互独立的。例如儿童的心理理论主要涉及信念、愿望与行为的关系,对于某种人的行为往往从愿望的角度解释而非物理的角度解释。例如对于动不了的玩具会认为是掉下去摔坏了,对于动不了的猫咪会认为是生病了。

3. 儿童的朴素理论具有日常性

儿童的朴素理论来源于日常生活中习得的经验,是形成性的,所以其解释往往是不科学的,甚至是错误的,距离科学理论还有很大的差距。例如,儿童的朴素理论观点和证据之间存在着明显的不协调。同时其发展是长期的、缓慢的,不可能借助于一两次教育活动就能改变其理论。或者说儿童对其朴素理论具有"坚定的信念",当儿童面对其理论不能解释的"反例"时,不是改变其理论而是创造或者否认观察到的特性。

二、儿童的核心朴素理论

（一）儿童的朴素物理学理论

朴素物理学是指人们对物理实体、物理过程、物理现象的直觉认识。儿童的朴素物理理论主要是对物理运动现象如物体的碰撞、物体的滚动等现象的朴素解释和预测。

婴儿在最初几个月就表现出对于最基本物理现象如遮挡、支撑、碰撞的理解。

儿童的朴素物理理论研究主要是儿童对物理学各个分支的基本概念的认知，即力和运动、能量、热、光、声、电、天文现象等，其中对力学概念的研究最丰富和详尽。

皮亚杰开创了儿童物理运动力学认知的研究，发现儿童对于力的解释有 6 种观点：力就是运动；自己能动的东西就有力，反之则无力；力是有意图有价值的动作；力是搬运物体的动作；能持久支撑就有力；力和大小轻重有关。

鄢超云的研究认为儿童的朴素物理理论是一个有着不同层级的理论框架；儿童的朴素物理理论与证据，部分是协调的，部分是不协调的；儿童的朴素物理理论具有一定的内聚性；儿童对于自己的物理理论是缺乏意识和反省的；定性的描述性物理理论强于定量的解释性物理理论。[①]

关于影子的特征与形成也是儿童物理理论中最重要的内容之一。孙乘的研究发现4—6 岁儿童对于影子的认知有 4 个水平：对影子没有或很少有意识；认为影子是物体的一部分或者是物体的一种属性；意识到光源的作用；对影子有了比较正确的认识，即知道光不能到达的地方，产生影子。[②]

（二）儿童的朴素心理学理论

儿童的朴素心理学理论是指个体对他人和自己心理状态（如需要、信念、意图等）的认知，并由此对相应行为做出因果性预测和解释。儿童最先理解愿望与行为的关系，然后理解信念以及错误信念，最后是伪装的情绪。儿童心理理论产生的敏感期大约在 4 岁。

（三）儿童的朴素生物学理论

心理学家将幼儿能够区分生物和非生物，能对该领域的现象进行非意图的因果性解释，他们的因果认知和推理具有内在一致性作为判断朴素生物理论的依据。

生长、衰老、遗传、疾病、死亡等是朴素生物学理论的核心主题。朱莉琪等的多项研究显示学前儿童已经能够区分生物与非生物，对于生长、衰老等生命现象有所认知与解释，

① 鄢超云.朴素物理理论与儿童科学教育——促进证据与理论的协调[D].上海：华东师范大学，2004.

② 孙乘.4—6 岁幼儿对影子现象的认知发展研究——基于朴素物理理论的视角[D].长春：东北师范大学，2011.

不会以心理意图来解释生物的生长与衰老。①② 马磊以调查访谈的方法研究发现③,学前儿童的朴素生物学理论发展的特点是:3—4 岁是幼儿初步积累相关经验和理论萌芽的阶段,此阶段的幼儿能够对生长和疾病进行解释,并可以预测,他们开始认识到生长和疾病不受人的意图控制;4—5 岁是幼儿经验进一步积累和理论发展的阶段,幼儿能够依据自己的解释对生物与非生物进行区分;5—6 岁是幼儿形成理论雏形的阶段,幼儿能够理解生长和疾病的内在属性(如生长的不可逆性、疾病的传染性等);6 岁时,幼儿的朴素生物学理论已经稳定。

三、儿童朴素理论的教育启示

(一)尊重幼儿的朴素理论

婴幼儿是"摇篮里的科学家",尽管其理论有诸多的不科学性,但不能以成人的眼光来理解儿童的朴素理论,不能把儿童的朴素理论当作"胡说八道"或者是肤浅的、表面的看法而忽视。要认识到儿童的朴素理论也是一种试探性的假设,教育者应该予以尊重。

教育者应该去了解、理解儿童的朴素理论,不能低估儿童的认知发展。关注儿童已有的想法和认知的需要,不局限于具体形象来满足儿童的认知发展需求,鼓励儿童以讨论、交流的方式在同伴和成人的支持下去发展其朴素理论。

(二)唤醒幼儿的朴素理论

儿童对于自己的朴素理论是没有意识到的,也是不能够反思的。因此需要教育者唤醒儿童的朴素理论,使其意识到自己的朴素理论,在儿童不断的扬弃中发展朴素理论。围绕问题、作品、情境等对话的方式,启发儿童意识到自己的朴素理论。

(三)挑战幼儿的朴素理论

教育者不能停留在尊重和唤醒的层次。教育是促进个体发展的实践活动,儿童的朴素理论又是前科学的、不正规的,也是有诸多错误的,所以需要教师经过挑战其朴素理论促进儿童的发展。

儿童的朴素理论具有忽视与理论相反的证据的特点,需要教师质疑和挑战以促进其发展变化。

---

① 朱莉琪,方富熹.学前儿童"朴素生物学理论"发展的实验研究——对"生长"现象的认知发展[J].心理学报,2000(2):177-182.
② 朱莉琪,方富熹.学前儿童对生物衰老的认知[J].心理学报,2005(3):335-340.
③ 马磊.幼儿朴素生物学理论发展的调查研究——以生长和疾病为例[D].桂林:广西师范大学,2011.

【案例分析】

1.案例一

材料:幼儿教师在给小班孩子讲故事时,讲到"大象用鼻子把狼卷起来",总是用手做出"卷"的动作,说到"大象把狼扔到河里去",又用手做出扔的样子,孩子们也学着老师的样子做出相应的动作。请问老师为什么要这样做?

分析:小班幼儿的思维还具有直观行动性,需要借助于动作及其形象的支持来理解语言描述的内容。

2.案例二

材料:离园时,3岁的小凯对妈妈兴奋地说:"妈妈,今天我得了一个'小笑脸',老师还贴在我的脑门儿上了。"妈妈听了很高兴。连续两天,小凯都这样告诉妈妈。后来,妈妈和老师沟通后才得知,小凯并没有得到"小笑脸"。请问如何理解小凯的说谎行为?

分析:小班幼儿还不能将记忆表象与想象表象区分开来,愿望性想象强烈,因此常常将现实与想象混淆,表现出认知性说谎,即不是为了达到某种目的有意识说谎,认知性谎言与道德无关。

3.案例三

材料:佳佳今年4岁,是个非常听话的小女孩。可是有一天吃午饭时,由于心爱的小狗不见了,佳佳哭了很久。起初妈妈还耐心地劝她,可后来妈妈有些不耐烦了,就说:"你再哭,小狗就永远也不回来了!"佳佳一听,越哭越凶,使平时一向认为佳佳是个乖女孩的妈妈觉得无法理解了。如何理解佳佳的行为呢?

分析:幼儿的理解能力有限,具有表面性的特点,因此还不能理解隐含假设意义的"反话",如"如果还哭小狗就不回来了"。同时幼儿的认知容易受情绪的影响,在情绪强烈的情况下,幼儿只听到了"小狗不回来了",为此更加伤心大哭。

4.案例四

材料:我们经常发现这样一种现象,即幼儿教师花大力气教幼儿记住某首儿歌,有时候孩子们不能完全记牢,但他们偶尔听到的某首童谣,看到的某个电视广告,只需一两次就会熟记心中。为什么会这样?

分析:幼儿的记忆以无意记忆为主,且无意记忆的效果优于有意记忆,因此对于朗朗上口的童谣和具体形象的广告能够有效地无意记忆。

【拓展阅读】

陈英和.认知发展心理学[M].北京:北京师范大学出版社,2013.

陈帼眉.学前心理学[M].北京:人民教育出版社,2003.

方格,方富熹,刘范.儿童对时间顺序的认知发展的实验研究Ⅰ[J].心理学报,1984(2):165-173.

林崇德.学龄前儿童数概念与运算能力发展[J].北京师范大学学报,1980(2):67-77.

李文馥,赵淑文.3—4岁初入园小班儿童几何图形认知特点的研究[J].心理科学,1991(3):17-21.

刘金明,阴国恩.儿童分类发展研究综述[J].心理科学,2001(6):707-709.

樊艾梅,李文馥.3—6岁儿童层级类概念发展的实验研究[J].心理学报,1995(1):28-36.

陈红香.三至六岁幼儿创造想象发展的调查分析[J].学前教育研究,1999(4):39-40.

李春丽,王小平,王佩,等.3—6岁幼儿创造想象研究——基于幼儿绘画作品的分析[J].教育导刊:下半月,2015(8):28-31.

朱曼殊,华红琴.儿童对因果复句的理解[J].心理科学,1992(3):1-7.

周兢.重视儿童语言运用能力的发展——汉语儿童语用发展研究给早期语言教育带来的信息[J].学前教育研究,2002(3):8-10.

高艳艳.5—6岁幼儿故事复述能力的研究[D].西安:陕西师范大学,2008.

【知识巩固】

1.判断题

(1)由于幼儿的机械记忆能力强,所以在无所用心中就能无意识记。　　　　　(　　　)

(2)幼儿的记忆以无意记忆为主,因此还不掌握记忆策略,教师将记忆方法的学习设定为教育目标就是揠苗助长。　　　　　(　　　)

(3)想象就是头脑中表象的重组与改造产生新形象的过程,因此想象具有天马行空的夸张特点。　　　　　(　　　)

(4)幼儿创作出《月亮上边荡秋千》的绘画作品,是创造性想象的结果。　　(　　　)

(5)幼儿期,语言在思维中的作用逐渐加强。　　　　　(　　　)

(6)幼儿的思维具有泛灵论的特点,因此不能区分生物与非生物。　　(　　　)

(7)插图可以帮助幼儿理解故事内容,但是随着年龄的增长插图的支持效果在下降。

(　　　)

(8)点数后能够说出物体的总数标志着数概念的形成。　　　　　(　　　)

(9)幼儿期是语音发展的关键期,因此幼儿园应该开设英语课程。　　(　　　)

(10)皮亚杰认为社会文化环境(教育)是个体认知发展的充分必要条件。　(　　　)

2.选择题

(1)影响幼儿有意识记的主要因素是(　　　)。

A.客观刺激物的特征　　　　　　　　B.客观事物与幼儿的关系

C.记忆的意识水平和活动动机　　　　D.幼儿的理解水平

(2)记忆策略的产生年龄大约是(　　　)。

A.2—3岁　　　　　B.3—4岁　　　　　C.4—5岁　　　　　D.5—6岁

(3)幼儿绘画中的人物常常呈现出蝌蚪人的形态,即头很大身体很小。这说明幼儿的想象具有(　　　)。

A.无意性　　　　　B.再造性　　　　　C.新颖性　　　　　D.夸张性

(4)幼儿最难形成的空间方位概念是(　　　)。

A.上下　　　　　B.左右　　　　　C.前后　　　　　D.里外

(5)幼儿最先能够正确判断的时间单位是( )。

A.早晨、中午、晚上   B.昨天、今天、明天

C.时、分、秒   D.去年、今年、明年

(6)皮亚杰的三山实验证明了幼儿的认知具有( )特点。

A.守恒   B.协调   C.可逆   D.自我中心

(7)幼儿经过探索能够理解影子的产生是因为光源被遮挡了,说明幼儿形成了( )。

A.光学知识   B.物理知识

C.光影概念   D.朴素物理理论

(8)3—4岁儿童发音错误的现象还比较普遍,汉语儿童最常见的发音错误集中在( )。

A.元音   B.辅音   C.清音   D.浊音

(9)下列不属于词义理解常见错误的是( )。

A.词义泛化   B.词义窄化   C.词义特化   D.词义深化

(10)根据皮亚杰的认知发展理论,当儿童能够玩躲猫猫游戏时,说明认知结构形成了( )特征。

A.象征性   B.客体永久性   C.可逆性   D.守恒性

3.简答题

(1)举例说明幼儿具体形象思维的特点。

(2)简述幼儿讲述能力的发展水平。

(3)简述皮亚杰认知发展理论的基本观点。

4.论述题

试论述幼儿朴素理论的教育启示。

【实践应用】

1.案例分析

实例一:幼儿绘画3幅,一幅是医院打针的画面,但是针管画得很大,几乎占了画面的三分之二,人物却很小;一幅是会餐的画面,长长的餐桌是一条线,线后是并排的很多人;一幅是吃西瓜的画面,大大的西瓜几乎是画面的一半,遮挡了吃西瓜小朋友大半的脸,其身体则是短短的4个线段而已。

问题:从认知发展的角度如何理解幼儿的3幅画?

实例二:教师出了一道数学题目:"从前面数小红排在第四,从后面数小红排在第三,请问这一队一共有几个小朋友?"

问题:幼儿怎样才能获得正确答案,为什么?

实例三:《3—6岁儿童学习与发展指南》中语言子领域一的目标2关于引导幼儿清楚地表达的建议二是"当幼儿因为急于表达而说不清楚的时候,提醒他不要着急,慢慢说;同时要耐心倾听,给予必要的补充,帮助他理清思路并清晰地说出来"。

问题:幼儿说话特别紧张时会出现何种表达障碍?原因是什么?上述建议可行吗?

实例四:中班幼儿根据计划要学习"溶解",老师提供了方糖、盐、面条、大米、小石头、雪花片、小积木等和盛有水的水杯让孩子们玩,并提出观察要求。然后请孩子们说一说各

自的发现。

问题:这位老师的做法适宜吗? 为什么?

2. 尝试实践

(1)观察不同年龄段幼儿的建构游戏过程,对其解决问题的过程进行仔细观察与描述,然后应用幼儿思维发展的特点予以分析。(观察记录表参见第三章)

(2)以6人为一组,跟踪观察幼儿园小班、中班和大班幼儿男女各一位一天,将其一天中的语言全部记录,对每个幼儿的语音、词汇、句型进行整理,然后进行年龄和性别的比较,分析其语言发展的特点。

第六章

3—6 岁儿童社会性的发展

【学习目标】

知识目标：

1. 能够举例说明幼儿情绪情感发展的主要成就；
2. 能够举例说明幼儿自我意识各要素的年龄特点；
3. 能够列表呈现幼儿社会认知、社会行为的发展成就；
4. 能够举例说明幼儿性别概念、性别角色观念的发展以及性别角色行为的差异。

技能目标：

1. 能够根据幼儿情绪情感发展的特点提出指导幼儿获得安定愉快情绪的建议；
2. 能分析幼儿社会认知、社会行为和性别角色行为的实例；
3. 能根据幼儿自我意识的发展特点针对个别案例的实际情况提出相应的教育策略。

情感目标：

1. 能够产生与幼儿互动的愿望；
2. 萌发观察、理解、研究幼儿社会性特征的兴趣；
3. 体验根据幼儿社会性发展指导幼儿同伴互动、师幼互动的专业成就感。

【问题导入】

实例材料一：

睿睿已经 3 岁了，打针的时候他一边闭上眼睛不看护士给他扎针，一边嘴巴里说："我是男子汉，我不怕打针。"但是眼泪却止不住地流了下来。

问题：

从幼儿情绪发展的角度如何分析睿睿的行为？

实例材料二：

实习生小王喜欢研究孩子，在带班期间的一次晨间谈话时，她给孩子们一个话题：你是怎样的一个孩子，为什么？于是孩子们开始踊跃谈论这个问题。"我是一个好孩子，因为老师说我是好孩子，还给我奖励小红花了。""我是一个乖孩子，因为妈妈叫我乖宝宝。""我是一个男子汉，因为爸爸经常说我是小小男子汉。"

问题：

从孩子们的回答中你能总结出怎样的自我评价特点？小王老师带的是哪个年段的孩子？

实例材料三：

妈妈和 4 岁的笑笑看图画书《母鸡萝丝去散步》，看到"绕过池塘"那一页时，妈妈问笑笑，母鸡萝丝知道狐狸跟在后面吗？笑笑回答说："妈妈，你傻呀，母鸡萝丝当然不知道了，如果知道的话，它还能那么淡定吗？"

问题：

请从儿童社会认知发展的角度分析笑笑的回答。

实例材料四：

早晨自由活动时间，一群男孩子在玩交通警察的游戏，有的在开车，有的在指挥交通，忙得不亦乐乎。女孩欣欣开着一辆"小轿车"过来了，交通警察温玉玺（男）举起红色旗子示意欣欣停车。这时男孩鑫龙跑过来对欣欣说："这是我们男孩的游戏，你是女孩子，不能和我们玩，快去你的娃娃家吧。"

问题：

请从性别角色的发展角度分析孩子们的言行。

【内容体系】

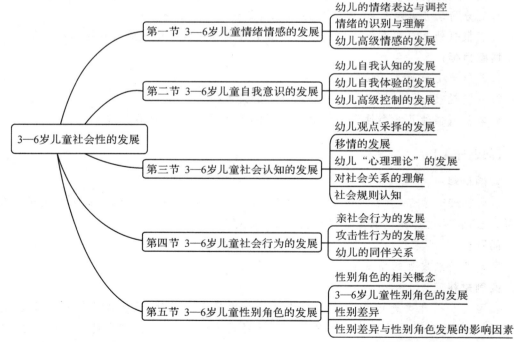

随着主要活动环境从家庭转入幼儿园，3—6 岁儿童在充分的人际互动中，其社会性各个方面如情绪能力、社会认知、社会行为、自我意识等都得到了快速发展。

第一节 3—6 岁儿童情绪情感的发展

幼儿期情绪情感的发展可以从自身情绪情感的表达与调控、对他人情绪的识别与理解两个角度去分析。

一、幼儿的情绪表达与调控

(一)情绪表达与调控的发展趋势

幼儿期情绪体验及其表达与调控的发展变化非常显著,幼儿初期和幼儿晚期有很大的区别,总体上呈现出日益社会化、丰富化、内隐化和深刻化的趋势。

1.幼儿情绪发展的社会化

幼儿最初的情绪是与生理需要相联系的,随着年龄的增长,情绪逐渐与社会性需要相联系,社会化成为幼儿情绪情感发展的一个主要趋势。

(1)情绪的社会性交往成分不断增加

情绪由内部感受(体验)、生理反应和外部的行为表现构成。儿童最初的情绪表达是一种内部感受的直接表现,随着年龄的增长,外部表现与内在感受体验的直接关系逐渐弱化,情绪的社会性交往因素不断增加。例如早期的微笑只是一种独自微笑,是主观体验的直接表现,并不需要他人的回应,但是幼儿期的微笑往往是一种人际沟通,是对老师、同伴有意识的微笑,通过微笑来实现人际交往。

(2)引起情绪反应的社会性动因不断增加

情绪是需要是否满足的一种体验及其表现。3—4 岁幼儿,情绪的动因处于从主要是生理需要向主要是社会性需要的过渡阶段。在中大班幼儿中,社会性需要的作用越来越大。幼儿期归属的需要、尊重的需要、爱的需要开始占主导地位,非常希望被人注意,被人重视和关爱,要求与别人交往。与人交往的社会性需要是否得到满足及人际关系状况如何,成为幼儿情绪产生的主要动因。

2.情绪的丰富化

(1)情绪过程越来越分化

随着年龄的增长,情绪不断分化、增加,幼儿期在自我意识情绪如自豪、羞愧等基础上分化出更多的由于归属与爱的需要、求知与审美需要是否得到满足而产生的复杂情绪如嫉妒,以及高级情感如美感、理智感等。

(2)情绪指向的事物不断增加

有些先前不引起幼儿体验的事物,随着幼儿年龄增长,开始引发其情绪情感体验。例如,2—3 岁的幼儿不太在意小朋友是否和他一起玩;但对中大班的幼儿来说,小朋友的孤立,以及成人的不理,特别是误会、不公正待遇、批评等,会使幼儿非常伤心。随着认识范围的扩大,幼儿的情绪指向的事物范围也在不断扩大。

3. 情绪情感的深刻化

情绪情感的深刻化指情绪从来源于对客观事物的表面特征的认识到来源于对客观事物内在特征的认识。幼儿情绪情感的深刻化,是认知发展水平不断提高的结果。因为情绪情感是人与客观事物关系的反映,是认知评价的结果。根据情绪与认知过程的联系,情绪的深刻化表现出按如下顺序变化的趋势。

(1)与感知觉相联系的情绪

与生理性刺激联系的情绪,多属此类。例如,婴儿听到刺耳的声音或身体突然失持,都会感到痛苦和恐惧。

(2)与记忆相联系的情绪

陌生人表示友好的面孔,可以引起 3—4 个月婴儿的微笑,但对于 7—8 个月的婴儿,则可能引起惊奇或恐惧。这是因为前者的情绪尚未和记忆相联系,而后者则已有记忆的作用。没有被火烧灼过的婴儿,对火不产生害怕情绪,而被火烧灼过的幼儿,则会产生害怕情绪。儿童的许多情绪都是条件反射性质的,也就是和记忆相关联的情绪。

(3)与想象相联系的情绪

幼儿常常由于被告知蛇会咬人、黑夜有鬼等,而产生怕蛇、怕黑等情绪,这些都是和想象相联系的情绪体验。

(4)与思维相联系的情绪

5—6 岁幼儿理解到病菌能使人生病,从而害怕病菌;理解苍蝇能带病菌,于是讨厌苍蝇。这些惧怕、厌恶的情绪,是与思维相联系的情绪。

幽默感是一种典型的与思维发展相联系的情绪体验。3 岁幼儿看到鼻子很长的人,眼睛在头后面的娃娃都报之以微笑,这是幼儿理解到"滑稽"状态,即不正常状态而产生的情绪表现。幼儿会开玩笑,即出现幽默感的萌芽,是和他开始能够分辨真假相联系的。

(5)与自我意识相联系的情绪情感

受到别人嘲笑而感到不愉快,对活动的成败感到自豪、焦虑,对别人的怀疑和嫉妒等,都属于与自我意识相联系的情感体验。这种情感的发生,更多地决定于主观认知因素,而不是事物的客观性质。

随着认识的深化,高级认知机能的发展,引起情绪体验的原因越来越指向事物的内部特征,情绪情感的深刻性不断提高,因而情绪情感逐渐稳定与内隐。

4. 情绪的内隐化

随着年龄的增长,幼儿对情绪过程的自我调节能力越来越强,情绪的冲动性减少,情绪表达逐渐稳定、内隐。

(1)情绪的冲动性逐渐减少

随着幼儿脑的发育及语言的发展,情绪的冲动性逐渐减少。幼儿对自己情绪的控制,起初是被动的,即在成人要求下,由于服从成人的指示而控制自己的情绪。到幼儿晚期,对情绪的自我调节能力逐渐发展。成人经常不断地教育和要求,以及幼儿所参加的集体活动和集体生活的要求,都有利于幼儿情绪调控能力的培养,可以增强幼儿控制自己情绪的能力,减少冲动性。

(2)情绪的稳定性逐渐提高

幼儿的情绪不稳定,与其情绪具有情境性有关。幼儿的情绪常常被外界情境所支配,某种情绪往往随着情境的出现而产生,又随着情境的变化而消失。例如,新入园的幼儿,看着妈妈离去时,会伤心地哭,但妈妈的身影消失后,经老师的引导,很快就愉快地玩起来。如果妈妈从窗口再次出现,又会引起幼儿的不愉快情绪。

幼儿晚期情绪比较稳定,情境性和受感染性逐渐减少,这时期幼儿的情绪较少受一般人感染,但仍然容易受亲近的人,如家长和教师的感染。

(3)情绪从外显到内隐

随着言语和幼儿心理活动有意性的发展,幼儿逐渐能够调节自己的情绪及其外部表现。情绪的内隐性主要表现为能根据成人的要求或习俗规则控制情绪不直接表露出来。幼儿调节情绪外部表现的能力的发展比调节情绪本身的能力发展得早。往往有这种情况,幼儿开始产生某种情绪体验时,自己还没有意识到,直到情绪过程已在进行时,才意识到它。这时幼儿才记起对情绪及其表现应有的要求,才去控制自己。幼儿晚期,能较多地调节自己情绪的外部表现,但其控制自己情绪的表现还常常受周围环境的左右。

(二)幼儿情绪调节策略的发展

1. 情绪调节策略的发展

情绪调节(emotional regulation)是个体在对自身和外界环境认知、理解的基础上,调节和管理自身情绪状态,以达到适应外界情景变化和自身需要的过程。

陆芳、陈国鹏等研究认为幼儿的情绪调节策略有以下6种:自我安慰("妈妈很快就回来了,我不怕")、替代活动、被动应付(看到害怕或恐怖场景时闭眼睛或者注意其他地方)、发泄、问题解决和认知重建("小狗没有真的死掉,只是跑到其他地方去了")。研究发现在面临消极情境时,幼儿会较多运用替代活动的调节策略,较少运用发泄的调节策略,且已出现认知重建的调节策略。[①]

幼儿情绪调节能力与其认知能力、运动能力和社会技能的发展密切相关,而且随着年龄的增长,所使用策略也逐渐丰富和恰当。

随着运动能力的发展,情绪调节策略从婴儿时期的吸吮手指之类的行为,到控制视觉注意如转移视线,再到行为回避如蒙上眼睛,转过身去等,主动性不断增强。

随着社会认知能力的提高,情绪表达从本能式的哭闹反应到根据社会文化所要求的情绪表达规则,发展出情绪的掩饰、替代等调节策略。

年幼儿童大多只使用某种单一的方式来调节情绪,且主要依靠照料者提供支持性的情绪调节策略,幼儿期逐渐发展出适当的调控情绪的技巧,到儿童期时能根据自己对事件可能结果的预测和控制程度,越来越灵活地独立运用各种不同的情绪调节策略。

① 陆芳,陈国鹏.学龄前儿童情绪调节策略的发展研究[J].心理科学,2007(5):1202-1204.

2. 情绪掩饰

调节情绪的自然发生和冲动表达,使儿童在文化上以更加恰当的形式进行表达,是儿童社会化的中心任务之一。情绪掩饰(emotional dissemblance),表现为两个方面,即广义的情绪掩饰和狭义的情绪掩饰。广义的情绪掩饰即情绪调节,涉及社会文化所要求的情绪表达规则的运用,如"当有人给你礼物,你要表现得高兴,即使你不喜欢它"。最常见的情绪表达规则有夸大、弱化、掩饰、替代。狭义的情绪掩饰是策略性欺骗的运用,即为了趋利避祸有目的有意识地掩饰自己的真实情绪体验。

研究发现,3岁幼儿能够放大他们的情绪表达,即能应用夸大的表达规则了,例如幼儿在操场上遇到小灾祸时,当他们意识到老师在注意他们时比老师没有注意他们时更容易哭泣。幼儿情绪表达规则的应用常常是在成人的指导和要求下进行的,6岁时儿童才能有意识地使用掩饰与替代规则。

二、情绪的识别与理解

情绪通过外部的行为反应表达出来,外部的行为反应主要包括面部表情、身体姿势和言语的语气语调。面部表情通过眉眼、嘴唇和颜面部肌肉的变化来表达情绪,身体姿势结合动作如紧握拳头、招手、点头等来表达情感态度,语气语调和语速的变化也是情绪反应的重要方式。儿童出生后就处在丰富的情绪反应的环境中,Izard的研究表明面部表情识别能力在2—6岁阶段快速发展,6岁就能趋近成熟。[①]

(一)情绪识别能力的发展

1. 基本情绪识别

情绪识别主要有指认和命名,以高兴、伤心、生气、惊讶、害怕、厌恶等基本情绪为主要识别内容。多项研究显示,3—5岁是儿童情绪识别快速发展的时期,到6岁时其情绪识别的水平趋于稳定。幼儿首先能够识别的是高兴的情绪,惊讶、害怕和厌恶情绪的识别水平低于高兴和生气、伤心的情绪。对于消极情绪的表情识别能力低于积极情绪。面部表情的识别能力最好,身体姿势表情次之,声音表情的识别能力最弱。情绪识别在幼儿期不存在性别差异。

儿童指认表情的能力优于命名表情的能力,给情绪命名(情绪标签)的能力,受言语水平尤其是词汇量的影响。有研究表明,3岁儿童的情绪命名能力还很低,对于6种基本情绪基本不能标签,4岁和5岁儿童对于高兴、愤怒和悲伤的面部表情标签能力持续提高,5岁后相对稳定;3—6岁儿童对于惊奇和恐惧表情的标签能力稳步提高,5岁时提高速度增快。整个幼儿期都不能标签厌恶的面部表情。[②]

---

① 何阳美.3—5岁幼儿表情识别能力的发展研究[D].大连:辽宁师范大学,2018.
② 王振宏,田博,石长地,等.3—6岁幼儿面部表情识别与标签的发展特点[J].心理科学,2010(2):325-328.

2.对混合情绪的理解

混合情绪理解能力指个体意识到同一情景可以同时诱发两种不同的甚至矛盾的情绪反应的能力。研究表明,5 岁幼儿对冲突情绪的理解仍然有困难;到了 6 岁,幼儿开始知道同一客体可以引发一种以上的冲突情绪。

哈里斯等设计了非常精巧的实验来探索儿童对混合情绪的认识发展过程。首先,他们设置能产生混合情绪的复杂情境,发现 6 岁儿童往往会选取其中一种情绪。于是,他们把实验拆分,将同一个情境拆成积极情绪版本和消极情绪版本进行研究。结果发现儿童都能够准确理解各自版本的情绪反应,但是如果把它们合在一起,儿童就会聚焦一种情绪而排除另外一种情绪。研究结果表明儿童不能同时理解一种情境下的两种情绪。年幼儿童不能意识到可以同时产生多个情绪的原因可能是他们对事情缘由的探索不够复杂,倾向于将情绪归因为第一次接触时所认定的原因。

3.幼儿对情绪情境的理解

情绪情境理解指的是在特定情境中,根据情境线索对主人公的情绪进行识别或推断。

很多研究设计了一系列特定情绪情境来考察儿童在不同情境下的情绪识别能力,如通过木偶的肢体语言、声音、表情线索来呈现明显情境任务和非明显情境任务,以考察幼儿是否可以对情境中人物的情绪进行正确识别。明显情境任务指大多数人在此情境中都体验到同一种情绪,非明显情境任务是指在情境中有些人体验到某种情绪,而另一些人体验到另一种情绪。研究结果表明,在明显情境中,高兴、伤心等积极情绪最容易识别,害怕最难识别;在非明显情境中,当木偶的情绪和幼儿相反时,幼儿更容易识别,积极—消极情绪的组合较消极—消极情绪的组合更容易识别。[①]

杨丽珠、胡金生的研究[②]考察了情境线索与表情线索冲突时的情绪识别,结果发现,对于简单的矛盾线索整合任务,大部分 4 岁儿童能够正确认知,对于复杂的矛盾线索整合任务,幼儿期情境依存和表情依存并存,两种线索统合开始发展,7 岁后统合两种线索识别情绪开始占优势,表明幼儿晚期儿童能够综合考虑矛盾情境的情绪线索来推断他人情绪。

(二)情绪理解能力的发展

情绪理解(emotion understanding)被定义为儿童理解情绪的原因和结果的能力,即对情绪过程的理解。它不在于理解他人当时的情绪,而在于理解这种情绪为什么发生、发生后可能会引发自己/他人什么结果、哪些因素会影响情绪的发生以及如何影响等,也就是理解情绪前因后果的整个过程。[③] 包括对情绪原因的理解、对情绪与愿望和信念的关系的理解、情绪表达规则的理解和情绪调节的理解。广义的情绪理解则包括表情识别、情绪情景识别、混合情绪理解、情绪表现规则和情绪调节策略知识等。

① 徐琴美,何洁.儿童情绪理解发展的研究述评[J].心理科学进展,2006(2):223-228.
② 杨丽珠,胡金生.不同线索下3～9岁儿童的情绪认知、助人意向和助人行为[J].心理科学,2003(6):988-991.
③ 徐琴美,何洁.儿童情绪理解发展的研究述评[J].心理科学进展,2006(2):223-228.

研究表明,幼儿阶段是儿童情绪理解能力迅速发展的时期,随着年龄的增长,儿童能在更为复杂的情境下理解自己和他人的情绪体验,对其做出合理解释。

1.幼儿对情绪归因的理解

情绪归因能力是在一定的情境中,个体对他人的情绪体验以及使他人产生情绪体验的情境予以原因性解释和推断的能力。研究发现,即使是3岁的幼儿也能够在情绪原因解释上表现出一定的能力。4—5岁幼儿已能正确判断各种基本情绪产生的原因,这些原因往往是可以觉察的外部事件。例如,"她今天得了一个小五星,所以很高兴""他考试成绩不好,所以很难过"等。

卡西迪等人让儿童谈论自己、父母和同伴的情绪,"为什么你/他会感到(某种情绪)?"结果表明,5—6岁的儿童已经能够对自己和他人的情绪体验给出合理的解释。费比斯等人研究表明,相比积极情绪,儿童对消极情绪产生的原因更能够稳定识别,这可能因为消极情绪的强度更大,更频繁且更容易突出情绪唤起的资源。[①]

2.基于愿望与信念的情绪理解

情绪是客观事物是否满足自身需要的体验,个人的愿望与信念(看法)是情绪产生的重要原因。基于愿望与信念的情绪理解指个体意识到一个情境引发人们哪种情绪,要看该情境是否满足了人们的愿望或信念。也就是能够理解一个人的愿望和所持有的信念是决定情绪状态的最主要原因。研究表明,3岁可能是幼儿获得基于愿望的情绪理解能力的关键年龄,他们能够理解情绪和愿望之间的联系。[②] 例如,3岁幼儿能准确预测故事主角扔出的球被期望的对象接到时,会感到高兴;如果是另外一个对象接到,会感到难过。

基于信念的情绪理解晚于基于愿望的情绪理解。研究发现,3岁幼儿能够正确理解基于愿望的情绪,但不能正确理解基于信念的情绪;4岁幼儿开始能够理解和信念有关的情绪,到6岁时幼儿才能够较普遍地通过基于信念的情绪理解任务。4岁可能是基于信念的情绪理解的关键年龄。[③]

对于情绪表达规则与策略的理解,由于研究主要采用访谈的方法,鉴于学前儿童语言能力的限制,研究较少。学前儿童在情绪表达规则和调节策略的使用上是否有目的有意识,尚不能获得结论。

三、幼儿高级情感的发展

道德感、美感、理智感作为高级情感,是儿童高级需要如求真、求善与求美的需要得到满足而产生的情感体验。

---

① 徐琴美,何洁.儿童情绪理解发展的研究述评[J].心理科学进展,2006(2):223-228.
② 李佳,苏彦捷.儿童心理理论能力中的情绪理解[J].心理科学进展,2004(1):37-44.
③ 李佳,苏彦捷.儿童心理理论能力中的情绪理解[J].心理科学进展,2004(1):37-44.

（一）道德感的发展

道德感是由自己或别人的举止行为是否符合社会道德标准而引起的情感。形成道德感是比较复杂的过程。3岁前只有某些道德感的萌芽，3岁后，特别是在幼儿园集体生活中，随着幼儿对各种行为规范的掌握，道德感快速发展起来。

小班幼儿的道德感主要是指向个别行为的，往往是由成人的评价而引起。中班幼儿较明显地掌握了一些概括化的道德标准，他们可以因为自己在行动中遵守了老师的要求而产生快感。中班幼儿不但关心自己的行为是否符合道德标准，而且开始关心别人的行为是否符合道德标准，由此产生相应的情感。例如，他们看见小朋友违反规则，会产生极大的不满。中班幼儿常常"告状"，就是由道德感激发起来的一种行为。大班幼儿的道德感进一步发展和复杂化，他们对好与坏、好人与坏人有鲜明的不同情感。随着自我意识和人际关系意识的发展，幼儿的自豪感、羞愧感和委屈感、友谊感、同情感以及嫉妒等也都发展起来。

（二）美感的发展

美感是人的审美需要得到满足时产生的主观体验，是客观事物美的特征激起的兴奋愉悦的感情。对于美的符号化、形式化具有感知力，是幼儿美感发展中具有里程碑意义的一步。3岁后，幼儿能够感受线条、形状、色彩等符号所表达的情感、意蕴。这个阶段的幼儿更加专注于艺术作品外在的、普遍的形式化特征，对作品中所表达的情感和意蕴产生移情式体验，这就使他们初步具备了作为一个欣赏者所需要的条件。幼儿能够感受音乐中的旋律美，能够根据自己对音乐的理解，自发地舞蹈，或者用图形等方式表现音乐的特点。此外，幼儿在音乐方面所具有的节奏感、旋律感也会表现在他们绘画的色彩搭配与构图等方面。在艺术创作方面，也表现出了形式化的特征。

幼儿对美的体验，也有一个社会化过程。幼儿初期仍然主要对颜色鲜明的东西，新的衣服鞋袜等产生美感。他们自发地喜欢外貌漂亮的小朋友，而不喜欢形状丑恶的任何事物。在环境和教育的影响下，幼儿逐渐形成了审美的标准。他们能够从音乐、舞蹈等艺术活动和美术作品中体验美，而且对美的评价标准也日渐提高，从而促进美感的发展。

（三）理智感的发展

理智感是个体求知的需要得到满足时的主观体验。幼儿理智感是否发生取决于幼儿最初的好奇心是否被满足，而好奇心的发展在很大程度上取决于环境的影响和成人的培养。因此，幼儿期理智感的发生发展与教育条件密切相关，适时地提供幼儿以恰当的知识，如回答2—3岁儿童"这是什么？"的问题，可以促进其理智感的产生。对一般幼儿来说，5岁左右，理智感已明显地发展起来，突出表现在幼儿很喜欢提问题。4—5岁幼儿不再停留于"这是什么？"的问题，而是提出"这是为什么？""由什么做的？"等问题，由于提问和得到满意的回答而感到愉快。为此鼓励和引导幼儿提问，有利于促进幼儿理智感的发展。

6岁幼儿喜欢进行各种智力游戏，或所谓"动脑筋"活动，如下棋、猜谜语等，这些活动

能满足他们的求知欲和好奇心,促进理智感的发展。

随着幼儿情绪情感的逐渐社会化、内隐化,幼儿教师要敏锐识别幼儿的情绪,了解其情绪产生的原因,对其情绪调控策略予以正面评价与指导。在明辨是非的规则教育中发展幼儿的道德感,通过美化环境、保护与激发求知欲培养其美感与理智感。

第二节　3—6 岁儿童自我意识的发展

自我意识包括自我认知、自我体验和自我控制。随着儿童独立活动范围的扩大,在教育的影响下幼儿逐渐能把自己作为活动的主体来认识和理解,自我意识随年龄的增长而不断发展,其中自我控制的发展最为迅速。

一、幼儿自我认知的发展

自我认知可以划分为自我知觉、自我概念和自我评价三大要素。婴儿期的自我认知即自我知觉。幼儿期自我认知的发展主要表现在自我概念和自我评价两个方面。

(一)自我概念的发展

幼儿期的自我概念以对自我的描述为主,尚不能给自我下定义。

根据奥尔波特的观点,儿童的自我概念经历了 3 个发展阶段,即生理的我、社会的我和心理的我。3 岁左右,幼儿对自我的描述主要聚焦于自己的外部特征方面。3—14 岁的儿童处于社会我的发展阶段,对自我的描述涉及对自己角色、地位、权利、人际关系的理解。青春期才进入心理我的阶段,开始对自己个性、信念、价值观进行理解。

幼儿期儿童的自我概念停留在自我描述的水平,还不能对自我进行定义。7 岁之前,儿童对自己的描述仅限于身体特征、年龄、性别和喜爱的活动等,还不会描述内部心理特征。幼儿期的自我描述从对自己的身体特征如身高、外貌特征和动作特征的描述逐渐发展到能够描述自己的行为特征和部分能力特征,例如我跳绳很好。凯勒、福特和美赞臣公司的一项研究是让 3—5 岁幼儿用"我是个……"和"我是个……的男孩(或女孩)"的句型,说出关于自己的 10 项特征。约 50%的儿童描述了自己的日常活动,而对心理特征的描述几乎没有。早期儿童的认知能力处于具体形象思维阶段,他们很容易把自我、身体与心理混淆起来。R. 塞尔曼等人也认为,幼儿的自我概念是"物理概念",儿童对内在的心理体验和外在的物理体验不加区分。

(二)自我评价的发展

自我评价是自我认知的最高形式,幼儿正确、积极的自我认知是形成恰当的自我评价的必要条件。幼儿的自我评价大约在 2—3 岁时开始出现,其发展表现出如下趋势。

1.从依赖于成人的评价到自己独立的评价

幼儿初期儿童的自我评价只是简单重复成人的评价,到幼儿晚期开始出现独立的评价,对成人的评价逐渐持批判的态度,对成人不公正的评价产生怀疑、反感,提出申辩。

2.从对外部行为的评价到对内心品质的评价

幼儿的自我评价基本上停留在对自己外部行为的评价上,只有到幼儿晚期,才有少数儿童开始转向对内心品质的评价,但仍属于过渡状态。

3.从比较笼统的不分化的片面的评价到比较具体的细致的全面的评价

幼儿初期儿童往往分不清一般行为规则和某项活动具体标准的区别,只是从个别、局部的方面出发对自己的行为作"好"和"坏"的粗略评价。幼儿晚期儿童开始能从几个方面进行自我评价,并能说出好与坏的具体事例。

4.从带有极大主观情绪性的评价到初步客观的评价

幼儿的自我评价常从情绪出发,尤其是幼儿初期的自我评价很少有理智的成分。幼儿一般都过高地评价自己。随着年龄的增长,自我评价渐趋客观、正确。

杨丽珠等认为3岁幼儿处于自我评价的萌芽阶段,往往以自我为中心,出现较高的自我评价;4岁幼儿的自我认知进入社会自我阶段,自我评价偏向恰当;5岁幼儿自我评价的需求日趋强烈,主动的自评占主导地位。[①]

在整个幼儿期,儿童对自我评价的能力还很差,表现出鲜明的依赖性、表面性、被动性(评价的主动性低)、局部性、情绪性、笼统性和暗示性,自我评价不稳定,容易受他人的影响。

道德性评价开始产生,由于规则认知的发展,儿童开始用道德规则来评价自己的行为,对自我的评价产生最初的道德性评价,但评价带有一定的情绪性,幼儿只有到了大班才能自觉模仿成人进行道德性评价。

成人的评价对于幼儿自我评价及其个性的发展具有重要作用,家长、教师必须注意对幼儿进行恰当的评价,要以正面评价为主,但要有充分的具体的事实作依据,不能空洞地夸奖、赞扬,使幼儿骄傲自大、任性,也不任意训斥、取笑,使幼儿失去自尊、自信。

二、幼儿自我体验的发展

自我评价后必然产生自我体验。幼儿在与成人和同伴的交往中,开始形成对自己的某种看法,如聪明或愚笨,漂亮或难看,听话或调皮,从而产生满意、自信或自我怀疑、自卑等自我体验。

幼儿的自我情绪体验由与生理需要相联系的情绪体验(愉快、愤怒等)向社会性的情感体验(委屈、自尊、羞愧等)不断深化与发展。3岁的幼儿自我体验还没有表现出来;4岁是自我体验发生转折的重要时期;5—6岁儿童绝大多数都能产生自我体验。

幼儿自我体验中各个因素的发生和发展是不同步的,愉快和愤怒体验发展较早,而委

① 杨丽珠,吴文菊.幼儿社会性发展与教育[M].大连:辽宁师范大学出版社,2000:79-81.

屈、自尊和羞怯感则发生较晚。5—6 岁的幼儿能对自己的错误行为感到羞愧。

在诸多自我情绪体验中,自尊感是最重要的一种情绪体验。美国心理学家威廉·詹姆斯认为自尊是一种成就感,自尊是成功与抱负水平的比值。自尊是个体在社会比较过程中获得的自我评价及其情感体验,其主要内容是对自己价值与能力的评价产生的体验。自尊是不断动态发展变化的一种自我体验,不同的年龄段其内容有所不同。杨丽珠等人的研究显示,幼儿的自尊感主要是外表感、重要感和自我胜任感。[①]

在儿童成长过程中,对自己感到满意的孩子会有较高的自尊,他们能意识到自己的优点,也能知道自己的缺点,并希望能克服它。相反,低自尊的儿童对自己不是那么喜欢,常常宁可总是看到自己的缺点而忽视自己表现出的优点。幼儿 3 岁开始出现自尊感,4 岁时则有很大发展,自尊感稳定于小学。

《3—6 岁儿童学习与发展指南》中社会领域的目标之一是幼儿具有自尊、自信、自主的表现。自信是自我体验的要素之一。

自信是指个体对自身行为能力与价值的认识和充分评估的一种体验。它是自尊需要得到满足时产生的情感体验,是自尊中对自己能力评价产生的情感体验成分。

王娥蕊和杨丽珠采用探索性因素分析和验证性因素分析的方法,确定 3—9 岁儿童自信心由自我效能感、成就感和自我表现三个要素构成。研究发现 3—9 岁儿童自信心发展总体上存在显著的年龄差异,随年龄的增长呈上升趋势。各因素的发展也随年龄的增长而呈上升趋势,但发展速度不均衡。4 岁和 7 岁可能是儿童自信心发展的转折年龄。儿童的自信心存在显著的性别差异,并且各年龄组都是女孩自信心发展的水平略高于男孩。除了自我效能感这一维度外,男女儿童在成就感和自我表现这两个维度上均差异显著。[②]

三、幼儿自我控制的发展

幼儿自我控制的发展是与意志行动的发展密切联系的。自我控制以对动作和运动的控制(随意运动)为基础,主要表现为对认知的控制和情绪情感的控制。随着独立活动能力的增强,自主性的发展,幼儿初步认识了作为个体的我和我的力量,在 3 岁左右开始产生与成人消极、不合作的行为。这种"非理性的意志萌芽"或"违拗",是幼儿自我发展的表现,在 3—4 岁时达到高峰,心理学上称这个时期为"第一反抗期"(the first period of resistance)。这就意味着幼儿的自我控制能力开始出现。

自我控制的主要构成成分是自觉性、坚持性、自制力(冲动抑制)和自我延迟满足。在学前儿童自我控制研究中,延迟满足(delay of gratification)实验发挥了重要的作用。20世纪 70 年代沃特·米歇尔在斯坦福大学附属幼儿园基地所做的实验提供了延迟满足研

① 张丽华,杨丽珠.3~8 岁儿童自尊发展特点的研究[J].心理与行为研究,2005(1):11-14.
② 王娥蕊,杨丽珠.3—9 岁儿童自信心结构、发展特点及教育促进的研究[D].大连:辽宁师范大学,2006.

究的基本范式,即让儿童选择在实验室中等待一段时间后获得一个大奖品,或是示意儿童若不愿意等待,只能获得一个较小的奖品。只有少数儿童能够抵制诱惑,并且在等待期间,他们采取了不同的注意转移的方式:闭起眼睛、唱歌、做游戏或想别的事情。研究发现,大多数幼儿不清楚注意转移策略可以帮助他们抵制诱惑,但在成人指导下,就可以很好地做到这一点。

(一)自我控制的发生

刘歌、杨丽珠的研究[①]显示,自我控制的发生是一个逐渐发展的过程,首先是冲动抑制性的发生,随后是自觉性、坚持性以及自我延迟满足的发生。各维度发生的时间存在差异,冲动抑制性的发生时间为26个月,自觉性的发生时间为35个月,坚持性的发生时间为36个月,自我延迟满足的发生时间为45个月。各维度发生的人数均随月龄的增加而增加。

在自我控制发生的过程中,男孩和女孩也表现出一些性别差异,具体来说24—48个月儿童的自觉性发生存在显著的性别差异,具体表现为女孩的自觉性显著高于男孩的自觉性,但是24—48个月儿童的冲动抑制性、坚持性、自我延迟满足的发生并不存在显著的性别差异。

(二)幼儿期自我控制的发展

自我控制能力和方式随着年龄的增长而增长。研究发现,3—4岁的幼儿自我控制能力还没有明显表现出来;4—5岁是自我控制发生转折的重要时期;5—6岁儿童绝大多数都能进行自我控制,但与成人相比还很弱。

董光恒等人采用聚类分析的方法考察幼儿自我控制的类型,发现3岁幼儿主要是被动控制型和约束顺从型,4岁幼儿主要集中于约束顺从型,5岁多为自主控制型和约束顺从型,并且3—4岁幼儿自我控制能力发展平稳,4—5岁发展迅速。[②] 沈悦等人的研究显示幼儿自我控制的发展随着年龄的增长而提高,3.5—4.5岁是幼儿自我控制发展的关键期。[③] 大部分研究都显示女孩的自我控制水平显著高于男孩。

自我意识各种因素的发展速度与程度是不同的:自我评价能力高于自我情绪体验、自我控制能力;自我评价能力与自我情绪体验发展速度比较平稳,而自我控制能力发展则表现出明显的跳跃,在5岁左右变化最大。

第三节 3—6岁儿童社会认知的发展

人们对客观世界的认知,既包括对物理世界的认知也包括对人类本身及社会关系的认知,后者是社会认知的研究对象。张文新认为,社会认知(social cognition)是指人对社

---

① 刘歌.自我控制的发生研究[D].大连:辽宁师范大学,2012.

② 董光恒.3～5岁幼儿自我控制能力结构验证性因素分析及其发展特点的研究[D].大连:辽宁师范大学,2005.

③ 沈悦.幼儿自我控制的发展特点及影响机制研究[D].大连:辽宁师范大学,2011.

会性客体之间的关系,如人、人际关系、社会群体、自我、社会角色、社会规范等的认知,以及对这种认知与人的社会行为之间的关系的理解和推断。

社会认知的发展研究兴起相对较晚,因此理论观点比较纷繁复杂,研究内容主要集中在观点采择、移情、心理理论、社会关系如权威、友谊、惩罚、谎言、社会规则的理解方面。

一、幼儿观点采择的发展

美国发展心理学家 R. 塞尔曼认为,观点采择(perspective taking)在儿童的社会认知发展中处于核心地位,儿童对不同观点的理解、认同和协调能力的发展标志着其摆脱自我中心思维方式以及认识社会关系方式的重新建构。

(一)观点采择的含义及其分类

观点采择经常被形象地比喻为"从他人的眼中看世界"或是"站在他人的角度看问题"。观点采择是指区分自己与他人的观点,进而根据当前或先前的有关信息对他人的观点做出准确判断的能力。观点采择能力是在广泛的社会互动、丰富的社会线索的刺激下发展起来的。

1. 空间观点采择与社会观点采择

根据所采择的观点的性质,观点采择可以分为空间观点采择和社会观点采择。空间观点采择(spatial perspective taking)也称作视觉的观点采择,指对他人因与自己空间位置不同所产生的对一个情境事件的看法的推断。皮亚杰的"三山实验"就是空间观点采择的典型范式。

社会观点采择(social perspective taking)是指能够识别他人情感、态度和观念的能力。它又分为认知观点采择和情感观点采择。认知观点采择(cognitive perspective taking)是指对他人关于人、情境和事件的想法的推断。情感观点采择(affective perspective taking)即移情(empathy),是指对他人在某一情境中的情感状态或情感反应的判断。移情是儿童观点采择能力在情绪情感理解方面的体现。

2. 情境观点采择与个人观点采择

根据判断者与被判断者观点差异(冲突)产生的原因,观点采择可以分为情境观点采择和个人观点采择。情境观点采择(situational perspective taking)是指被判断者与判断者观点的差异是由两者所处的不同情境造成的。个人观点采择(individual perspective taking)是指两者观点的差异是由个人特点的不同造成的。

(二)观点采择的发展

1. 皮亚杰的研究

皮亚杰认为,儿童对自我—他人关系的认知与一般认知的发展是平行的,即从自我中心发展到去自我中心或观点采择。儿童从完全不能采择他人的观点发展到逐渐能够站在他人的位置,从他人的角度来看世界。

皮亚杰认为婴儿期是一个极度自我中心的阶段,婴儿不能区分自我与非我,只有在1岁末时,婴儿才开始认识到客体不依赖于自己的经验动作(看、摸)而存在,获得客体永久性,从而将自我与周围的客观世界区分开来。

前运算阶段的儿童,不像婴儿那样有强烈的自我中心,但仍存在着很强的自我与非我相混淆的倾向。例如,他们有所谓"泛灵论"(animism)的表现,即把属于人的心理特征加之于非生物的事物上。这表明他们不能区别物理世界与社会世界,也不能把自己的心理状态(思想、愿望、情感等)与别人的心理状态区分开来。幼儿还表现出不能区分自己认识的事物和尚待认识的事物,他们意识不到自己掌握知识的有限性,认为现实就是他所理解的那样。

儿童长到六七岁时,自我中心主义开始急剧地减少,这时他们才清楚地认识到别人可能有与自己不同的思想、观点、愿望,并逐渐能准确地推知别人的想法。这一切标志着儿童逐渐从自我中心中解脱出来,观点采择有了质的发展。

皮亚杰认为儿童自我中心主义的减少是在与同辈小朋友的交往中通过解决矛盾、意见、冲突而实现的。

2.弗拉维尔的研究

弗拉维尔采用过程取向的研究模式,他把观点采择看作一个认知过程或信息加工过程,即一个人对另一个人的观点作出判断时,究竟发生了哪些认知活动。他提出儿童对他人的观点采择包括四类心理动作,按顺序发生。

存在阶段:儿童认识到别人可能存在着与自己不同的观点。

需要阶段:儿童感到有必要去了解别人的观点,以期达到自己人际交往的目的,例如为了说服别人或在游戏中赢对方。

推论阶段:儿童根据所掌握到的线索推知别人的心理活动。

应用阶段:儿童根据对别人心理活动的推断,做出进一步的反应。如在语言交际活动中决定自己的谈话内容和方式。

随着儿童年龄的增长,他们不仅知道别人有不同于自己的观点,而且知道有必要对他人观点做出推断。儿童对他人观点进行推断的能力逐渐增强。

他认为角色扮演是儿童对他人做出社会判断的基本过程。角色扮演将自己置身于他人的位置看问题,从而促进观点采择能力的发展。

3.塞尔曼的研究

罗伯特·L.塞尔曼认为儿童的观点采择经历着从自我中心到社会的发展历程。他依据主体对自我—他人关系的理解的发展变化,把儿童从3岁到青春期的观点采择能力的发展划分为5个阶段。

水平0(3—7岁):自我中心的或未分化的观点采择。这时儿童不能清楚地意识到每个人都有自己的主观世界,对同一事物可能有不同的看法。

水平1(4—9岁):主观的或分化的观点采择。儿童认识到每个人都有自己的主观世界,自己和别人都是外界信息的积极加工者和评价者,由于各人获得的信息不同,各人的动机目的不同,故不同的人对同一事情的观点态度不同。

水平2(6—12岁):自身反省的观点采择。儿童不仅认识到自己能推断别人的观点,而且认识到自己也能成为别人思考的对象,进而认识到自己能根据别人对自己观点的判断主动地考虑对策,从而做出进一步的反应。

水平3(9—15岁):第三者的观点采择。儿童认识到自己和别人都能设想有一个第三者作为"公平的旁观者",来观察两个人的相互作用,即使自己是两者中的一方。这时儿童能用一种较为客观的方式来观察自己、别人以及两者的关系。

水平4(12岁至成人):社会的或深层的观点采择。这时儿童不仅能对个别人作观点采择,而且能归纳整合社会的观点,思考抽象的政治、法律、伦理等观点,进而认识到这些观点的社会历史制约性。

塞尔曼的儿童观点采择发展阶段与皮亚杰的认知发展阶段之间有着密切的关系。认知发展处于前运算阶段(2—7岁)的儿童,其观点采择的发展处于水平1或水平2,自我中心的或社会信息的观点采择;具体运算阶段(7—12岁)的儿童,其观点采择处于水平3或水平4,自我反省的或相互的观点采择;大多数形式运算阶段(12岁以上)的儿童达到了观点采择的最高水平。

4. 其他研究者的观点

近年来有研究者指出,儿童达到观点采择的年龄要早于皮亚杰所指出的年龄。

丹尼尔等通过测量发现60％的2岁孩子根本无法回答有关观点采择的问题,有50％的3岁孩子,60％的4岁孩子和85％的5岁孩子能以非自我中心的方式回答所有的问题,而所有的6岁孩子都能以非自我中心回答问题。由此他认为4—5岁的孩子就能进行真实的认知观点采择。香茨等人认为,儿童在四五岁即能达到认识上的去向我中心。我国学者方富熹等人的研究也显示儿童在4—5岁时已经能够区分自己的观点和别人的观点。[①] 根据以上观点,观点采择发展的关键年龄可能在4—5岁。此时幼儿已经具备了基本的社会观点采择的能力,但这种能力尚不完善,可发展的空间较大。

观点采择能力是儿童社会认知发展的关键。它促进了儿童的社会信息沟通,有助于儿童自身的评价与反应,又可推动儿童的道德发展,使儿童的道德判断顺利地从他律向自律过渡。此外儿童的社会行为受到观点采择的制约,儿童的观点采择能力越成熟,他们的社会行为也相应地越成熟。反之,贫乏的观点采择技巧与问题行为和反社会行为有很高的相关。因此,教育者应当通过各种途径比如优化家庭环境、增强同伴互动或专门的训练课程来培养儿童的观点采择能力。

二、移情的发展

移情(empathy)是一种特殊的观点采择,它与理解和表达情绪是交织在一起的,因为移情既是对他人情绪的理解,又是与别人的情绪产生共鸣的过程。发展心理学对于移情的定义,有两种取向,一是认知取向的,认为移情是儿童对他人情绪情感的理解,表现为区分和辨别情绪线索并推测他人内部情感状态。它是观点采择的一个组成部分。

---

① 方富熹,齐茨. 中澳两国儿童社会观点采择能力的跨文化对比研究[J]. 心理学报,1990(4):11-20.

...

二是情感取向的,它被定义为对他人情感做出的情绪反应,即察觉到他人情绪反应时所体验到的与他人共有的情绪反应,因此也被称为共情。可见移情是复杂的认知和体验的融合过程。

弗拉维尔认为儿童对他人的情绪表现会先后做出 3 种不同的反应:非推断的或非认知的移情,主要是情绪感染或者情绪共鸣;移情的推断,即理解他人的情感并对自身激起相同的情感反应;非移情的推断,能够认知他人的情感,但是自己并不产生相应的情感反应。

关于移情的发展,霍夫曼的观点得到了广泛的认同。他认为儿童移情的发展经历了 4 个阶段。

阶段 1:非认知的移情阶段(0—1 岁),儿童对自我和他人的关系尚未分化,因此不能对他人的情绪和自己的情绪进行区分。

阶段 2:自我中心的移情(1—2 岁),儿童开始能够对他人的情感做出反应,但只是为了减轻自己的焦虑、痛苦和不安。

阶段 3:推断的移情阶段(2—3 岁开始到童年晚期),此阶段的儿童形成了最初的观点采择能力,开始意识到自己与他人拥有不同的想法和需要,逐渐能理解他人情感,开始具有认知性的移情反应。

阶段 4:超越直接情境的阶段(童年晚期以后),认识到自己和他人各有自己的生活经验,能从生活经历来看待他人所感受的愉悦和痛苦。个体能够跳脱直接情境的局限理解他人情绪的原因和结果,即将他人的情绪理解与其生活经验和背景相联系,此时的移情更多的是对一个群体的移情。

马克·R.达德等人对幼儿的认知移情和情绪移情进行测量,结果表明幼儿的认知移情随着年龄增长而增长,而情绪情感移情没有显著的年龄差异。翟晓婷等人的研究则显示,3—6 岁幼儿无论是情绪移情还是认知移情都随着年龄的增长不断提高,高兴、悲伤、愤怒和恐惧这 4 种情绪中,对高兴的移情反应得分最高,女孩的移情得分高于男孩。[①]

移情植根于儿童的早期发展中。新生儿听到别的孩子哭自己也会哭,这可能是最原始的移情表现(实际是情绪的传染性)。随着语言的发展,幼儿的移情更多地表现为依靠语言来安慰他人,并经常伴随着亲社会行为。如 6 岁的孩子发现母亲伤心难过,会这样安慰母亲:"你非常难过,是吗,妈妈?我想很快就会好的。"

幼儿的认知和言语发展水平、社会经验以及家长的教养方式对幼儿移情的发展有重要的作用。认知发展水平高的幼儿更容易有移情反应,对同龄伙伴也更容易表现出移情。父母培养和鼓励儿童对他人的情绪敏感,同情他人,儿童长大后就更懂得同情他人的疾苦。当儿童表现出不合适的情绪时,父母如果及时进行指导,也将提高儿童的移情水平。相反,急躁、以惩罚手段为主的家庭教育会中断其移情的发展,从而表现出害怕、愤怒或人身攻击。

大量研究显示,移情是亲社会行为的重要内部因素。

---

① 翟晓婷.3—6 岁幼儿移情发展特点及其与母亲移情、家庭社会经济地位的关系[D].西安:陕西师范大学,2018.

三、幼儿"心理理论"的发展

（一）"心理理论"的含义及其研究范式

一个人如果能够把他人理解为拥有愿望、信念和对世界有自己解释的人，并且认识到他人的行为是以他的信念、愿望为基础的，那就说明这个人具有了"心理理论"（theory of mind）。心理理论是指个体对他人的心理状态以及他人行为与其心理状态关系的认知。

发展心理学关于儿童"心理理论"的研究主要集中在儿童对他人信念以及信念与行为的关系的认知方面。心理理论的研究以经典的"错误信念任务"为基本范式，它是韦尔曼和普纳首创的，有意外地点任务和意外内容任务以及"一级错误信念"和"二级错误信念"两个层次的研究。

心理理论的研究是给儿童看图片并讲述图片故事内容，然后向儿童提问，根据儿童的回答来判断其是否具有心理理论（知识）。例如，"一个名叫马克西（Maxi）的小男孩把巧克力放到橱柜 A 里。然后他到外面玩去了。在马克西不在的时候，他妈妈把巧克力从橱柜 A 里拿出来做蛋糕，然后把剩下的巧克力放到橱柜 B 里。马克西回来了，想吃巧克力。"实验者讲完故事后，问儿童："马克西会到哪里找巧克力呢？"

许多研究发现，3 岁儿童认为马克西会到橱柜 B 里找，说明他们尚不能理解错误信念。大多数 4 岁儿童达到对错误信念的理解，拥有了心理理论。

（二）幼儿"心理理论"的发展

一般认为，儿童的"心理理论"在 4 岁左右开始形成，其标志是成功地完成"错误信念"任务。

1.4 岁前的心理知识

2 岁以后儿童能区分物理世界和心理世界，例如，告诉儿童甲有饼干，乙正在想饼干，然后问儿童哪个人的饼干可以摸到。能够正确回答这个问题就表示能将物理客体和心理客体区分了。2 岁起，儿童开始能区分看见的和知道的物体，2—3 岁儿童开始能够根据他人的愿望来预测其行为。

韦尔曼认为，2—4 岁儿童心理理论的发展经历了 3 个阶段。

阶段 1："欲望心理学的心理理论"（2 岁），儿童的心理理论是以愿望为主要内容的，儿童意识到愿望、知觉经验、情绪、行为和结果之间简单的因果关系。例如儿童意识到一个人的愿望实现了，他就会高兴；如果没有达到愿望，那么就会失望。这个阶段，儿童心理知识的主要特点就是对自己及别人的心理是以愿望为评定标准的。

阶段 2："信念—愿望的心理理论"（3 岁左右），儿童对他人心理的认知从愿望跨越到信念，即开始意识到他人对客观现实有各自的看法（信念）。也就是儿童开始意识到信念是对客观世界的心理表征，可能正确也可能错误，不同人之间可能不同，但仍用愿望而非信念来解释行为。

阶段 3：信念心理学的心理理论（4 岁开始），儿童开始认识到客观事实可以有不同的表征方式，开始用信念来解释人的行为，而非仅仅从愿望出发解释人的行为。

2. 4 岁后的心理理论

王益文、张文新的研究结果显示，4 岁儿童能理解欺骗外表任务中自己和他人的错误信念，5 岁儿童可以理解意外转移任务中的错误信念。认为 4—5 岁是儿童获得"心理理论"的关键年龄，但这会因测验任务的不同而有所差异。儿童的错误信念理解不存在显著的性别差异。[①]

大量研究显示，4—5 岁的儿童能够认识到不同知觉和观察角度会使人对相同客观事实有不同的解释。他们中的大部分能够通过错误信念的实验任务，即能够理解他人的心理之信念，但是还不能通过二级信念的认知任务（他人关于另外一个人的信念的推断或者认知），也就是说对他人心理活动的递推性思维能力还不足。

四、对社会关系的理解

人与人之间的关系即社会关系，根据关系的性质可以分为支配与被支配的权威关系、平等的友谊关系及其衍生的社会性概念，如惩罚、公平、谎言等。

（一）儿童对权威的认知

权威（authority）是指在社会体系中表现出来的制度化的合法权利，以及行使这种权利的个人。对于儿童来讲权威主要是父母、老师和有影响力的同伴。

权威认知（conception of authority）包括对权威关系及权威特征的认知。权威关系是两种最主要的社会人际关系之一，例如学前儿童与父母、老师的关系主要是权威关系，即儿童把后者当作权威盲目崇拜甚至无条件服从。儿童最初对权威的遵从与否会影响到他们后来对社会上一切权威的遵从或反抗。权威特征指权威人物之所以成为权威的具体特征，例如皮亚杰认为儿童尤其是学前儿童一边倒地将成人当作权威是因为成人具有年纪大、块头大和力量大等特征。

皮亚杰在其儿童的道德认知研究中涉及了对权威关系的早期认知研究，他认为前道德阶段的儿童（0—5 岁）对成人的服从源于对力量大的成人权威的尊敬，他律阶段的儿童（6—10 岁）的权威观念依然是单向的成人中心的，因为他们还不能独立于成人做出道德判断。在皮亚杰的研究基础上，W. 戴蒙采用两难故事研究了 4—11 岁儿童对权威的认知，他的研究结果是儿童的权威认知的发展经历了 6 个阶段。

第一阶段：儿童不能将权威人物的要求与自己的愿望区分开，对权威持一种盲目的崇拜和依赖态度，行为上倾向于无条件服从。

第二阶段：儿童能够意识到权威人物的要求与自己的愿望之间的冲突，并通过对权威的单向服从来消除冲突，避免麻烦。

---

① 王益文，张文新.3～6 岁儿童"心理理论"的发展[J].心理发展与教育，2002(1)：11-15.

第三阶段:儿童认为权威有至高无上的地位和优势,对其产生了无比的崇敬,对权威的惩罚非常惧怕。

第四阶段:儿童开始将服从建立在交换或互惠的基础上,认为服从是对权威过去付出的一种报偿或是为了获得报偿而做出的投资和努力。

第五阶段:儿童开始放弃对权威人物的盲目崇拜和无条件服从,代之以理性和有条件的服从。

第六阶段:将能为集体带来福利,为集体认可的人奉为权威,权威是相对的。服从与具体情境相联系而不再是对享有优越地位的个体的一种普遍反应。

戴蒙认为4—10岁容易养成对权威更成熟的态度。对权威认知的日益成熟伴随着公平感、平等感的日益增强,表现出了理智成分的递增和情绪冲动的递减。

我国学者张卫以5—13岁儿童为对象进行的父母权威认知的研究显示,不同年龄段儿童对于服从父母权威的原因解释有很大的区别,5岁儿童注重身份和行为特征,即父母是大人所以要服从,为了做个好孩子或者为了逃避惩罚所以要服从。而年长儿童的服从则源于父母更有知识和关心自己。同时儿童对父母权威与公正冲突的认知则表现为,5岁儿童还不能分辨父母的命令是否公平,对父母不公平命令的盲目服从在7—10岁之间发生转折,10岁以后不再服从父母不公平的命令。[①]

在权威形象的众多个人特征中,成人身份、知识和社会职责或地位是被儿童最看重的3种权威特征。张卫等人对5—13岁儿童的研究显示,年幼儿童最看重成人身份,最不看重社会职责,但随着年龄的增长,儿童对社会职责的评估越来越高。[②]

总之,年幼儿童最初是权威定向的,随着年龄的增长对权威的评价逐渐客观。儿童逐渐把成人看作是与自己平等的,权威形象随儿童年龄的增长而逐渐降低。

(二)儿童对友谊的认知

友谊是指个体之间以彼此信任和相互关怀的情感为特征的亲密而又持久的平等关系。对友谊的认知即对友谊特征的理解。和友谊比较接近甚至对等的社会关系概念是朋友。伙伴之间产生友谊则为朋友,朋友是个体交往的对象。由于友谊概念的抽象性,对于学龄前儿童而言,友谊认知即对朋友内涵或特征的理解。

儿童对友谊的认知发展,具有代表性的观点是塞尔曼采用谈话法所获得的研究成果,友谊一开始是建立在行为相悦的基础上,也就是一种具体的关系,慢慢地发展到一种抽象的关系,即建立在相互理解、心理相悦的基础上。

塞尔曼将友谊认知的发展分为5个阶段。3—7岁,称之为0阶段,在这一阶段,儿童之间的关系还不能确切地称为友谊,只是短暂的游戏同伴关系。在这个阶段,朋友往往与实际利益如物质属性及其邻近性相联系。4—9岁为第一阶段,为单向帮助阶段,即要求"朋友"做他要求的事情。"她不再是我的朋友了。""为什么?""因为我要她跟我走,她不肯!"6—12岁是第二阶段,是双向但不能共患难的合作阶段。在这一阶段,儿童懂得了交

---

① 张卫.5—13岁儿童父母权威认知的发展研究[J].心理科学,1996(2):101-104.
② 张卫,王穗军,张霞.我国儿童对权威特征的认知研究[J].心理发展与教育,1995(3):24-27.

互性,但仍停留在功利性阶段。9—15岁是第三阶段,属于亲密的共享关系阶段。这个阶段儿童出于共享和双方的利益而与他人建立友谊,朋友之间倾诉秘密,讨论、制订计划,互相帮助、解决问题。但这一时期的友谊是与排他性、独占性密切地联系的。12岁开始进入第四阶段,也是友谊发展的最高阶段。这一阶段,青年和成人认识到人有多种需要。正如一个儿童所说,"可以这样认为,友谊是真正地承担义务,是冒险,你必须依靠它、信任它、给予它,但你也应该能够放开它"。

戴蒙根据众多的研究结果总结出儿童友谊认知发展的5个水平。水平一为友谊是身边的玩伴,大约在4—7岁;水平二为友谊是相互间的信任和帮助,年龄在8—10岁;水平三为友谊是亲密与忠诚,年龄在15岁以上。

邢莉莉对3—5岁幼儿关于朋友的理解研究发现,幼儿所认为的朋友都是身边的具有某种具体特征的人,常常是同性别同年龄的人。朋友是和自己共同活动的人,同时是和自己平等的人,是自己喜欢的人。[①] 这个研究结论同塞尔曼、戴蒙的结果具有较高的一致性。

(三)儿童对惩罚的认知

儿童在与成人的交往中以及在对权威的认知中经常会遭遇惩罚,惩罚成为儿童最基本的社会关系衍生的必然要予以理解的社会性概念。

惩罚是权威人物对于处于被支配地位的人违反规则时给予的一种惩戒,用行为主义心理学的术语讲,即一种厌恶刺激。

塞尔曼在其观点采择研究的基础上对儿童的惩罚理解进行研究,认为儿童对来自父母的惩罚的理解经历了5个阶段。

第一阶段:知道惩罚是跟在错误行为后面的,但不能推断父母惩罚的动机。

第二阶段:理解惩罚是为了让孩子知道什么是错的或者为了保护孩子,即开始理解惩罚的动机。

第三阶段:认为惩罚是一种情感表达或让人懂得惧怕。

第四阶段:认为惩罚是一种行为控制的方式,但不是最好的方式。

第五阶段:理解惩罚可能反映了部分父母无意识地想控制别人。

很显然,幼儿对于惩罚的理解是处在第一阶段。动机作为他人心理的深层内容,幼儿尚不能理解。

(四)儿童对谎言的认知

在人际交往中,说谎是一种常见的行为。皮亚杰在儿童的道德认知研究中对其说谎概念的发展也做了研究。其研究是直接问儿童什么是说谎,根据儿童对说谎的解释,皮亚杰发现年幼儿童把"说谎"和其他言语行为如骂人相混淆,也就是说年幼儿童还不能理解说谎。

后期的研究普遍认为,如果一种言语表述被认定为说谎,必然满足3个关键成分,

---

① 邢莉莉. 3—5岁幼儿对"朋友"的理解研究[D].武汉:华中师范大学,2011.

即事实、意图和信念，也就是言语是否符合事实、说话者是否有意欺骗、说话者是否相信自己所说的话。根据说谎的意图又把谎言分为白谎与黑谎，即善意的谎言和为了私利而说谎。

关于儿童的说谎认知发展，普遍的观点是儿童 3 岁以前对说谎的认识是杂乱无章的，4 岁以后能够依据事实来标记"谎言"和"真话"，5 岁时已经能够正确判断"说谎"与"说真话"，但是依然不能从意图上理解说谎，即不能区分"白谎"和"黑谎"。

五、社会规则认知

社会有序是以社会规则为基础的。社会规则（social rule）指用于规范个体社会行为的约定俗成的行为准则。对社会规则的认知与内化是儿童社会化的主要内容之一。

发展心理学领域对于社会规则的认知发展有两个取向，即一般论和特殊论。所谓一般论是指儿童对各种社会规则的认知与遵守具有相同的方式。特殊论者则认为儿童对于不同领域的社会规则的认知发展路径是不一样的。他们通常把社会规则区分为道德规则、习俗规则和个人领域的谨慎规则。

道德规则被认为基于他人福祉、公平和权利的社会规则。它具有强制性、普遍性和不可改变性，即通常所说的普世价值，如善良、勇敢、不可"杀人放火"等。习俗规则指特定社会情境下适宜行为的统一标准和规范，对人们之间的社会交往和人际互动起着重要的调节作用。即通常所说的风俗习惯，它具有情境相对性、权威依赖性和可变性。个人领域的谨慎规则指的是个体生活中用以调节自身行为保障自身安全、健康等的行为规则，例如下雨天要打伞等。

综合特殊论者的诸多研究显示，2 岁前的儿童是不能区分不同规则的行为的，2—3 岁儿童能够区分违背道德规则的行为与违背习俗规则的行为，3 岁后儿童认识到了违背道德规则比违背习俗规则更加严重。幼儿期儿童对谨慎规则有清楚的理解，但重要性比道德规则低；6 岁儿童能够直觉到道德规则与习俗规则不同，8 岁时儿童才能真正能够区分道德规则与习俗规则。

研究较为成熟的是道德规则认知，皮亚杰的研究认为儿童道德认知的发展经历了 4 个阶段。

前道德阶段（1—2 岁）：儿童还处于感知运动的认知发展阶段，行为多与生理需要的满足有关，尚无规则意识，因此谈不上对道德规则的认知。

他律道德阶段（2—8 岁）：儿童的思维正处于从前运算向具体运算的过渡期，以形象思维为主，但还不具备可逆性和守恒性。虽然有了规则意识，但是认为规则是由权威规定的，固定而不可改变，外在于自己和游戏活动。道德判断重行为结果而非行为意图，单方面地尊重权威，依赖于他人，绝对服从和崇拜权威，缺乏平等公正的观念。

自律或合作道德阶段（8—11/12 岁）：思维已经达到可逆的具体运算水平。在游戏中渴望获胜，认识到规则能够改变。由于规则和命令得到内化，道德判断以主观责任为主，儿童间的协作、团结逐渐代替了成人的权威，平等主义的公正概念开始萌芽。

公正道德阶段(11/12岁以后):思维进入形式运算阶段,因此道德判断倾向于公正、平等,认识到公正、平等应该符合每个人的特殊情况。开始出现利他主义道德观念。

劳伦斯·科尔伯格在皮亚杰的基础上,对儿童的道德认知进行更加深入和细致的研究。他采用道德两难故事的访谈方法对儿童的道德判断及其判断的理由进行分析,提出了道德认知的3个水平6个阶段的论断。

道德认知的3个水平是前习俗水平(0—9岁)、习俗水平(9—15岁)和后习俗水平(15岁以后),每个水平又分为两个阶段。前习俗水平的道德规则是外在于个体的。第一阶段是惩罚与服从取向,儿童根据行为的后果来判断行为好坏及严重程度,他们服从权威或规则只是为了避免惩罚,认为受赞扬的行为就是好的,受惩罚的行为就是坏的,还没有真正的道德概念。第二阶段是相对功利取向,儿童评定行为的好坏主要看是否符合自己的利益,他们不再把规则看成是绝对的、固定不变的。儿童能把自己、权威者和他人的利益区分开来,认为每个人都可以根据自己的需要决定是否遵循道德规则,虽然也能考虑到他人的利益,但是多出于利益交换原则,道德判断有较强的自我中心性质。习俗水平的个体已经能够内化社会的道德规则,能从社会需要的角度以一个社会成员的身份来进行道德判断,但是还不能理解道德规则是一种社会契约,是可以改变的。后习俗水平的个体能够认识到道德规则是一种社会契约,人类有普遍的道义,能够从自己选定并遵从的伦理原则和价值观进行道德判断。

庞丽娟、田瑞清等人综合国内外对社会认知的发展特点的研究,认为儿童社会认知的发展是一个逐步区分认识社会性客体的过程,其核心是观点采择能力的发展。社会认知各方面的发展是不同步、不等速的。社会认知的发展具有认知发展的普遍规律,但不完全受认知发展的制约。儿童社会认知的发展与社会交往密切相关。[①]

第四节　3—6岁儿童社会行为的发展

一、亲社会行为的发展

20个月以上的孩子,感知运动即将完成,认识到自己和他人有区别,开始意识到他人的痛苦,在他人表现出痛苦时会出现明显的亲社会行为倾向,不仅会有注意、同情即相似的情绪出现,还会出现安慰、分享和帮助的行为。

20—30个月的儿童能表现出较多的安慰。例如,语言安慰"你会好的";好战的利他行为,即攻打攻击者;以及助人行为,如把东西给同伴。

一般而言,儿童出生的第二年出现了亲社会行为。

① 庞丽娟,田瑞清. 儿童社会认知发展的特点[J]. 心理科学,2002(2):144-147.

(一)幼儿期亲社会行为的发展

1.亲社会行为发展的一般趋势

随着儿童年龄的增加,儿童亲社会行为的利益取向是从自我中心取向向他人取向、社会取向发展,亲社会观念与实际行为逐渐一致,行为动机系统越来越复杂。

3岁以前儿童的亲社会行为是自发的亲社会行为倾向,3岁以后,自发的亲社会行为减少,表现出来的亲社会行为往往是对成人的顺从和同伴间的互惠与交换,属于自我中心取向。

从幼儿期迈向学龄的儿童,其亲社会行为表现出指向成人的亲社会行为是带有服从、赞同和避免惩罚性质的,而同伴指向的亲社会行为则更多的是合作、互惠互利和对他人需求的敏感性特点,亲社会行为的工具性特征减少,他人取向的行为动机开始占主导地位。

2.幼儿亲社会行为的发展特点

幼儿的亲社会行为主要表现为安慰、同情、帮助、合作和分享。

安慰与同情行为发生较早,但主要指向同伴,在早期的情绪反应和模仿行为的基础上逐渐呈现出主动的安慰与同情行为。

幼儿的亲社会观念与行为的一致性程度较低,言行脱节严重,顺从的亲社会行为占主导地位。

3.分享行为的发展

分享行为和分享观念具有相关性,但是并不完全一致。

(1)分享观念的发展

W.戴蒙对儿童的分享观念研究进行综合,发现4岁儿童就能意识到分享的重要意义,但他们这样做的原因经常是相互矛盾的、自私的,"我分给她,是因为如果我不这样做,她就不和我玩"或"我给她一些,但大部分是我的,因为我年龄大些"。

4—8岁儿童分享观念的发展经历了3个阶段,第一阶段是平等分配水平(5—6岁),儿童懂得,当资源较少时,每个人都应该得到数量相同的资源,无法均分时出现慷慨观念,例如钱、玩游戏的次数或好吃的东西。第二阶段是按劳分配水平(6—7岁),应该对那些工作特别努力的人,或以特别的方式进行工作的人进行额外的奖赏。第三阶段是仁爱观水平(约8岁以后),应该对那些条件不好的人给予特别的关注。但这种观点只适用于跟朋友的交往,与陌生人交往时,则更多地遵循平等分配原则。

我国学者的研究也显示当物品与人数相等时,5岁儿童倾向于均分,不等时则倾向于"慷慨",说明我国儿童5岁时已经去自我中心。[①]

(2)分享行为的发展

婴儿在满1周岁之前就学习通过指点和姿势来与人分享有趣的信号和物体。此后,儿童的分享行为随着年龄的增长而不断增多。一项关于儿童分享行为的早期研究表明,当让4—12岁儿童与自己熟悉的一个同龄同伴分享物品时,33%的4—6岁儿童,69%的6—7岁儿童,81%的7—9岁儿童,96%的9—12岁儿童更多地或均等地(多出一个物品

---

① 岑国桢,刘京海.5~11岁儿童分享观念发展研究[J].心理科学,1988(2):21-25.

留着不分)把物品分给同伴。

最初的分享行为往往伴随着具体、确定的奖赏,以后逐渐发展为自发自愿、不求外加报酬的利他行为。李丹、李伯黍对 4—11 岁儿童利他行为的研究发现,各年龄儿童做出利他选择的人数比例随着年龄的增长而增多,儿童的利他观念和实际的利他行为之间的一致性随年龄增长而增加。

一般而言,2 岁以下的儿童即已出现分享玩具的行为,但不是自觉(分享观念支配下)的分享行为。5 岁以前儿童的分享具有功利性,5 岁以后分享行为表现出利他性。幼儿的分享观念与分享行为不一致,存在着伪分享,但分享观念与分享行为相关较高,即具有分享观念者更容易发生分享行为。

年龄大的儿童较愿意分享,或显得较为慷慨,但存在着文化差异和性别差异。女孩比男孩更慷慨,集体主义取向的文化背景下的儿童更倾向于分享。

4.合作行为的发展

儿童的亲社会行为在 18—24 个月时开始迅速分化发展。出生后的第二年合作行为开始发生。

王美芳、庞维国对幼儿园大、中、小班儿童的在园亲社会行为进行自然观察,发现幼儿园儿童的亲社会行为中,合作行为最为常见。

合作是由合作主体、合作策略和合作主题 3 个要素构成的,合作主体则至少有两个。真正意义上的合作是指在合作主题下有共同的目标,成员之间分工协调。

在对 2—5 岁幼儿同伴游戏的经典研究中,M. B. 帕顿发现 2—3 岁的幼儿可以分开玩玩具,但靠得很近,有时还一起谈话,不过这种游戏方式从本质上而言仍然只是一种平行游戏。随着年龄的增长,4—5 岁幼儿之间不仅互动明显增多,而且可以协调行动以达到共同目的,平行游戏逐渐发展为真正意义上的合作游戏。

由于儿童通常在 4 岁左右方能具备心理理论和观点采择能力,因此 4—5 岁是幼儿合作发展的关键期。

(1)合作类型的发展变化

合作类型,根据合作的性质,可以分为意向型合作、目标型合作、组织化合作。

幼儿合作类型的发展,第一阶段是意向性合作,以小班儿童为主,幼儿仅有合作意向和愿望,但无具体的合作行为;第二阶段是自发性协同的合作,是中班幼儿的典型特点,幼儿有简单的语言交流和行为协调,有了共同目标但行为缺乏计划性和组织性;第三阶段是适应性协同,是大班儿童的合作行为特点,幼儿的语言交流和行为已具有明显的针对性和计划性,能相互配合协调;第四阶段才是真正意义上的合作,即组织化协作水平,学龄期儿童开始以集体目标为中心,按照一定计划分工行动,相互配合,组织性较强,有领导者出现。

(2)合作策略的发展

合作策略主要是指儿童在合作中的行为特征,根据其性质分为亲社会策略、一般性策略和强制性策略。亲社会策略包括自觉配合、协商、指导示范、帮助、补偿、轮流等行为,一般性策略包括探讨、建议、提醒、说理解释、妥协服从、判断评价等行为,强制性策略则指命令、指挥、威胁、告状等行为。

幼儿的合作策略以亲社会策略为主,一般性策略和强制性策略次之;协商策略、问题解决策略逐渐转化为优势策略。

有研究发现合作行为具有稳定性,根据 4—5 岁儿童的合作行为能够预测他们 19 岁时的合作行为。

(二)亲社会行为的理论

儿童为什么会在一起合作玩游戏?他们为什么会主动与同伴分享属于自己的物品?这就涉及亲社会产生与发展的机制问题。心理学家对该问题进行了多方面的研究,并从不同的视角进行了相应的理论阐释。

1.社会生物学理论

社会生物学理论用"族内适宜性"解释个体的利他行为。该理论认为,利他行为一般在同一物种内发生,是长期进化过程中所产生的"预设程序",个体为了种族的生存繁衍,需要帮助其他个体甚至牺牲自我以换取族内适应性。并且,与其他个体相比,合作的、利他的个体将更可能受到保护,避免天敌的伤害,更有可能将其基因传递下来。霍夫曼进一步指出,利他行为的遗传基因就是先天的共情能力,即分享、体验他人情感的能力。他认为新生儿对同室其他儿童哭声的反应以及同卵双生子共情反应的相似性可以证明共情能力是先天遗传的。不过,该理论观点似乎过分强调了遗传因素对人类亲社会行为的影响。

2.精神分析理论

精神分析理论的创始人弗洛伊德认为,人格由本我、自我、超我这 3 个基本成分构成。按照该理论,个体之所以产生亲社会行为,是因为超我按照至善原则行事,指导自我,限制本我,换言之,亲社会行为是超我的一种表现,儿童亲社会行为的产生与其超我的发展有密切联系。弗洛伊德认为,年幼儿童是完全由本能驱使的利己生物,并没有亲社会行为;在 4—6 岁时,儿童通过内化父母的价值观(包括利他原则)进行自我认同,以协调自己敌意的性冲动和害怕受到父母的反对或失去父母的爱之间的冲突。弗洛伊德认为,儿童通过与双亲中同性别一方的认同,产生了超我或"道德良知",一旦利他原则被内化并成为超我的一部分,那么儿童就会努力表现出亲社会行为,以避免因为没有做出此类行为而带来良心的惩罚,如内疚、羞愧和自责。

3.社会学习理论

传统的操作学习理论认为,儿童的亲社会行为与其他行为一样都是通过直接强化过程而获得的。儿童的助人等亲社会行为因强化而重复并成为习惯,如当儿童做出与别人分享玩具、同情关心别人等亲社会行为时,成人通过点头微笑和言语赞美等方式提高儿童以后进行这类活动的可能性。社会学习理论则进一步指出,个体的亲社会行为是社会学习和强化的结果。班杜拉认为,观察学习是儿童获得亲社会行为的重要途径,观察到的社会榜样对儿童的亲社会行为影响最大。

4.认知发展理论

认知发展理论认为个体认知的发展是亲社会行为发展的直接动力,在儿童认知发展的不同阶段,亲社会行为表现出相应的特点。例如,3—6 岁儿童处于前运算阶段,认知的最突出特点是自我中心。与之相应,他们的亲社会行为同样表现出自我服务的倾向,在儿童对他人表现出亲社会行为时,他们通常会考虑对方是否会给自己带来好处。而到了7—11/12岁,儿童处于具体运算阶段,逐渐摆脱自我中心思维,开始把别人的需要当作亲社会行为的依据。但值得注意的是,亲社会行为虽然受到认知水平的影响,但是认知水平不是亲社会行为产生的充要条件。认知发展理论关注的是指导行为的认知过程而不是行为本身,而且没有对自我意识、道德推理向外显社会行为的转化和过渡做出有力的说明。

(三)影响亲社会行为发展的因素

儿童亲社会行为是在多种因素的共同影响下产生和发展的。其中社会环境、儿童认知、移情等对其亲社会行为的产生与发展有着重要的影响。

1.社会环境因素

影响儿童亲社会行为发展的社会环境主要包括社会文化传统、大众传播媒介和家庭等。社会文化传统对于儿童亲社会行为的影响主要体现在经济文化水平不同的国家或地区对利他与合作行为的鼓励程度不同。研究者认为工业化程度高的国家中,儿童的利他水平较低。而在工业化水平比较低的社会里,儿童在家庭里往往要干力所能及的家务活,帮助挣钱养家糊口和照看年幼的弟弟妹妹,这使儿童在很小的时候就发展了合作和利他倾向。值得指出的是,虽然不同文化对利他和合作的鼓励程度存在一定差异,但绝大多数文化都认可社会责任感的规范,都鼓励儿童在他人需要帮助的时候积极地提供支持和帮助。

电影、电视、杂志等大众传播媒介对儿童亲社会行为的发展有着重要的影响。那么反映人们之间互相关心、帮助和善良、关怀的作品,为儿童学习亲社会行为提供直观、生动的示范或榜样,有助于儿童通过观察和模仿习得亲社会行为。

家庭(特别是父母)对儿童亲社会行为的发展也具有重要的影响。父母常常直接鼓励、促进和塑造儿童的亲社会行为,或者通过身体力行直接为儿童提供学习亲社会行为的榜样。如果父母既做出亲社会行为,又为儿童提供表现亲社会行为的机会,就会更有利于激发儿童的亲社会行为。

2.社会认知

亲社会行为的发生与个体认知能力尤其是社会认知能力的发展(如观点采择、道德推理和社会规范认知等)有着直接的关系。

一项元分析研究表明,儿童的观点采择和亲社会行为呈高相关,观点采择训练可以提高儿童的观点采择能力和利他性。值得注意的是,观点采择只能为儿童更好地理解情境和他人的需要及情感提供认知前提,他们是否利用通过观点采择获取的信息做出亲社会行为,还取决于很多其他因素的制约。除观点采择能力外,道德推理也影响儿童的亲社会行为水平。许多研究者采用皮亚杰对偶故事或科尔伯格的道德两难故事考察儿童的道德判断,发现儿童的道德判断与其亲社会行为之间存在着密切联系;采用艾森伯格的亲社会道德两难故事考察儿童亲社会道德推理的研究表明,儿童的亲社会道德判断与亲社会行为之间的关系比其他形式的道德判断与亲社会行为之间的关系更密切。此外,儿童的社会规则认知,如对社会责任规范(应该帮助哪些需要帮助的人)、相互性规范(要帮助那些帮助过自己的人)和应得性规范(帮助那些应该得到帮助的人)的认知也是影响儿童亲社会行为的重要认知因素。

3.移情

移情是社会认知与亲社会行为之间的中介因素。大量的研究表明,移情与各种形式的亲社会行为都呈正相关,移情能力越高,个体做出亲社会行为的可能性越大,同时移情也能降低侵犯等反社会行为的发生率。

年幼儿童的移情与亲社会行为的相关较低,但是年长儿童特别是成人的移情与亲社会行为具有较高的相关。

4.榜样

社会行为的习得以观察模仿为主,幼儿具有好模仿的特点,榜样特别是权威人物的榜样具有显著的示范效用。研究发现,儿童在观看了行为友好、合作的电影后,其合作性增强,合作行为明显增多;而观看了行为消极、攻击性强的电影后,儿童的合作性降低,攻击性增强。而一项有关同胞兄弟姐妹合作行为的研究也发现,当年长儿童经常表现出合作行为时,年幼儿童在 2 岁左右即更易出现合作行为。[①]

二、攻击性行为的发展

(一)攻击行为的发展

婴儿期已经产生攻击性行为,但是 3 岁前的攻击性行为主要是为了占有玩具等物品,是典型的工具性攻击。

散乱、无目的地发脾气在 4 岁以后逐渐消失,工具性攻击逐渐增多,但到了幼儿末期被敌意性攻击取代。

进入学前期,由具有社会意义的事件引起的个体间的攻击性行为逐渐增多。一些研究人员观察发现,儿童到 4 岁半时,由具有社会意义的事件如游戏规则、行为方式、社会比较等引起的攻击与由物品和空间等问题引起的相应行为首次达到平衡。前者不仅会引起个体之间的言语攻击,还常常引起彼此的身体攻击。

哈吐普的研究表明,3—6 岁幼儿的攻击性行为随年龄的增长而增加,身体攻击在 4 岁时达到顶点;对受到进攻或生气的报复倾向,3 岁时有明显增加;进攻的挑起者和侵犯形式也随年龄而变化,身体攻击减少,言语攻击增多,以争夺玩具为主转向人身攻击,如取笑、冷落、叫绰号等。

总体上看,小班儿童的工具性攻击行为显著多于敌意性攻击行为,中班儿童的工具性攻击行为与敌意性攻击行为接近,而大班儿童的敌意性攻击行为显著多于工具性攻击行为。攻击方式呈现出从身体攻击到言语攻击和从直接攻击到间接攻击的变化趋势。

---

① 庞丽娟,陈琴.论儿童合作[J].教育研究与实验,2002(1):52-57.

大量研究表明,儿童的攻击行为并没有随着年龄的增长显著增多,攻击行为表现出一定的稳定性和性别差异,男性比女性更具攻击性。

(二)攻击行为产生的原因

关于攻击行为产生的原因,不同的理论有不同的侧重点。精神分析理论认为儿童的攻击表现源于儿童的破坏性本能。习性学家则认为攻击是动物,也是人类生活不可避免的组成部分,人类要想避免战争等不良攻击行为,就需要多开展冒险性的体育活动,以耗散攻击本能。儿童的攻击也是源于人的一种自我生物保护本能。挫折—攻击理论认为,攻击是人体遭受挫折后所产生的行为反应。多拉德等人指出,"攻击永远是挫折的一种后果""攻击行为的产生,总是以挫折的存在为条件的"。勒温著名的玩具实验表明,挫折组儿童比控制组儿童表现出更多的如摔、砸等破坏性损坏玩具的行为,即挫折引发了更多的破坏行为。马利克的搭积木实验也发现,受挫折的实验组儿童比控制组儿童对他人实施电击次数更多,电压也更高,即挫折增加了儿童造成别人痛苦的攻击性。生活实践也证明,儿童的攻击性行为通常都是在受到各种挫折后产生并加剧的,可见,挫折是造成儿童攻击行为的一个重要原因。社会学习理论认为,攻击是通过观察和强化习得的。社会认知模式理论认为,攻击是因为攻击者对于社会信息的错误理解而引起的,对于攻击行为来说,个体对所面临的社会情境的认知过程是攻击行为产生的基础。有研究指出,攻击性儿童倾向于注意并较容易回忆具有威胁性的信息,他们明显地倾向于将情境中不明晰或暧昧不清的信息当成具挑衅性意义的信息,甚至根本就误解了信息本身的意义。不能正确地解释社会线索增加了儿童最终采取攻击反应的概率。

综合各种攻击行为产生的理论观点,可以把攻击行为产生的原因区分为直接外因、背景因素和个体因素。

1. 导致攻击行为的直接外因

挫折:剧烈的挫折可以引发直接的、指向知觉到的挫折来源的攻击行为,攻击是挫折的后果。

挑衅:当人们受到他人直接的挑衅或被激怒时容易出现攻击行为。

诱因:挫折导致攻击的准备状态,只有诱因出现时才引发攻击行为,它是攻击行为发生的扳机。能引发攻击行为的诱因包括厌恶性刺激、奖励性刺激、示范性刺激、训导性刺激、幻觉性刺激等。

2. 攻击行为发生的背景因素

对于学前儿童来说,主要的背景因素是家庭冲突及其暴力行为。家庭是学前儿童的主要环境,缺乏温暖、冲突不断且以暴力解决冲突的家庭给孩子示范了攻击性的行为模式,令其观察模仿学习,孩子攻击性行为必然较多。大量研究表明具有不良的家庭管教方式和对儿童缺乏明确的行为指导以及活动监督的家庭也可能造成儿童较高的攻击性。

暴力性的大众传媒和游戏也是提供攻击行为示范的重要途径。儿童长时间暴露在含有暴力情节的传媒与游戏刺激中,因模仿而增加其攻击性行为是必然的。

3. 攻击行为发生的个体因素

儿童个人的控制能力、归因方式、性格类型和社会认知的敌意性偏向都是产生攻击性行为的个体因素。那些自控能力不足或过分控制的孩子,具有内部归因方式的个体更具攻击性。研究表明 A 型性格者比 B 型性格者更具攻击性,在社会信息加工中抱有敌意取向的人更容易发生攻击性行为。

对于幼儿来讲,由于其身心特点的特殊性,研究显示影响其攻击行为的内部原因主要是自我控制能力不足、人际交往技能欠缺、社会认知能力不足,外部原因则是空间、玩具不能满足儿童的需求,攻击性行为的榜样示范和来自成人的惩罚或强化。

预防幼儿产生攻击性行为,创造良好的环境、满足幼儿的合理需求、提高幼儿的社会认知水平、培养幼儿的社会交往技能、培养幼儿的自我控制能力、让幼儿了解攻击性行为的后果、教会幼儿如何宣泄侵犯性情感都是有效的教育措施。

三、幼儿的同伴关系

儿童的社会行为本质上是一种人际互动,即社会交往。社会交往的结果即形成社会关系。个体一生中有很多社会关系,可以归纳为两类:纵向的亲子关系与师生关系和横向的同伴关系。

亲子关系的核心是亲子依恋。在婴儿期的社会性发展部分已经论证。

幼儿入园后,其人际互动包括师幼互动和同伴互动。师幼互动的过程即教育影响过程,在这种互动中形成不同类型的师幼关系,进而对儿童产生不同的影响,因此师幼互动及其关系是学前教育学研究的内容之一。

同伴关系指年龄相同或相近的儿童之间在共同的活动中建立的人际关系。

同伴关系可分为同伴群体关系(小群体)和友谊关系。同伴群体关系是儿童之间自发产生的,具有共同目标、相同兴趣和经常共同参与活动的多人之间的人际关系。它表明儿童在同伴群体中彼此喜欢或接纳的程度,一般采用现场或照片"同伴提名法"了解其在群体中的社会地位。幼儿期的同伴群体尚不稳定,以共同游戏为纽带,游戏结束,同伴群体的关系即结束。

友谊关系是两个个体之间形成的一种相互作用的、较为持久稳定的双向关系,友谊以信任为基础,以亲密性支持为情感特征。幼儿的友谊多半建立在地理位置的临近、共同的兴趣、共享玩具的基础上,尚不能形成稳定的、相互的、一对一的友谊关系。

(一)同伴关系的意义

1.同伴关系是发展幼儿社会能力的重要背景

同伴关系的建立需要儿童与同伴交往。同伴交往与亲子交往相比,儿童需要自己去引发和维持交往行为,理解同伴传递出来的相对模糊的反馈信息,还要根据场合与情境性质的不同来确定自己的行为反应,这就使得儿童必须发展自己的社会认知、社交技能和策略,不断地加强理解同伴的行为意图和调整自己的行为方式,以便建立良好的同伴关系。

2.良好的同伴关系使儿童产生安全感和归属感

同伴间良好的交往关系,可以满足儿童的安全需要、归属的需要和爱的需要,使其产生安全感、归属感,对幼儿具有重要的情感支持作用。如在陌生的实验室中,一些4岁的儿童与其同伴在一起,而另一些则独自一人。结果发现前者比后者更容易安静地、积极主动地探索周围环境,玩玩具,或做操作练习。同伴关系良好的幼儿往往感到很愉快,反之则会产生消极的情感体验。

3.同伴交往有助于儿童自我概念和人格的发展

儿童通过与同伴的比较进行自我认知。同伴的行为和活动就像一面"镜子",为儿童提供自我评价的参照,使儿童能够通过对照更好地认识自己,对自身的能力做出判断。良好的同伴关系也可以促进幼儿人格的健康发展,甚至使处境不利的儿童抵消其不良处境带来的消极影响。

对离群索居的猴子的研究表明,尽管幼猴被剥夺了母猴照料的机会,但只要他们在"幼年"同其他的幼猴有充分接触和玩耍的机会,它们的发育是正常的。安娜·弗洛伊德和索菲·唐的报告也证实了伙伴间的接触可以抵消亲子关系缺失带来的不利影响。在第二次世界大战期间,有6个儿童的父母被纳粹分子杀害,他们被关在集中营内长到3岁。这期间他们很少得到成人的照顾,几乎是彼此相互照顾着长大的,形成了深厚的、持久的依恋情感。他们成年后均成为正常的社会成员,没有一个有缺陷或者成为精神疾病患者。

4.同伴关系促进儿童认知能力的发展

同伴关系为儿童提供了大量的同伴交流、直接教导、协商、讨论的机会,儿童常在一起探索物体的多种用途或问题的多种解决方式,他们分享知识经验、相互模仿、学习,这些都有助于儿童丰富认知,发展自己的思考、操作和解决问题的能力。

(二)幼儿同伴关系的发展

在个体成长过程中,与同伴的交往日益增加,而与成人的交往逐渐减少。埃利斯等人的研究显示,1—12岁的儿童,与成人的交往持续减少,与同伴的交往则持续增加,进入幼儿园以后,儿童的人际交往开始以同伴交往为主。[①]

婴儿期儿童的同伴关系经历了客体中心、简单相互作用和互补的相互作用这3个阶段。进入幼儿园,即从3岁开始,单独游戏减少,集体游戏增加,4岁后合作游戏成为主要游戏类型。4—5岁开始,同伴关系冲破亲子关系和师生关系的优势,逐步成为儿童人际关系的主要内容。

大量研究都采用同伴提名法研究幼儿的同伴关系类型,根据幼儿在群体中的同伴接纳程度,将幼儿的同伴关系分为受欢迎型、被拒绝型、忽视型和一般型。根据幼儿在同伴交往中行为的性质,可以把幼儿的同伴交往分为亲社会型、攻击型和羞怯与退缩型。

(三)影响幼儿同伴关系的因素

影响幼儿同伴关系的因素是多方面的,一般可以归纳为儿童自身的特征和外部因素。

---

① 张文新.儿童社会性发展[M].北京:北京师范大学出版社,1999:144-148.

1.儿童自身的特征

儿童自身的身心特征一方面制约着同伴对他们的态度和接纳程度,另一方面也决定着他们自身在交往中的行为方式。大量研究证明幼儿的行为特点、社交技能与策略、社会认知和外貌、年龄及其性格特点是影响其同伴关系的主要内部因素。

社会行为的主动性、积极性是幼儿获得良好同伴关系的关键因素。美国学者的研究显示受欢迎的儿童是通过看着或者接近其他儿童开始发起交往行为的,而不受欢迎的幼儿更多地采用专断的抓住别人的行为来发出社交信号,这些信号容易引起不恰当的反应。庞丽娟的研究也显示受欢迎的幼儿表现出更多的积极、友好的行为和很少的消极行为,被拒绝幼儿则表现出更多的消极不友好行为,积极行为很少,被忽视幼儿表现出的积极、消极行为都很少。[①]

社会交往技能和策略也是影响幼儿同伴关系的重要因素。前述庞丽娟的研究显示受欢迎幼儿使用更多的策略,其有效性、主动性、独立性、友好性均很强;被拒绝幼儿使用的策略也较多,独立、主动但是策略的有效性较差;被忽视幼儿使用的策略少,主动性、独立性有效性都比较差,较多地使用退缩、依赖的策略。

另外,幼儿的长相、年龄和个性的外向性甚至姓名也影响着被同伴选择和接纳的程度。年长、漂亮、外向的幼儿比较受欢迎,反之则可能被拒绝或者忽视。

2.早期的亲子关系

儿童在社会化过程中经历了从家庭向同辈群体的转化。早期的家庭人际关系尤其是亲子关系对儿童的同伴关系有预告和定型的作用。最新的研究则认为二者是相互影响的。

儿童在与父母的交往过程中不但练习着社交方式,而且发现自己的行为可以引起父母的反应,由此获得一种最初的"自我肯定"的印象。这种印象是儿童将来自信心和自尊感的基础,也是其同伴交往积极、健康发展的先决条件之一。有研究指出,婴儿最初的同伴交往行为,几乎都是来自更早时与父母的交往。比如婴儿第一次对成人微笑和发声之后的 2 个月,在同伴交往中会开始出现相同的行为。

3.幼儿园的活动材料和活动性质

活动材料,特别是玩具,是幼儿同伴交往的一个不可忽视的影响因素,儿童之间的交往大多围绕玩具而发生。在没有玩具或有少量玩具的情况下,儿童经常发生争抢、攻击等消极交往行为;而在有大玩具,如滑梯、攀登架、中型积木等的条件下,儿童之间倾向于发生轮流、分享、合作等积极、友好的交往行为。

活动性质也影响同伴交往。在自由游戏情境下,不同社交类型的幼儿表现出交往行为上的巨大差异,而在有一定任务的情境下,如在表演游戏或集体活动中,即使是不受同伴欢迎的儿童,也能与同伴进行一定的配合、协作,因为活动情境本身已规定了同伴间的合作关系,对其行为提出了许多制约。

除此之外,幼儿在集体中生活的时间长度、教师对待幼儿的态度及其师幼关系也会对幼儿的同伴关系产生影响。

---

① 庞丽娟.幼儿不同社交类型的心理特征的比较研究[J].心理学报,1993(3):306-313.

第五节　3—6 岁儿童性别角色的发展

性别角色作为一个概念,既是自我认知又是社会认知的内容,同时还是社会行为的基础与内容。

一、性别角色的相关概念

角色是人类社会对其个体进行分类的方式。性别角色是最基本的角色。

性别又包括生物意义的性别和社会意义的性别。

生物意义的性别(sex)也叫自然性别,是指两性第一性征和第二性征即生理结构和解剖结构上的差异;生理结构主要指由染色体和激素造成的差异,解剖结构是指两性性器官的差异;男女两性在器官、解剖结构和形态上的差异被归结为不同的生物性别。

社会性别是男女两性在社会文化的建构下形成的性别特征和差异,即社会文化形成的对男女性别差异的理解,以及在社会文化中形成的属于男性或女性的群体特征和行为方式。

(一)性别角色

性别角色是指由于人们的性别不同而产生的符合一定社会期待的品质特征,包括男女两性所持的不同态度、人格特征和社会行为模式。

一定的社会文化对于不同的性别角色形成了一些公认的共同的性别特征,如价值观、动机、行为方式和性格特征等,这些共同的特征也被称为性别角色标准。性别角色标准在一定程度上具有跨文化性,当然也有文化间的差异性。

传统的性别角色模式是男性化和女性化,但是美国社会心理学家桑德拉·贝姆等人在精神分析学家荣格的理论基础上提出了双性化的概念。

性别角色双性化是指部分个体是双性化的,他们既具有男性化特征也具有女性化特征。双性化个体具有更好的灵活性和适应性。

美国社会心理学家桑德拉·贝姆的双性化性别角色模式如图 6-1 所示。

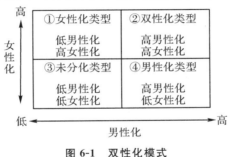

图 6-1　双性化模式

性别化指在特定文化中,儿童获得适合于某一性别(男性或女性)特征如价值观、动机和行为的过程。它是社会化的一部分。

性别角色包括 3 个部分,即性别概念、性别角色观、性别化行为模式。

(二)性别概念

性别概念是个体对性别认知的结果,包括性别认同、性别稳定性与性别恒常性。

性别认同指儿童对自己和他人性别的正确标定与识别。

性别稳定性是指儿童对人一生性别保持不变的认知。

性别恒常性则是对人的性别不因其外部特征和活动的改变而改变的认识。性别恒常性是性别概念的核心。

(三)性别角色观念

性别角色观念是儿童对不同性别行为模式的认识与理解。

(四)性别化行为模式

性别化行为是指儿童表现出的与其性别角色标准相适应的行为,经过较长时间的巩固与发展,就会形成自己的性别行为模式。

二、3—6 岁儿童性别角色的发展

(一)性别概念的发展

1.性别认同

性别认同出现最早,大约 2—3 岁出现。研究显示 1.5—2.5 岁大部分婴儿尚不知道自己的性别,但是多数研究显示,绝大多数 2—3 岁儿童能准确说出自己是女孩还是男孩。

汤姆逊在一项研究中向 2—3 岁的儿童提供一些性别化的洋娃娃和杂志的图片,要求儿童按性别把这些图片分类。同时问儿童他们自己的性别以及他们与这些图片是否一样。然后给每一位被试拍摄一张快照,让其添加到已经分类的图片中。最后把两张中性物品的图片(如"苹果")标上"好"或者"坏",或者标上"给男孩"或"给女孩",让他们从中选一个带回家去。结果表明,2 岁儿童的性别认同发展水平还很低,他们开始理解男人和女人这些词的含义,开始知道一些活动和物体同男性相联系,另一些同女性相联系。但不知道自己与其他人属于同一性别类型。到 2 岁半时,儿童不但能正确回答自己的性别,还能区分其他人的性别,也知道自己与同性别的人更相似。

2.性别稳定性

3—5 岁性别稳定性表现明显,4 岁儿童已经能够认识到人的性别不随年龄、情境的变化而变化。例如,在回答"当你长大后是当妈妈还是当爸爸?"的问题时,多数 4 岁儿童正确,但是对于别的孩子的性别稳定性的认识晚于自己。

斯莱比和弗雷曾在研究中向被试提出"当你长大以后是当妈妈还是当爸爸?"的问题,以此考察儿童的性别稳定性。结果表明,直到 4 岁儿童才能做出正确回答。儿童对自己性别稳定性的认识要早于对别的孩子性别稳定性的认识,他们早就知道,不管怎样,他们都不可能变为相反性别的人。

3.性别恒常性

性别恒常性即性别守恒,大多数儿童在 5—7 岁建立性别守恒,其顺序是自身守恒到同性别同伴的性别守恒,最后到异性别同伴的性别守恒。

总之,幼儿期可能是一个性别概念的敏感期。2 岁左右能分辨出照片上人的性别,但不能确定自己的性别;2—3 岁儿童能正确说出自己的性别,但不能认识到性别是不变的;4—5 岁的幼儿能认识到性别的稳定性,但不能坚持性别的恒常性;6—7 岁认识到恒常性。到上小学的时候,大部分孩子都已形成稳定的、以未来为指向的性别概念。

(二)性别角色观的发展

儿童在 3 岁时就获得了一些社会对于男性和女性的期望的知识,对性别行为模式有了最初步的认识,但还比较模糊,4 岁时依然缺乏对常规的性别行为习惯的意识,因此能接受与性别行为习惯不相符的行为(自我中心)。

4—5 岁时能够从职业角度去理解性别行为,但是比较刻板。例如,男孩不能玩布娃娃等。5 岁以后开始从心理特征上去理解性别行为。例如,男孩说话要响亮,女孩应该娇小文静等。

在一项研究中,研究者向 2.5—3.5 岁的儿童呈现一个男孩布偶和一个女孩布偶,然后问这些孩子这两个布偶中的哪一个会进行诸如烹饪、缝纫、玩洋娃娃、开卡车、开火车、说很多话、打架或爬树等两种性别的典型行为。几乎所有的 2.5 岁的孩子都具有一些与性别角色相关的知识。例如,认为女孩总是会说很多的话,从不打架,经常需要帮助,喜欢玩洋娃娃,喜欢帮助妈妈干家务活;男孩喜欢玩卡牌,喜欢帮助爸爸,喜欢制作东西,还会打架。

那么,儿童会认真看待这些性别角色,并要求自己做出角色行为吗?

5—7 岁的儿童认为不能违背与其性别相符的行为特征,在判断同伴与自己的性别行为时会考虑到违反常规的后果,例如被人耻笑等(成人标准)。

许多 3—7 岁的孩子将性别角色标准看作是不容侵犯的、所有人都必须遵守的准则。他们对于同伴或他人不符合性别化规定的行为常常表现出拒绝和轻视的态度。在幼儿园中,玩男子气玩具的男孩和举止女性化的女孩,都比较容易找到玩伴;而玩娃娃或举止服饰女性化的男孩,则可能遭到同伴的取笑或受到忽视。年幼儿童的性别角色观非常刻板,对逾越性别角色的行为不能容忍,这与他们对于性别的理解水平有关系。3—7 岁是儿童坚定地把自己归入男孩或女孩,并开始意识到事情将会永远如此的时期。他们可能夸大性别角色以获得认知上的明了,因为只有这样,他们关于性别角色的认知与他们头脑中的自我形象才是一致的。

9 岁以后对于性别特征开始持开放的态度,即男性也可以做通常女性做的事情,女性也可以做通常男性做的事情(社会习惯和道德规则的平衡)。

(三)性别化行为的发展

性别化的行为主要表现在行为偏好方面。

1. 玩具偏爱

在性别认同形成之前儿童就表现出了玩具偏爱的性别差异,研究发现大约14—22个月的儿童就出现了玩具偏爱。

2. 同伴偏爱

一般女孩2岁、男孩3岁就出现了玩伴的偏爱,即明显地选择同性别的同伴玩耍。

男女儿童在性别化的过程中具有发展上的差异。例如,男女儿童对同性同伴的偏爱出现的时间不同。女孩一般在2岁,男孩一般在3岁。但是儿童喜欢与同性伙伴玩耍的特点一直持续到儿童中期,并具有跨文化的一致性。还有研究发现,女孩在遵从性别相适行为上没有男孩那么严格。大多数文化以男性价值为主导取向,男性角色比女性角色定义得更清楚,因而男孩在遵从性别行为上受到的社会压力更大。父母往往能够接受具有男性气质的女孩,却不能容忍女子气的男孩。有研究发现,男孩的性别化兴趣比女孩更稳定,男孩在学前期和学龄期表现出的性别化倾向更多地保持到成年阶段。而且,由于大多数社会里男性的地位比女性高一些,所以男女儿童都常常被男性的事情所吸引。

三、性别差异

性别角色的研究还集中在性别差异方面。

(一)获得广泛支持的男女儿童性别差异

获得广泛认同的性别差异主要是女孩的言语能力比男孩强,男孩的空间视觉能力更强,男孩的数学能力更强,男孩更富于攻击性。

(二)模棱两可的性别差异

触觉的敏感性、恐惧与焦虑、积极活动的倾向(活动水平)、竞争性、支配性、从众行为、抚养与母性行为等是否存在着性别差异还没有获得广泛的认同,研究者的结果是不一致的。

在性别差异方面,女孩比男孩社会性更强、女孩更易于接受暗示、女孩自我评价低、女孩在简单重复的工作中表现好而男孩在高水平的认知加工和摒弃以前习得的反应方面优于女孩、男孩更善于分析、女孩受遗传影响更多而男孩受环境影响更多、女孩成就动机低于男孩、女孩是听觉型的而男孩是视觉型的等观点被传播,但是并没有获得一致的结论。

四、性别差异与性别角色发展的影响因素

(一)体质和生物学因素

激素水平是影响男女两性行为的生物因素之一。雌激素、黄体酮和睾丸素等激素出生前的摄入量会影响儿童出生后行为的性别特征。

遗传基因对于男女两性的差异及其行为的影响是不言而喻的。人类的个体首先是生物上的两性,然后才有可能形成社会性的两性特征,因此遗传基因是男女性别角色形成的生物学基础。

一般认为大脑右半球对空间信息加工更具优势,左半球则对语言信息加工更具优势,男女在认知加工方面的优势可能与大脑半球的功能优势有关。

(二)社会文化因素

无论是精神分析理论还是社会学习理论乃至认知发展理论都强调了社会文化在性别角色特征的塑造中发挥的重要作用,甚至大多数研究认为性别角色特征就是文化建构的结果。

父母对待子女的方式与要求不同是性别化差异和性别角色形成的主要文化影响因素。不同的社会文化对于男女两性的期待会影响父母的教育观念,尤其是父母对待子女的预期目标是影响儿童性别角色的最直接外部影响。

有研究显示,父亲在儿童性别角色特征发展中具有不可替代的作用。张丽华认为父亲在儿童性别化过程中具有比母亲更为重要的影响作用。在游戏活动中,父亲是处在一个独特的位置上来影响孩子的活动和对活动的选择的。美国心理学家拉姆的研究发现,父母同他们7—13个月的婴儿游戏时有着不同之处。母亲常与孩子玩他习惯玩的游戏,而父亲则吸引孩子玩那些具有力量感的、刺激身体的和不可预知结果的游戏,或者是孩子不习惯、感到新奇和开心的游戏。甚至父母抱孩子的动因也不同,母亲抱孩子主要是为了照顾他,而父亲抱孩子则是为了同孩子游戏玩耍,为了让孩子多探究。[①]

幼儿园的性别角色规范也存在着潜在影响。幼儿园的各种环境要素首都隐含中来自文化的性别角色期待,例如,老师与父母一样都是带着他们的性别角色期望在施加教育影响,对于男孩和女孩的要求不同,对男孩与女孩的行为规范也有差别。同伴的性别化行为、隐含在各种教学材料中的性别角色观念都会潜移默化地影响幼儿的性别角色观念与行为。

媒体中的性别角色倾向是影响儿童性别角色的不可忽视的影响源。随着电视、网络、移动互联网等大众传媒的普及,媒体中不加筛选的性别角色观念会影响幼儿性别角色的发展。性别角色观念作为一种文化上的规定,会渗透到传媒的各个方面,以各种形式如人物形象等影响幼儿的性别角色,不仅在观念上影响而且在行为上示范。

---

① 张丽华.试论父亲在儿童性别化过程中的作用[J].辽宁师范大学学报,1998(2):38-40.

总之,幼儿通过两种途径来学习性别常模和社会文化的期望,即经由社会各个系统特别是发生直接影响的两个微观系统——家庭和幼儿园提供观察学习的榜样和直接指导,主要是强化和惩罚。在媒体高度发达,甚至无孔不入的当下,媒体也在提供社会学习的榜样和灌输各种有关性别角色的观念。

【案例分析】

案例一

材料:杰瑞米(3 岁):"妈妈,你到厨房外面去。"

母亲:"为什么呢,杰瑞米?"

杰瑞米:"因为我想要偷一块饼干。"

分析:3 岁的杰瑞米想骗过他的母亲,但没有成功。他似乎没有意识到把自己打算要干的坏事告诉妈妈与妈妈亲眼看到自己做坏事的结果是一样的。也就是说 3 岁儿童还不具备观点采择的能力,不能从他人角度来看待问题。

案例二

材料:中二班的王老师和徐老师,今天发生了激烈的争论。事情的原委是:有几个孩子选择了做风车,但是做的过程中有点困难,还没有做出一个风车就说不喜欢了,要去看图画书。王老师不同意,要求孩子要坚持完成,不能做事半途而废。徐老师则认为应该尊重孩子的自主性,尊重他们的自由选择权。

问题:你的观点是什么? 为什么?

分析:同意王老师的观点。自我控制的自觉性特征包含了自主性和目的性。在活动的开始孩子们已经选择了做风车,是孩子们主动选择并有目的地做风车的,说明教师已经尊重了孩子的自主性和自由选择的权利。孩子们在做风车的过程中遇到困难时要放弃做风车,是自我控制中坚持性不足的表现,因此不能同意。应该鼓励他们继续做风车,同时要给出解决困难的建议作为对孩子的支持。

【拓展阅读】

苏彦捷.发展心理学[M].北京:高等教育出版社,2012.

张向葵,桑标.发展心理学[M].北京:教育科学出版社,2012.

杨丽珠,吴文菊.幼儿社会性发展与教育[M].沈阳:辽宁师范大学出版社,2008.

王振宏,田博,石长地,等.3～6 岁幼儿面部表情识别与标签的发展特点[J].心理科学,2010(2):325-328.

沈敏.运用故事教学提升大班幼儿社会观点采择能力的实验研究[D].北京:首都师范大学,2013.

张莉.榜样和移情对幼儿分享行为影响的实验研究[J].心理发展与教育,1998(1):26-32.

范珍桃,方富熹.学前儿童性别恒常性的发展[J].心理学报,2006(1):63-69.

【知识巩固】

1.判断题

(1)幼儿阶段的亲社会行为中帮助行为出现的频率最高。　　　　　　　　(　　)

(2)自我意识包括自我概念、自我体验和自我控制。　　　　　　　　　　(　　)

(3)移情也叫共情,是被他人的情绪情感所感染表现出来的一种情感共鸣。(　　)

(4)幼儿的分享都是伪分享。　　　　　　　　　　　　　　　　　　　　(　　)

(5)儿童的心理理论是其朴素理论的一种。　　　　　　　　　　　　　　(　　)

2.选择题

(1)所谓情绪的深刻化是指情绪反映了主体与客观事物内部特征的关系,下列不属于情绪深刻化的是(　　)。

A.怕生　　　　　　　B.想象性恐惧　　　　C.害怕打雷　　　　D.幽默

(2)个体的人际关系基本有两种,即垂直的人际关系和水平人际关系,水平人际关系被称为(　　)。

A.亲子关系　　　　　B.师生关系　　　　　C.亲密关系　　　　D.同伴关系

(3)幼儿期自我意识发展最迅速的年龄段是(　　)。

A.2—3岁　　　　　　B.3—4岁　　　　　　C.4—5岁　　　　　D.5—6岁

(4)学龄前儿童的攻击性行为以(　　)为主。

A.敌意性攻击　　　　B.工具性攻击　　　　C.私人性攻击　　　D.社会性攻击

(5)美国心理学家米歇尔的棉花糖实验研究了儿童自我控制中(　　)的发展。

A.自觉性　　　　　　B.坚持性　　　　　　C.延迟满足　　　　D.自制力

3.简答题

(1)试论幼儿情绪情感发展的一般趋势。

(2)举例说明影响幼儿亲社会行为与攻击行为的因素。

【实践应用】

1.案例分析

实例:幼儿通常用"我是男孩""我是长头发""我会画画""我有很多玩具""我喜欢玩游戏"等来描述自我。

问题:请问,这体现了幼儿自我评价发展的什么特点?

实例:孩子们正在看《灰姑娘》的动画片,当听到"灰姑娘和王子幸福地生活在一起"时,岳子峰(男孩)跑过来跟小辛老师说:"老师,等我长大了要和你结婚。"小辛老师笑着说:"你和沈老师(男老师)去结婚吧,他多有力量,可以保护你。"岳子峰大笑起来,说:"辛老师,你真会开玩笑。"

问题:如何理解岳子峰的言行?

实例:晨间自由活动了没有一会,睿睿就跑来告诉老师:"李老师,我不要和小熙做朋友了。"李老师就问他:"为什么?你们是一个小组的呀。"睿睿生气地说:"他的变形金刚都不给我玩。我都给他玩我的蜘蛛侠了。"李老师追问道:"怎样才算好朋友呢?"睿睿笑着说:"老师,你怎么连这都不知道呀。好朋友就是要相互玩呀(意思是相互交换玩具玩)。"

问题:请从社会认知的发展角度分析睿睿的言行。

2.尝试实践

(1)小组合作制定并执行一项关于幼儿亲社会行为发展的观察研究。

(2)阅读一篇关于幼儿观点采择的研究文献,模拟采用故事访谈法探究中班幼儿的观点采择水平。

第七章

学前儿童心理发展的规律

【学习目标】

知识目标：

1. 能够区分并解释学前儿童发展心理学的几个特殊概念：关键期、敏感期、最近发展区等；

2. 能够举例说明学前儿童心理发展的基本规律；

3. 能够论证影响学前儿童心理发展的因素及其关系。

技能目标：

能够根据幼儿期各年龄段的特点为家长提供一份比较具体的教育原则清单。

情感目标：

1. 体验与感悟学前儿童心理发展的特殊性；

2. 积极参与从事实中提炼概括出规律的思维活动。

【问题导入】

问题：

1. 学前教育为什么日益得到整个社会的重视？

2. 电视剧《欢乐颂》里安迪和她的弟弟都有极强的精神疾病遗传基因，为什么安迪没有发病，她的弟弟却症状严重到不能自理呢？

【内容体系】

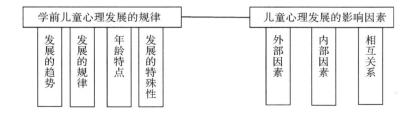

第一节 学前儿童心理发展的规律

一、学前儿童心理发展的趋势

发展是指事物由小到大、由简到繁、由低级到高级的运动变化过程。很显然,学前儿童的心理是一个不断发展的过程。虽然偶尔也会出现短暂的停留或倒退,但这种停留或倒退是为了更大的进步。儿童在学习使用物品的动作中,有时会出现倒退现象。例如,已经学会熟练地拿匙子吃饭,忽然有一段时间不好好地用匙子吃,而是把饭粒都撒在桌子上。原因是孩子对熟悉的动作已经失去了新鲜感,对新动作产生了兴趣,喜欢用大拇指和食指去捡细小的东西,因此故意把饭撒在桌上,然后逐粒拾起来,乐此不疲。

学前儿童心理发展由简到繁、由低级到高级的具体表现是什么呢?

(一)从简单到复杂

学前儿童心理发展从简单到复杂表现在两个方面。

1.从不齐全到齐全

儿童最初的心理活动实际上是生理的反射活动,即无条件反射。在无条件反射的基础上逐渐建立了一系列的条件反射。条件反射的连锁构成了最初的知觉、记忆等心理现象。想象、思维等高级的心理现象要到1.5—2岁才会产生。直到2岁,认知过程才全部产生。自我意识、意志行动的产生则更晚。意志过程完全形成和个性的形成则更晚。由此可见,学前儿童心理的发展是一个从不齐全到齐全的过程。

2.从笼统到分化

儿童最初的心理活动是笼统的,例如最初的吸吮反射是对凡是触碰其脸颊的刺激都会做出吸吮反应,逐渐的则只对触碰嘴唇的刺激做出反应。后期建立的条件反射更是一个逐渐分化的过程。

儿童最初的情绪反应也是笼统的,是全身性的紧张反应。根据需要是否满足逐渐分化为愉快和不愉快两类,然后在此基础上不断分化,如愉快分化为高兴、快乐、喜悦等,不愉快则分化为伤心、痛苦、害怕等。

(二)从被动到主动

心理是人脑对客观世界主观能动的反映,但是主观性是逐渐发展起来的。最初的心理活动是被动的。从被动到主动的发展表现在两个方面。

1.从受生理制约到自己主动调节

个体对外部世界的最初反应是生理性的,如无条件反射以及最初的条件反射。最初的心理活动受生理制约,随着自我意识的产生和发展,个体的主观能动性才逐渐增强,主动的调节才成为可能。几个月以内的孩子,其快乐和不安,主要决定于生理上的需要是否得到满足,生理需要是否满足是情绪产生的主要原因。逐渐的,社会性需要开始占主导地位,情绪也能够被调节,心理活动的主观能动性才逐渐显现。

早期儿童的情绪性强,认知活动受情绪的影响大。两三岁儿童的注意力不集中,坚持性不强,主要是由生理上的不成熟所致。随着儿童生理的成熟,它对心理活动的制约和局限作用渐渐减少,心理活动的主动性渐渐增长。四五岁儿童有时注意力非常不集中,有时又能长时间坚持。

2.从无意到有意

儿童最初的心理活动是无意的,即是由外部刺激引发的。随着目的—手段的建立,表征的形成,动手操作之前头脑内部的加工日益增强,心理活动的目的性、意识性逐渐加强,最终占主导地位。例如注意的发展是从无意注意到有意注意,记忆、想象也是从无意向有意发展。

(三)从具体到抽象

儿童最初的心理活动是非常具体的,以后逐渐走向概括化。从认知活动看,最初是感觉过程,以后才综合为知觉,在知觉基础上才产生了表象,表象具有形象性和概括性的双重特点。思维的发展也显示出从感知动作到形象思维再到抽象思维的发展趋势。从情绪发展看,早期引起情绪的主要因素都是具体的事物是否满足需要,后期则与抽象概括的事物与观点有关,比如道德感是否产生与是非观念有关。从意志行动看,最初的意志行动是从不随意动作到随意动作,然后发展到行为的调控、情的调控等。

(四)从零乱到成体系

心理活动在齐全之前还谈不上体系。哪怕是各种心理现象都产生齐全了,各自也还不够稳定,容易变化,因此各自之间的联系和协调也还没有形成。比如情绪的转瞬变化,比如语言还不能够调节行为等,在儿童早期都还非常突出。随着心理现象各要素之间相互联系的加强,逐渐趋于协调,最后形成一个整体,从而开始有了系统性和稳定的倾向,大约到幼儿末期个性才初具雏形。

二、学前儿童心理发展的规律

(一)学前儿童的发展具有高速度的特征

学前儿童心理发展的速度在一生中是最快的,发展的高速度是其心理发展的显著特征。心理发展以生理发展为基础,从生理发展的速度看,除了生殖系统外,儿童身体其他系统的发展都呈现出出生后前六年的高速度特点,由此心理发展也呈现出高速度。

从研究结果看,生理发展、智力发展都呈现出年龄越小速度越快的特点。美国心理学家布鲁姆关于儿童智力发展的理论认为,如果说 17 岁的人智力发展水平为 100%,那么 4 岁儿童的智力发展达到 50%,8 岁儿童的智力发展水平达到 80%,剩下的 20% 是从 8—17

岁的 9 年时间里获得的。虽然这个观点实证依据还不够充分,但它得到了广泛的认可。布鲁姆的智力发展曲线见图 7-1。

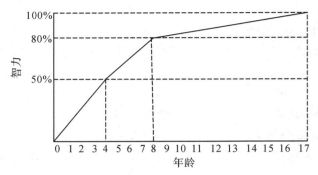

图 7-1　布鲁姆智力发展曲线①

从日常生活中对儿童的观察来看,养育者能够非常明显地感知到 3 个月以前的婴儿一天一个变化,1 岁前的儿童一周一个变化,3 岁前儿童一个月就有明显变化。从外显的动作变化看,3 个月时能翻身,6 个月时就能坐立了,1 岁时已经能从爬行发展到站立行走。从言语表现看,1 岁时只能说出几个词,2 岁时已经能够说出完整句了。事实上人类的语言是一个非常复杂的系统,用一年的时间说出完整的句子是非常高速的一种变化。就自我调节而言,3 岁时还不能够有目的地专注于一件事,但 4—5 岁时已经能够有目的地采用一定的方法来帮助自己集中注意力了。

(二)学前儿童的发展具有不均衡性

发展的不均衡性主要表现在 3 个方面:一是某个时间段内心理现象各方面的发展是不均衡的;二是同一种心理现象在不同时期的发展是不均衡的;三是不同儿童的发展是不均衡的,即发展具有个体差异性。

心理现象各方面的发展不均衡。感知觉的发展在早期速度非常快,甚至在胎儿期已经发展到相当的水平,例如味觉在出生后很快就达到了发展的高峰水平。高级心理现象如想象、思维的发展速度就较为缓慢,学前末期抽象逻辑思维才开始萌芽,12 岁以后才开始明显表现。在社会性方面,自我意识的发展速度就较为缓慢,2 岁左右自我意识产生,真正形成有体系的自我意识,达到自我的同一性则要到青年期才能完成。社会认知如心理理论、观点采择等在幼儿末期才开始产生。

一种心理现象在不同时期的发展速度不均衡。从心理的总体看,年龄越小发展速度越快,随着年龄的增加,发展速度逐渐减缓。从心理的某一个方面看,不同时期发展也不均衡,例如感知觉在婴儿期发展速度很快,后期发展速度就非常缓慢了。思维从直观行动思维发展出抽象逻辑思维在幼儿期就实现了,抽象逻辑思维从萌芽到趋于成熟则需要更长的时间。

---

① 　转引自邱章乐,鲁峰.布鲁姆百分比假说的再研究[J].淮北师范大学学报:哲学社会科学版,2013(3):138-142.

不同儿童的发展是不均衡的,即发展具有个体差异性。同一年龄段的儿童,个体之间往往有较大的差异。这种差异一方面是先天基础和后天的环境影响不同,另一方面是儿童的发展速度不同,即同一种心理现象在不同儿童那里也许最终的水平是差不多的,但是有的在早期发展快,有的则快速发展晚一点,表现出大器晚成的现象。例如,开始说话的时间有的儿童早一点,大约1岁就会说话了,有的儿童就会晚一点,也许到2岁才开口说话。

(三)学前儿童的发展具有顺序性

儿童身心的发展在正常条件下表现为心理现象的发生按顺序出现,心理发展的阶段按顺序展开,心理发展的顺序不可逆也不可逾越。

例如身体与运动机能的发展就遵循了自上而下(头尾律)和自中心而边缘(近远律)的发展顺序,这种发展顺序与种族、性别无关。其他心理机能的发展顺序也是不变的。认知从感知觉开始到具体形象再到抽象逻辑的发展顺序已经被广泛证实是人类个体认知发展的基本顺序,尽管因生物基础和环境因素的变化可能推迟一点或者提前一点,但是顺序不变。

基于儿童发展的顺序性,教育也要按顺序开展,不能超越儿童身心发展的顺序,学前期儿童必须以适合于其身心特点的内容与方法实施教育,不可将小学教育提前实施。

(四)学前儿童的发展具有整体性

发展的整体性是指同一时间片段中儿童发展的各个方面不是孤立进行的,认识过程的各个方面、认识过程与情感意志过程之间、心理过程和个性发展之间都是相互联系不可分割的。

例如,儿童自控能力的发展受制于其神经系统大脑皮层高级部位的髓鞘化完成水平,自控能力的发展使其情绪情感的表达由外露、冲动不稳定趋向于内隐、稳定和可控。自我意识产生后对其他心理现象具有一定的制约与调控功能,例如自我意识产生后,认知的有意性、意识性开始产生和显现,元认知产生和发展。

(五)学前儿童的发展是连续性与阶段性的统一

儿童身心的发展是一个既具有连续性又具有质的飞跃的阶段性的统一变化过程。

儿童身心发展的连续性表现在它是一个不断量变、循序渐进的过程。先前的发展为后续的发展奠定基础,例如儿童在开口说话之前已经能够听懂一些词汇,发音从单纯的嗓音过渡到喃喃声再到牙牙学语,经过一年多的积累才开口说出有意义的单词。从能够抓握东西开始到握笔涂鸦再到能够有目的地勾勒出一个圆形、一个太阳等造型到能够画出一家人逛公园的图画,也是一个逐渐积累、不断连续变化的过程。

当量变积累到一定程度就会发生质变,新的占主导优势地位的特征呈现出来,表现出发展的阶段性。例如认知发展,皮亚杰根据思维中占优势的思维形式将其划分为4个阶段。儿童开口说话后,根据其口语的特点将言语的发展相对划分为单词句阶段、双词句阶段、简单句阶段和复合句阶段。

发展的阶段性是相对的而非间断的。在原有的质的特征占主导地位时,新的质的特征开始萌芽,当新的特征占据主导地位后,原有的旧的特征依然会表现。例如在具体形象思维阶段,原有的直观行动思维的特征依然表现,特别是遇到较为困难的认知问题时还会采取动作思维的方式去解决,而抽象逻辑思维的特征已经开始萌芽,例如幼儿已经能够掌握抽象的数概念。

因此儿童身心发展的连续性与阶段性是辩证统一的,连续发展过程中的重大的质的变化构成了发展的阶段性,阶段之间又相互联系,体现出发展的连续性。

为此在教育上既要有不同的教育阶段如幼儿教育、小学教育等,又要相互衔接,以免出现儿童学习发展的悬崖式障碍。

三、学前儿童发展的年龄特点

儿童发展表现出阶段性,那么同一年龄阶段的人就会有一些共有的典型的特征。儿童心理发展的年龄特征是指儿童在每个年龄阶段中形成并表现出来的一般的、典型的、本质的心理特征。

儿童心理发展的阶段,往往以年龄为标志。年龄是儿童生活时间的标志,生理发展与心理发展都以年龄为必要条件。

儿童发展的年龄特征既具有一定的稳定性又有可变性。一段时间内身心发展的典型特征相对稳定。

(一)人生第一年的年龄特征

1.初生到满月

初生到满月的儿童被称为新生儿。这个时期的儿童以生理活动为主,一切活动皆为适应母体外的环境为目的。

适应外部环境主要依靠无条件反射。新生儿的无条件反射较多,主要有吸吮反射、觅食反射、眨眼反射、抓握反射、怀抱反射、惊跳反射、迈步反射、游泳反射等。这些无条件反射在几个月后部分消失,部分保留终身,是个体维护生命的基本行为。

在无条件反射的基础上建立条件反射,心理发生。婴儿出生不久就在无条件反射的基础上建立条件反射。条件反射既是生理活动也是心理活动,原本无意义的刺激物因为建立条件反射而具有了意义,能够引发儿童的应答性活动。同时条件反射的建立标志着记忆的发生。在这个时期,感觉开始建立联系,视听协调意味着定向性注意的产生,由此新生儿时期心理发生了。

开始认识世界和与人交往。出生后由于感觉的发生,视听觉的协调,手部抓握反射对物体的触碰等使得儿童开始认识世界。同时由于吃奶时抬头就能看到母亲的面部,特别是在和母亲的互动下逐渐出现"眼睛对话",意味着出生第一个月人际交往的需要产生,开始与人交往。

2.满月到半岁

度过新生儿时期,人生进入婴儿早期。这个时期的发展速度非常迅速,心理发展取得了多个里程碑式的变化。

从视听协调走向手眼协调。在这段时间里,随着婴儿条件反射的建立,条件反射连锁开始形成,多种感官之间的协调逐渐显现。首先是视听协调,从最初的定向反射发展出主动的视线追随物体移动的能力,选择性注意产生。其次是手眼协调(视触协调),手眼协调使得儿童开始手的探索活动。

开始认生。所谓认生,是指婴儿能够将陌生人和熟悉的人区分开来,并表现出对陌生人的害怕行为,也称为怯生。它标志着婴儿已经记住了熟悉的养育者的特征,也体现了情感上对于养育者的依恋。

3.半岁到周岁

半岁以后,由于儿童身体活动范围的扩大和视野的开阔,心理活动出现几个重大变化。

从爬到站,开始直立行走。半岁以后,孩子就能独自坐立,眼睛能够看向前方更加开阔的空间。爬行动作的出现使得身体能够自主移动,站立和行走则使儿童摆脱了成人的怀抱,能自主位移身体在不同的空间转换。这些身体粗大动作的出现都为儿童的人际交往和探索活动开拓了疆域。

双手能够摆弄物体。在身体粗大动作快速发展的同时,手部的精细动作也获得了里程碑式的成就。从抓握反射发展而来的满把抓都不能使儿童操弄物体,但是五指分工到双手配合,使得儿童能够自主抓握物体并能敲敲打打或者摆弄物体,手的探索活动为工具的使用奠定基础。

语言开始萌芽。半岁以后儿童发出的声音越来越接近语音,在能够听懂词意后,喃喃语声很快就转变成了"开口说话",当然真正能说出单词表达自己的意愿还需时日。同时,伴随着喃喃语声的言语萌发,手势语在人际交往中开始发挥重要作用。

依恋关系形成。随着儿童自主性的增强,儿童与成人之间的互动日益频繁,互动方式从依赖于身体接触、眼神与表情发展到增加了手势语、咿咿呀呀的语声等更加复杂和表意明确的方式。互动方式的多样化使得儿童与养育者的关系更加密切,促进依恋关系快速发展并基本形成依恋关系。

(二)1—3岁的年龄特征

1岁以后大部分儿童脱离母乳喂养,进入先学前期。这个时期人类心理现象全部发生,心理活动逐渐齐全,且出现独立性特征。

1.行动自如

满周岁后大多数孩子能够直立,开始迈步行走,但还容易摔跤。头大脚小、骨骼肌肉的水分较多导致坚实度不足,脊柱弯曲还没有完全形成,两腿和身体动作的协调性较差,2岁前儿童的走路还不平稳。大约3岁时走路摔跤的现象减少,甚至在坡地、台阶处都能平稳行走了。在此基础上跑、跳以及扔皮球和踢球的动作也出现了。身体位移基本能达到行动自如。

2.使用工具

当儿童能够自主活动后,手的探索机会增多。尤其是生活需要促使儿童手的动作从摆弄物体转向根据物体的特性来使用之,从而开启使用工具的历程。2 岁以后儿童开始握画笔涂鸦、使用汤勺吃饭、自己戴帽子等。

3.象征活动出现

随着语言、思维、想象等心理现象的发生,儿童与外部世界的互动不再停留在动作这样一种方式上,开始使用符号,当然更多的是象征性符号的应用,随之象征活动大量出现。给布娃娃喂饭、骑在沙发背上假装骑马等象征性活动成为这个时期儿童的主要内容。

4.独立性产生

2—3 岁,自我意识形成,开始表现出独立性,凡事要自己做,要吃什么、穿什么也有了自己的主意。"我的"成为最常见的表达,显得孩子"很自私"。显然这都是独立性初显的表现。

(三)3—4 岁的年龄特征

经过前面 3 年的发展,身体各个器官功能增强,生理功能可以支持儿童连续活动 5—6 小时,身体动作技能和语言的发展使儿童能够行动自如和自主交流,为此儿童能够从家庭走向幼儿园开始集体生活,生活范围扩大,人际交往的对象也大幅度增加,促进儿童认知、情绪情感以及社会性的发展。

将 3—4 岁这一年儿童的心理与行为表现放置在个体发展的纵向维度考察,可以概括出如下 3 个特点。

1.认知依靠行动

虽然语言已经成为这个时期儿童的主要交际工具,但是作为思维的工具还未能充分发挥作用,甚至以表象为基本工具的形象思维在这个时期也还未能充分发展,因此儿童的认知依然主要依靠行动。具体表现为行动在先语言在后。例如画画,总是先画后想,很难想好了再画。游戏也是碰到什么玩具就玩什么游戏,游戏项目取决于眼前玩具的功能而非想要玩什么游戏再去寻找玩具来玩。

2.情绪作用大

学前儿童不同于年长儿童的显著特点之一就是行为充满情绪色彩。首先,3—4 岁儿童的认知活动主要受外界刺激和内部情绪的支配,情绪在认知活动中发挥着重要的激发或抑制功能。其次,3—4 岁儿童的情绪表现还非常直接,即内在体验是什么外部表现就是什么,而且情绪的变化随外界刺激的变化迅速变化,情绪强烈而短暂,给人的直观印象即儿童时常处在情绪之中。最后,3—4 岁儿童的依恋情感依旧比较强烈,在家恋父母,在园恋老师,同伴友谊在个人情感中的比例还很少。

3.爱模仿

模仿是儿童行为的基本模式之一,3—4 岁时模仿行为达到一个高峰。婴儿期儿童由于行为能力的限制,模仿行为还不够突出,年长幼儿由于头脑中动作模式日益丰富,自主性增强,自主探索行为日渐占优势。3—4 岁儿童粗大动作和精细动作基本自如,行为能力增强,但是头脑中的动作模式还不够丰富,自主探索行为有限,因此模仿成为其基本的行为模式,而且其模仿的对象以同伴为主。在日常生活中经常能观察到小班幼儿自由活动时往往都在做相同的事情。这个时期的幼儿,行动的激发不是"我想干"而是身边伙伴"他在干",所以看见别的小朋友做什么,自己就跟着做什么。

(四)4—5 岁的年龄特征

4 岁是儿童身心发展中发生诸多飞跃性变化的一个年龄节点。4—5 岁这一年其身心发展的年龄特征与前一年比有了很大的不同,主要体现在如下四个方面。

1.活泼好动

活泼好动是整个儿童期的典型特征,但在 4—5 岁这一年尤为突出。活泼好动的主要表现是喜欢这里摸摸那里看看,看到东西就要拿在手里把玩;不停地改变身体姿势和空间位置,做各种小动作等。

活泼好动之所以十分突出,主要因为这个时期身体发育使得生理功能趋于成熟,精力旺盛但运动系统肌肉和骨骼的水分还较多,容易疲劳,而有意性增强使其能主动通过不断变换身体姿势来缓解同一部位的疲劳。另外由于已经适应集体生活环境,对周围的人、事、物不再陌生因而敢于探索。

2.思维具体形象

幼儿期的思维是典型的具体形象思维,4—5 岁这一年尤为突出。经历了小班一年的游戏、学习等活动,幼儿头脑中已经积累了大量的表象经验,因此其思维逐渐摆脱了行动的束缚,同时语言符号的思维功能尚处在萌芽阶段,因此这个时期的思维以具体形象思维为主。具体表现为在思维过程中可以摆脱实物和动作,如数数不再掰着手指头数;对于形象材料比抽象材料容易识记和保持;在语言材料的学习中对于有具体生活经验基础的内容容易理解,如对生活故事的理解基本没有困难,但是对于神话故事或者寓言故事就很难理解。

3.有意性增强

小班时,儿童的心理活动基本是无意的,目的性刚刚开始萌芽;到了中班,心理活动的有意性明显增强。有意注意、有意记忆、有意想象等开始发展,表现在日常生活中即开始能够接受任务,能按照成人的要求开展活动。由于语言理解能力增强,语言提示日益成为幼儿活动的激发因素,情绪的作用开始弱化。根据目的来调节自己的活动使之坚持完成的现象日益频繁,坚持性迅速发展。

4.同伴关系开始占主导地位

由于一天中多数时间在幼儿园度过,同伴互动比例逐渐提高,尤其是角色游戏的开展,使得儿童的人际关系在这一年发生重大变化,即从亲子关系为主转变为以同伴关系为主。但同伴关系还不够稳定,成人对于儿童的影响依然远远大于同伴。

(五)5—6 岁的年龄特征

5—6 岁儿童属于学前晚期,经过这一年的发展,在我国教育制度中即将进入小学接受正规的学校教育。4—5 岁是儿童心理发展发生诸多转变的时期,5—6 岁则是巩固新特点的一年,也是为下一次重大变化奠定基础的一年。

1. 好奇心增强，好学好问

活泼好动的特性进入大班以后发生了方向性变化，即从身体的好动转变为通过活动来探索事物，表现为好学好问。其行为特征是凡碰到事物都要问是什么、为什么，"打破砂锅问到底"。活动类型从身体运动性质的追逐嬉戏转变为智力活动，智力游戏开始占优势。对于日常用品喜欢"破坏"，即在好奇心的驱使下想要搞清楚"里面是什么"，求知、探索的欲望替代了享用"好吃、好穿、好玩"的愿望。

何以会出现如此特征呢？

2. 抽象逻辑思维明显萌发

好奇好问的行为表现实际是其抽象逻辑思维明显萌发的体现。随着经验的积累和语言能力的发展，尤其是词汇量的积累，外部言语的内化使得语言的思维功能加强，以语言为工具的抽象逻辑思维开始明显萌发，儿童对事物的认知不再停留在表面的颜色、形状等属性上，而是开始理解其内在特征和事物间的关系。具体表现为分类标准从外部的颜色、形状、空间联系开始向功能、概念属性转变，开始掌握较为抽象的数概念、空间概念如左右等，从图画的人物、物体间的空间联系推断其内部心理活动和实际关系，开始探索事物间的因果联系等。

3. 开始掌握认知方法

认知过程，无论是记忆还是想象、思维，都出现了有目的有意识的调节，开始探寻更加有效的方式，于是认知策略出现。按顺序观察、通过命名或利用中介物的方式有目的地增强记忆效果、闭上眼睛背起小手等抵抗干扰以集中注意的行为日益普遍，观察的方法、记忆的方法、集中注意的方法在大班普遍出现。用思维解决问题时不再是"盲目尝试"，而是要"想一想"，想好了再动手，观察、计划等管理策略萌芽。

4. 个性初具雏形

2岁后心理现象齐全，经过两三年的发展，心理现象之间的关系日渐密切，相互制约、相互影响使得心理活动的系统逐渐形成，心理活动不再是零碎的、孤立的，个性开始形成。先前形成的态度、兴趣对于心理活动的方向的影响也开始表现出来，个性倾向性萌芽；性格、能力等个性特征表现出最基本的稳定性，个性的雏形已经表现出来。在日常生活中，我们可以观察到有的孩子相对活泼开朗，有的孩子相对沉稳内敛；有的情绪表达激烈短暂，有的则温和持久；有的喜欢画画，有的喜欢唱歌跳舞；有的身体运动能力强，有的则语言表达能力强；等等。

四、学前儿童心理发展的特殊性

儿童身心发展的过程中表现出一些与其他人生阶段不同的特征，具有特殊性。

(一)关键期与敏感期

关键期是指儿童的某种心理特征在某个时期最容易形成（或者某种知识技能最容易习得），过了这个时期这种特征可能不会再出现或者发展的障碍难以弥补。

关键期现象最初是在动物习性（动物心理）的研究中发现的。奥地利习性学家 K. Z. 劳伦兹在研究动物习性时发现小动物（例如小鹅）在出生后的一段短暂时间内很容易形成一种"印刻现象"，过了这个时期就很难再形成了。"印刻现象"包括将出生后最先看见或听见的对象印入感觉中从而产生跟随反应，喜欢接近跟随对象，跟随对象消失后会发出悲鸣。产生印刻现象的时间非常短，这段时间内如果没有看到或听到任何对象（感觉剥夺），则不会产生印刻现象，因此劳伦兹将这个时期称为关键期。

意大利幼儿教育家蒙台梭利在对学前儿童的细致观察中也发现，儿童在每个特定时期都有一种特定的感受力，对某种事物非常敏感而对其他事物似乎"置若罔闻"，她借用劳伦兹的关键期概念，认为学前儿童发展中存在着关键期。

错过这个时期是否发展就会出现障碍呢？为此更多的学者认为关键期相对较少，主要存在于语言和感知觉方面。学前期是掌握口语的时期，错过这个时机可能很难再学会母语口语，例如印度狼孩的故事。初生婴儿如果出现感觉剥夺也会发生感知觉的障碍，从而给儿童的身心发展造成深远的影响。

敏感期指儿童心理某个方面发展最为迅速的时期，儿童在这个时期学习（习得）某种知识和行为比较容易，错过这个时期则学习比较困难，发展比较缓慢。因此，蒙台梭利观察发现的某个特定时期对某种事物或者事物的某个方面具有突出的感受力的现象，更准确地讲是发展的敏感期。

从整个人生的心理发展来说，学前期是心理发展的敏感期，2—4 岁是语音学习的敏感期，5—5.5 岁是掌握数概念的敏感期，4 岁前是智力发展最迅速的时期，4—5 岁是坚持性发展最迅速的时期。

关键期和敏感期的存在启示我们早期教育比其他发展阶段的教育更重要。

(二)最近发展区

儿童能够独立表现出来的心理发展水平和儿童在成人的指导下所表现出来的心理发展水平之间往往有一个距离，这一段距离被称为最近发展区。

最近发展区是儿童发展的每一时刻都存在的发展现象。它是苏联心理学家维果斯基提出的概念。最近发展区的大小，是儿童心理发展潜能的重要标志，也是儿童可接受教育程度的重要标志。每个儿童某个方面的最近发展区都不同，儿童的最近发展区处在不断变化中。

根据维果斯基的观念，学校教育是儿童发展的源泉，教育（教学）要走在发展的前面，通过教师的教学使得儿童"跳一跳能够摘到果子"，从而促进发展。

但是在儿童的发展中，不同时期教学的促进作用是不同的。3 岁前的儿童，他们按照"自己的大纲"（既定的成熟速率或者基因展开序列）学习，教育主要是提供其发展所需要的良好环境。学龄儿童在学校跟教师学习，教学可以走在发展之前，引领儿童的发展。幼儿的教育处在二者之间，被称为自发—反应型教育，幼儿教师的根本任务就在于帮助儿童从"按照自己的大纲学习"转变为"按照教师的大纲学习"。

第二节　学前儿童心理发展的影响因素

影响儿童心理发展的因素是多种多样的,而且关系复杂。为了方便分析,一般将儿童心理发展的因素区分为主观因素和客观因素,见图 7-2。

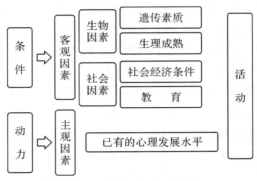

图 7-2　儿童心理发展影响因素

一、客观因素

影响儿童心理发展的客观因素包括生物因素和社会因素。生物因素主要是遗传素质和生理成熟。

(一)遗传素质

遗传素质指个体从亲代那里继承下来的解剖生理结构,特别是高级神经系统的结构与功能特征。

遗传素质在儿童心理发展中提供人类心理发展的最基本的自然物质前提。只有在遗传素质的物质基础上人类的儿童才有可能发展出人的心理。正常儿童出生时都具备了正常的物质前提,因此才有可能发展出正常的心理。由于遗传缺陷造成脑发育不良的儿童,很难发展出正常的心理,其智力缺陷往往难以矫正和克服。

遗传素质奠定儿童心理发展个别差异的最初基础。

大量的双生子研究显示,遗传素质比教养环境在智力发展方面更具有影响力,例如同卵双生子的相关系数高达 0.87,而一起长大的无血缘关系的儿童之间相关系数只有 0.23。[①] 遗传素质的差异决定着心理活动所依据的物质本体的差异。心理是人脑对客观现实的主观反映,人脑的结构及其功能最初的差异决定于遗传素质。

遗传素质制约儿童身心发展的过程,其成熟的节律是遗传决定的。儿童发展的速率

---

① 　陈帼眉.学前心理学[M].北京:人民教育出版社,2003:404.

和节律是不均衡的,即个体间是有差异的,这种差异最初也是遗传素质决定的。

遗传素质对儿童心理发展不同方面的影响是不完全相同的,影响最为明显的是特殊能力,其次是智力尤其是晶体智力,对儿童个性的发展影响较小。

(二)生理成熟

生理成熟指机体生长发育的程度或水平,是由基因引起和控制的器官的形成、机能的展开,以及动作模式的有程序扩展。

生理成熟有一定的顺序性。生理成熟的顺序性是心理活动发生与发展的顺序性的直接基础。生理成熟为心理活动的出现或发展奠定物质基础,使心理活动的发生发展处于准备状态。例如神经元的髓鞘化是其抑制机能的前提,只有抑制机能充分发展,思维的发生发展才具有可能性。若在某种生理结构或机能达到一定成熟时适时地给予适当刺激,就会使相应的心理活动有效地出现或发展。例如,4 岁左右,儿童的物体知觉能力已经发展到能够辨别对象的细微差别,对于象形结构的汉语字词,儿童的认读处于准备状态,可以开始汉字的认读学习。但是由于其手部小肌肉的发育尚不成熟,汉字书写就不能进行。如果机体尚未成熟就给予某种刺激也难以取得预期的效果,例如语言的发生,尤其开口说话是以发音系统的成熟为基础的,如果牙齿没有长出,喉结部位和会厌软骨的部位没有下沉,即便给予大量的"说话"训练也是无效的,甚至是有害的。所以学龄前儿童的教育不能将小学的学习内容提前,那样做将会是"揠苗助长"。

生理成熟作用的实证研究以美国心理学家 A. 格赛尔的双生子爬梯实验为代表。格赛尔以双生子 T 和 C 为对象,在其出生后 48 周时先让 T 学习爬梯,每日 10 分钟,连续 6 周;C 则在出生后 53 周开始学习爬梯,2 周就赶上了 T 的水平。如何解释这种差异呢?格赛尔认为 T 的学习逾越了成熟水平,前期的学习是无效的。格赛尔在一系列实验的基础上提出了影响儿童心理发展的"生理成熟"观点,强调了生理成熟对儿童心理发展的制约作用。

(三)社会环境与教育

客观现实是个体心理活动的刺激来源,是心理活动产生的条件之一。客观现实又可以称为客观环境,环境可以区分为自然环境和社会环境,自然环境是社会环境的基础。环境不仅提供个体生理发展的物质来源,还是心理活动产生和发展的基础,其中社会经济条件是最活跃的因素。它包括社会的生产力水平、社会制度和文化等。为此,通常在讨论影响个体发展的因素时以社会环境为主。根据布朗芬布伦纳的人类发展生态学观点,儿童能够直接感知到的社会生活环境是家庭和学校这两个微系统,中系统、外系统所蕴含的政治、经济、文化的要素通过家庭和学校对儿童的心理活动产生影响。

社会环境使遗传所提供的心理发展的可能性变为现实。

遗传只提供身心发展的可能性,将可能性转化为现实的心理活动必须要有人类生活的社会环境。例如印度狼孩的实例中,卡马拉姐妹具有人的遗传素质,但是生活在狼群中,因此未能学会直立行走和说话。对大量在孤儿院成长的儿童发展的观察显示,由于孤儿院的社会刺激相对较少,这些孩子在发展水平上往往低于家庭生活的孩子。

美国心理学家 F.哈洛的恒河猴实验发现,被与母猴隔离而生活在实验室的猴子在社会行为方面受到了极大的损害。隔离 1 年的猴子其积极的接触行为在 10 分钟内只有 3.1秒,而有母亲和伙伴陪伴长大的猴子则长达 12.6 秒,被隔离的猴子的害怕退缩行为长达 97 秒,有母亲和伙伴的猴子则只有 12 秒。[①]

可见,具备正常遗传素质的儿童,其心理发展受社会环境的重大,甚至决定性的影响。

教育是社会环境因素中最主要的因素,是起决定性作用的因素,因为教育是有目的有计划培养人的社会活动。

社会经济条件和教育是制约儿童心理发展的水平和方向的最重要因素。

马克思在著作《关于费尔巴哈的提纲》中指出:"人的本质并不是单个人所固有的抽象物。在其现实性上,它是一切社会关系的总和。"儿童的心理,从一开始就是社会的产物。因为儿童的心理发展内容是经验加工的结果,经验包括个体的直接经验和来自群体的间接经验(即人类长期积累的文化),且主要是群体经验。群体经验的习得主要依靠教育。

教育作为有目的有计划的活动,是在社会政治、经济、文化的制约下,根据社会的要求,适应儿童发展规律的专门培养人的社会实践活动,其目的、内容、方法途径等必然受到社会经济条件的制约,从而去制约儿童心理发展的方向和水平。

不同的历史时期,不同的民族文化,儿童的心理发展内容是不同的,心理的倾向性,特别是价值观有很大的不同。例如在个人主义文化背景下成长的儿童注重个人奋斗和自由精神,而在集体主义文化背景下成长的儿童注重集体利益和崇尚奉献精神。

社会经济条件不同,儿童受教育的年限不同,教育的质量或水平也不同,儿童的身心发展水平就不同。发达国家义务教育的年限、高等教育的普及率等与发展中国家有很大的差别,儿童的知识、能力尤其是创造力也远远高于发展中国家。可以说不同时代、不同区域、不同阶层的儿童,其心理发展水平因着生产力的不同、教育条件的不同而有较大差别。

大量研究表明,家庭微环境中的子女的数量、出生顺序以及教养方式不同,儿童的心理特点尤其个性发展有很大的区别。方平[②]、刘金花[③]的研究都显示独生子女在个性的某些方面与非独生子女有差异。李燕、肖博文在综述大量文献后发现"父母的人格与教养行为和儿童发展会形成一个环路,有时可能会跨越几代人"[④]。可见社会环境尤其是微观环境(教育)对于儿童发展具有极大的影响。

(四)遗传与环境的关系

在个体发展的影响因素讨论中,历来有遗传决定论和环境决定论之争。但是经过大量的双生子研究和神经心理学、人类发展生态学的研究,极端的遗传决定论和环境决定论

---

① 转引自陈帼眉.学前心理学[M].北京:人民教育出版社,2003:413.

② 方平.独生与非独生子女个性特征差异研究[J].北京师范大学学报:自然科学版,1990(3):72-79.

③ 刘金花.独生子女与非独生子女大学生个性特征比较的调查[J].北京青年政治学院学报,1999(1):76-78.

④ 李燕,肖博文.父母的人格、教养行为与儿童发展[J].东北师大学报:哲学社会科学版,2015(2):206-211.

都已经不能成立,能够成立的主要观点是遗传与环境相互作用论。

环境影响遗传素质的变化和生理成熟。

遗传并不是一成不变的,而是随着人类种族的发展,在世代的遗传与变异的辩证统一中发生着变化。特别是遗传原理的揭示改变了人类的繁殖行为,以选择性繁殖为基础的优生学的发展使得遗传素质也在代与代之间发生着变化。生理成熟虽然受制于遗传基因决定的展开程序,但是营养与环境的刺激也在影响着其速度和水平。例如,随着生活条件的改善,儿童营养结构的变化(激素摄入增加)、社会刺激(泛性行为刺激如黄色视频)的增加都促进儿童的生理成熟有所提前,特别是生殖系统的成熟比以前有明显的提前趋势。

遗传与生理成熟制约环境,特别是教育的态度与方式。

个体的遗传素质不同,出生后的最初的行为就不同,最初的行为则影响环境对个体的作用力。气质类型是神经系统的活动类型,本质上是遗传的结果,气质类型不同,对环境刺激的反应不同,从而对儿童心理的影响不同。同一个家庭环境中由于儿童的气质类型不同,所获得的关注与照料是不一样的,所谓"爱哭的孩子奶多"就是这个道理。大量研究表明气质类型是教育对儿童发展产生影响的中介,例如张迎春的研究显示儿童亲社会行为受气质类型与父母教养方式的交互作用显著。[1]年幼时基于遗传的儿童最初的行为特征影响养育者的教养行为,教养行为则塑造着儿童的社会性行为与个性。进入青春期后生理成熟的早晚会因着同伴对青春期生理特征的认识不同和对待第二性征的行为表现不同而影响个体的社会交往态度与行为。

总之,社会环境和生物因素相互作用方能形成儿童的心理内容,即反映与被反映的相互作用是心理活动的基本原理。脱离了生物因素的社会因素和脱离了社会因素的生物因素都是难以发挥作用的,二者缺一不可。

二、主观因素

心理是人脑对客观现实的能动的反映。心理活动不是简单的刺激—反应的连接,也不是神经系统对客观现实的机械映照或复制。心理活动是人脑对客观刺激的加工,即是一种主观反映。因此影响儿童心理发展的因素还包括主观因素。

(一)主观因素在心理发展中的作用

主观因素是指儿童先前已经形成的全部心理活动。发挥最重要作用的是需要、兴趣、能力、气质与性格、自我意识和心理状态等意向与动力要素,其中需要是最活跃的主观因素。

已经形成的心理活动内容是后继心理活动的基础,将积极参与心理活动的过程并发挥对儿童心理发展的影响作用。随着儿童年龄的提高,心理活动水平不断提高,心理内容

---

① 张迎春.气质、父母教养与青少年亲社会行为的关系[D].济南:山东师范大学,2008.

日益复杂与丰富,主观因素的作用也日益增强,客观因素特别是遗传与生理成熟的作用则日渐减小。

需要是有机体在生存和发展的过程中,感受到的生理和心理上的某种不平衡状态,是主体对客观事物要求的反映。根据动机理论,需要是心理活动最根本的动机因素。同时情绪情感在心理活动中也具有动机作用,而情绪情感是需要是否满足时的内在体验。当儿童的需要得到满足时就会产生积极的情绪反应,进而对外部环境产生信赖,从而能积极主动地探索、游戏。

根据马斯洛的需要层次理论,低级需要得到满足才能产生高级需要,认知、审美等需要以生理需要、安全需要的满足为基础,可见儿童高级心理的发展是以基本需要的满足为前提的。

兴趣是人认识某种事物或从事某种活动的心理倾向,它是以认识和探索外界事物的需要为基础的,是推动人认识事物、探索真理的重要动机。

兴趣爱好是心理活动的重要内容,也是心理活动方向的反映。感兴趣的活动,儿童能够坚持完成,即便遇到困难也会想方设法克服困难达到结果,因此兴趣是心理活动积极性的重要来源。

能力是活动中表现出来的个性特征之一,是心理活动的结果,是经验的结晶。一方面,较强的能力保障了运动操作、认知、人际交往等活动的顺利进行,促进心理各方面的发展。另一方面,由于兴趣是活动成功体验的一种积极的心理活动倾向,而成功依赖于能力,所以能力特征对需要、兴趣的产生有重要的影响。

气质是个体神经系统活动类型的行为表现,性格是气质在环境影响下形成的行为习惯、态度和心理过程特征。气质是心理活动的动力特征,在性格的形成和依恋关系的建立、心理活动中都发挥着重要的作用。气质类型不同,活动的速度、强度、灵活性不同,活动结果有较大的差异。同时气质类型影响下的行为方式影响环境,特别是他人对个体的态度和方式,进而影响其心理特征。性格在气质类型和环境的作用下一旦形成就会成为后继心理活动的重要影响源,耐心、细心、责任心、坚持性、认真程度等都会影响个体心理活动的积极性和活动结果以及他人的对待方式。

自我意识形成较晚,但是一旦形成就会成为个体心理结构中最具有广泛影响的要素,活动的目的性、积极性、独立性、坚持性等都受制于自我意识的水平。自我评价是自尊、自信的基础,是心理活动积极性的影响源。自我调节能力是儿童活动中主动与外部干扰因素相抗衡的主要力量,是个体主观能动性的集中表现。

注意、心境或者激情都是心理状态的表现,是心理活动的背景。注意是认知过程对象的选择与集中,认知什么、认知程度如何都取决于注意状态。注意集中则认知清晰,注意涣散则认知过程无法完成对既定对象的感知与理解。心境或激情都是情绪状态,是心理活动兴奋度的体现。神经系统兴奋度太低无法实现信息的输入、加工与提取,兴奋度太高又会造成神经系统尤其是大脑皮层的疲劳而自动抑制,阻断心理活动。良好的心理状态是心理活动顺利进行的保障。

总之,先前形成的心理活动水平与状态是后继心理活动的基础和前提,是对外部环境刺激选择、加工的主导因素。

（二）主观因素之间的关系

儿童心理的各个要素之间既是相互联系、不可分割的，又是相互对立统一的。心理活动内部各要素的矛盾是推动儿童心理发展的根本原因。例如由于某种需要产生了活动的动机，活动启动后却由于自我控制能力较弱，因着外部的干扰而不能坚持到底，即动机与坚持性的矛盾将推动儿童自我调节能力、意志力的发展。

儿童心理的内部矛盾有两个方面，即新的需要和旧的心理水平或状态。需要是由外界环境与教育引起的。当成人对儿童提出新的要求且被儿童意识到就会成为儿童的需要（对心理活动内部不平衡的反映），是心理活动的新方向，是矛盾中积极的一面。旧的心理活动水平或状态不能满足新的需要，新需要和旧水平之间产生的差异就构成了心理发展的矛盾。矛盾是事物发展的根本动力，新需要和旧水平之间的矛盾斗争推动儿童的心理水平不断发展。例如儿童心理的有意性，无论是有意注意还是有意记忆、有意想象，都是在成人的要求与教育下产生的。有意性使得儿童心理活动的目的性增强，但是其方法与策略的缺乏却降低了心理活动的效率。例如成人不仅要求儿童背诵儿歌，而且希望儿童能快速记忆。成人的希望变成新的需要将推动儿童认知策略的产生。

当外界的要求脱离了儿童的水平，就不能被儿童所接受并转化成内在的需要，因此需要的产生依存于原有的心理活动水平或状态。新的需要与旧的水平之间是相互对立的也是相互依存的。没有需要就不会产生新的活动，但新的需要的产生依赖于儿童原有的水平。例如，学前儿童的认知是感知的、具体形象的，如果成人要求其学习的内容（如《望庐山瀑布》）超越了其经验，是语言符号的方式表征的，那么儿童就不能将成人的要求转化为主观的需要，无法产生学习的愿望。如果成人一味强求其背诵则只能是机械记忆，结果是一方面浪费儿童的时间，另一方面造成对语言符号内容的厌恶和恐惧。

那么客观因素和主观因素是什么关系，如何发挥作用的呢？

（三）主客观因素相互作用

客观因素是心理活动的生理基础和反映对象，主观因素是心理活动的动力和决定性因素。客观因素只是心理活动的外部原因，外因只有通过内因才能发挥作用。

儿童最初的心理活动是刺激与反应的连接，即条件反射的建立。条件反射既是生理的也是心理的，经过感知觉获得的最初的心理反应成为后继心理活动的主观原因。

主观因素一旦形成就反作用于客观因素。

心理活动对生理成熟具有反作用。例如，情绪的性质（正向的还是负向的）、强度（心境还是激情）是影响儿童健康水平的重要原因，长期紧张、焦虑、不愉快的儿童容易生病。心因性的偏食则造成营养不良。任性的儿童生活缺乏规律也会影响健康。

儿童已有的心理活动对环境也会产生影响。最主要的影响表现在周围人对待自己的态度与方式上。例如好动爱笑的孩子总是能吸引更多的人与之互动，出生后的情绪反应是儿童影响他人对待自己态度与方式的重要方面。幼儿社会行为的性质影响其人际关系，进而对其自我意识产生影响。

三、主客观相互作用的中介——活动

主客观相互作用是儿童心理发展影响因素的基本论断,那么主客观是如何相互作用的呢? 主客观因素通过活动实现相互作用,即活动是主客观相互作用的中介机制。

静态的主体和环境是无法有交集的,难以实现相互作用,因此必须借助于活动,也只有在活动中主体才能和客观环境中的人与物相互作用。

只有通过活动,外界环境和教育的要求才能成为儿童心理的反映对象,才能转化为儿童的主观心理成分。

学前儿童的活动包括对物的活动和与人的交往活动。对物的活动简称及物活动,包括探索性操作活动和游戏。人际交往活动包括与成人的交往和同伴间的交往。儿童借助于表情、动作和语言实现人际交往,发展社会性。

在整个学前期,生理和环境的因素始终起较大作用,主观因素的作用比年长儿童小。随着年龄的增加,生理因素的作用相对减少,主观能动性越来越大。

【案例分析】

材料:二孩政策出台后,莉莉的爷爷奶奶希望莉莉爸妈再生一个孩子,但是莉莉爸妈不愿意,理由是孩子成长过程中教育成本太高,负担不起。可是爷爷奶奶就很不理解,认为孩子生下来成长很快,根据现在的生活水平吃喝也不愁,上学国家还免费义务教育呢,怎么会负担不起呢? 在家长会上,莉莉的爷爷希望听听老师的建议。

问题:作为老师,你如何建议呢?

分析:莉莉的爷爷奶奶的观点代表了祖辈的儿童成长观,认为满足儿童基本的生理需求就是成长,教育是上学后的事情,他们还没有认识到学前期儿童成长过程中教育的重要性。莉莉的爸爸妈妈的观点代表了年轻一代的儿童成长观,意识到了儿童成长过程中教育的重要性,尤其是学龄前教育的重要性,但是也不够科学合理。

学前儿童成长过程中教育是最重要的影响因素,给予儿童教育影响当然要有教育成本,但是学前儿童的教育以陪伴和指导儿童感知、运动和游戏为主,3岁前基本是家庭教育,主要是付出时间成本。3岁后可以入园接受幼儿园集体教育了,需要付出一定的经济成本,但国家的普惠政策下,一般家庭还是能够负担的,所以也不必过于焦虑和担忧。

【拓展阅读】

秦金亮.早期儿童发展导论[M].北京:北京师范大学出版社,2014.

王振宇.儿童心理发展理论[M].2版.上海:华东师范大学出版社,2016.

程福财,董小苹.童年的本质:现代儿童观的嬗变与超越[J].当代青年研究,2010(12):47-53.

【知识巩固】

1. 判断题

(1)个性初具雏形标志着心理的体系基本形成。　　　　　　　　(　　　)

(2)学前儿童的心理发展,年龄越小,发展速度越快。　　　　　　(　　　)

(3)爱模仿和好冲动是中班幼儿的典型特点。　　　　　　　　　(　　　)

(4)教育是儿童心理发展的决定性因素。　　　　　　　　　　　(　　　)

2. 选择题

(1)当表象成为主要的思维工具,儿童的思维以具体形象思维为主。这说明心理的发展具有(　　　)。

　　A.连续性　　　　　B.阶段性　　　　　C.顺序性　　　　　D.差异性

(2)从整个人生的心理发展来说,心理发展的敏感期是(　　　)。

　　A.学前期　　　　　B.幼儿期　　　　　C.胎儿期　　　　　D.学龄期

(3)心理发展的环境决定论的典型观点是:心理是刺激与反应的连接,其代表人物是(　　　)。

　　A.弗洛伊德　　　　B.皮亚杰　　　　　C.维果斯基　　　　D.华生

(4)格赛尔以双生子爬梯实验为例,认为(　　　)是儿童心理发展的重要因素。

　　A.遗传素质　　　　B.生理成熟　　　　C.教育训练　　　　D.生活条件

3. 简答题

(1)简述最近发展区的内涵与意义。

(2)举例说明学前儿童心理发展的基本规律。

【实践应用】

1. 案例分析

实例:郎朗出生在辽宁省沈阳市沈河区(原大东区)一个充满音乐氛围的家庭。郎朗的祖父当过师范学校的音乐教师,他的父亲郎国任是文艺兵,在部队里做过专业的二胡演员,退伍后进入沈阳市公安局工作。他的母亲周秀兰在中国科学院沈阳自动化研究所工作,负责整个总机房的维修、服务和转接。在家庭环境的影响下,郎朗很小就对音乐产生了浓厚兴趣。郎朗2岁半时就被动画片《猫和老鼠》中汤姆猫演奏的《匈牙利第二号狂想曲》吸引,从而对钢琴演奏者的手指产生了浓厚的兴趣,并无师自通地在家里的国产立式钢琴上弹出了基本旋律,从此由父亲郎国任对他开始钢琴启蒙。

郎朗3岁时正式师从沈阳音乐学院的朱雅芬教授学习钢琴。5岁时第一次参加东三省少年儿童钢琴比赛,获得第一名,并在赛后举办了生平第一场个人演奏会。1989年,年仅7岁的郎朗参加首届沈阳少儿钢琴比赛,再次获得第一名。1991年,郎朗从3000余人的报考大军中脱颖而出,以第一名的成绩考取中央音乐学院附小钢琴科,师从赵屏国老师。郎朗每天要完成8个小时的训练,渐渐地,他可以熟练地弹奏难度很高的柴可夫斯基《第一钢琴协奏曲》,还能演奏拉赫玛尼诺夫的《第三钢琴协奏曲》。1993年11月,郎朗参加第五届"星海杯"全国少年儿童钢琴比赛,获得专业二组第一名。1994年,在自费参加的德国埃特林根第四届国际青少年钢琴比赛中,获得了甲组的冠军(甲组 15 岁以下,乙组 20 岁以下)和杰出艺术成就奖。

问题:请从儿童心理发展的影响因素视角分析郎朗成功的经验。

2.尝试实践

(1)跟踪观察一名中班幼儿一天,做翔实记录,然后分析其年龄特点。

(2)观察比较 0—3 岁、3—6 岁儿童人际交往的发展变化,并以图示的方式表达。

参考文献

著作:

陈帼眉,冯晓霞.学前儿童发展心理学[M].北京:北京师范大学出版社,2013.

陈帼眉.学前心理学[M].北京:人民教育出版社,1989.

陈帼眉.学前心理学[M].北京:人民教育出版社,2003.

陈帼眉.学前心理学[M].2版.北京:人民教育出版社,2015.

陈英和.发展心理学[M].北京:北京师范大学出版社,2015.

陈英和.认知发展心理学[M].北京:北京师范大学出版社,2013.

陈英和.认知发展心理学[M].杭州:浙江人民出版社,1996.

董奇,陶沙.动作与心理发展[M].北京:北京师范大学出版社,2002.

DAMON W,LERNER R M.儿童心理学手册第三卷(上)[M].林崇德,李其维,董奇,编译.上海:华东师范大学出版社,2009.

科尔伯格.道德发展心理学[M].郭本禹,译.上海:华东师范大学出版社,2004.

李丹.儿童发展心理学[M].上海:华东师范大学出版社,1987.

李丹.儿童亲社会行为的发展[M].上海:上海科学普及出版社,2002.

李燕.幼儿情绪智力的发展与培养[M].北京:中国轻工业出版社,2002.

李幼穗.儿童社会性发展及其培养[M].上海:华东师范大学出版社,2004.

李宇明.儿童语言的发展[M].上海:华东师范大学出版社,1995.

林崇德.发展心理学[M].杭州:浙江教育出版社,2002.

刘范.发展心理学——儿童心理发展[M].北京:团结出版社,1989.

孟昭兰.婴儿心理学[M].北京:北京大学出版社,1997.

庞丽娟,李辉.婴儿心理学[M].杭州:浙江教育出版社,1993.

PAYNE G,耿培新,梁国立.人类动作发展概论[M].北京:人民教育出版社,2008.

齐默尔.幼儿运动教育手册[M].杨沫,易丽丽,译.南京:南京师范大学出版社,2008.

秦金亮.早期儿童发展导论[M].北京:北京师范大学出版社,2014.

ROCHAT P.婴儿世界[M].郭力平,等译.上海:华东师范大学出版社,2005.

史密斯,考伊,布莱兹.理解孩子的成长[M].寇彧,等译.北京:人民邮电出版社,2006.

斯滕伯格,威廉姆斯.教育心理学[M].姚梅林,等译.北京:机械工业出版社,2012.

王振宇.儿童心理发展理论[M].上海:华东师范大学出版社,2000.

王振宇.学前儿童发展心理学[M].北京:人民教育出版社,2004.

王振宇.学前儿童心理学[M].北京:中央广播电视大学出版社,2007.

王争艳,武萌,赵婧.婴儿心理学[M].杭州:浙江教育出版社,2015.

谢弗.儿童心理学[M].王莉,译.北京:电子工业出版社,2005.

杨丽珠,胡金生,刘文,等.儿童青少年人格发展与教育[M].北京:中国人民大学出版社,2014.

杨丽珠,吴文菊.幼儿社会性发展与教育[M].大连:辽宁师范大学出版社,2000.

俞国良,辛自强.社会性发展心理学[M].合肥:安徽教育出版社,2004.

张宝臣,李兰芳.学前教育科学研究方法[M].2版.上海:复旦大学出版社,2012.

张文新.儿童社会性发展[M].北京:北京师范大学出版社,1999.

周念丽.学前儿童发展心理学[M].上海:华东师范大学出版社,2006.

朱棣云.读懂孩子,教育可以很智慧:社会性发展[M].杭州:浙江少年儿童出版社,2015.

朱智贤.儿童心理学[M].北京:人民教育出版社,2003.

朱智贤.心理学大词典[M].北京:北京师范大学出版社,1989.

论文:

白琼英,李红.0～1.5岁婴儿表征能力的研究概述[J].心理科学进展,2002(1):57-64.

鲍碧君,陈玉枝.从命题意想画看幼儿想象的发展[J].教育研究与实验,1986(1):47-50.

毕鸿燕,方格.4—6岁幼儿空间方位传递性推理能力的发展[J].心理学报,2001(3):238-243.

毕珊娜.4—6岁幼儿父母教养方式、同伴关系与合作行为的研究[D].天津:天津师范大学,2010.

BOLES D B,BARTH J M,MERRILL E C. Asymmetry and Performance:Toward a Neurodevelopmental Theory[J]. Brain Cogn,2008(2):124-139.

伯玲.大班(5—6岁)幼儿同伴合作行为研究[D].保定:河北大学,2011.

蔡婷婷.5—6岁幼儿对性别差异的理解研究[D].南京:南京师范大学,2013.

CAMPOS J J,LANGER A,KROWITZ A. Cardiac Responses on the Visual Cliff in Pre-locomotor Human Infants[J]. Science,1970(3):196-197.

岑国桢,刘京海.5～11岁儿童分享观念发展研究[J].心理科学,1988(2):21-25.

查子秀.3—6岁超常与常态儿童类比推理的比较研究[J].心理学报,1984(4):373-382.

陈碧云.3—5岁幼儿的自我控制能力与信任倾向对其延迟满足能力的影响[D].杭州:浙江理工大学,2016.

陈昌凯,徐琴美.3—6岁幼儿对攻击性行为的认知评价分析[J].心理发展与教育,2003(1):5-8.

陈红香.三至六岁幼儿创造想象发展的调查分析[J].学前教育研究,1999(4):76.

陈会昌,夏菡.6—14岁儿童对想象物的文字与图画描述[J].心理科学,2001(5):533-536.

陈琴.4—6岁儿童合作行为认知发展特点的研究[J].心理发展与教育,2004(4):14-18.

陈茸.汉语儿童语音发展研究概述[J].佳木斯教育学院学报,2013(12):299-300.

陈思.汉语儿童前书写发展研究[D].上海:华东师范大学,2010.

陈英和,崔艳丽,王雨晴.幼儿心理理论与情绪理解发展及关系的研究[J].心理科学,2005
　　(3):527-532.

陈英和.儿童社会认知的早期表现[J].北京师范大学学报:社会科学版,1996(4):
　　102-108.

CLELAND F E,GALLAHUE D L. Young Children's Divergent Movement Ability[J].
　　Percep-tual and Motor Skills, 1993(2):535-544.

戴斌荣.儿童分类能力发展研究综述[J].盐城师范学院学报:人文社会科学版,2001(1):
　　124-129.

邓赐平,桑标,缪小春.幼儿的情绪认知发展及其与社会行为发展的关系研究[J].心理发
　　展与教育,2002(1):6-10.

丁祖荫,哈咏梅.幼儿颜色辨认能力的发展——幼儿心理发展系列研究之一[J].心理科学
　　通讯,1983(2):16-19.

董光恒.3～5岁幼儿自我控制能力结构验证性因素分析及其发展特点的研究[D].大连:
　　辽宁师范大学,2005.

董丽媛.角色游戏对3—6岁幼儿同伴交往能力影响的实验研究[D].临汾:山西师范大
　　学,2014.

董永芳.中班幼儿合作发展水平的调查研究[D].天津:天津师范大学,2013.

樊艾梅,李文馥.3—6岁儿童层级类概念发展的实验研究[J].心理学报,1995(1):28-36.

范文翼.婴儿尴尬情绪的发生研究[D].大连:辽宁师范大学,2012.

方富熹,方格,郁慧媛.学前儿童分类能力再探[J].心理科学,1991(1):18-24.

方富熹,方格,朱莉琪."如果P,那么Q,……?"——儿童充分条件假言演绎推理能力发展
　　初探[J].心理学报,1999(3):322-329.

方富熹,方格.学前儿童分类能力的初步实验研究[J].心理学报,1986(2):157-165.

方富熹,齐茨.中澳两国儿童社会观点采择能力的跨文化对比研究[J].心理学报,1990
　　(4):11-20.

方富熹.4—6岁儿童的客体运动表象的初步实验研究[J].心理学报,1983(1):70-79.

方格,方富熹,刘范.儿童对时间顺序的认知发展的实验研究Ⅰ[J].心理学报,1984(2):
　　165-173.

方格,冯刚,方富熹,等.学前儿童对短时时距的区分及其认知策略[J].心理科学,1994
　　(1):3-9.

方格,冯刚,姜涛,等.学前儿童对时距的估计及其策略[J].心理学报,1993(4):346-352.

方格,刘范.儿童对物体运动速度的认知发展——4—10岁儿童比较匀速直线运动物体速
　　度的实验(下)[J].心理学报,1981(3):273-279.

方格.儿童对时间顺序认知发展的实验研究(Ⅰ,Ⅱ)[C]// 中国心理学会.全国第五届心
　　理学学术会议文摘选集.北京:中国心理学会,1984.

方平.独生与非独生子女个性特征差异研究[J].北京师范学院学报:自然科学版,1990
　　(3):72-79.

冯娟娟.2—3岁幼儿依恋、气质特征与母亲依恋关系的研究[D].西安:陕西师范大

学,2008.

冯夏婷.3—7岁攻击性儿童的攻击性意图认知和行为预期研究[J].华南师范大学学报：社会科学版,2005(1):125-128.

FRAZIER T W, HARDAN A Y. A Meta-analysis of the Corpus Callosum in Autism [J]. Biol Psychiatry, 2011(10):935-941.

高艳艳.5—6岁幼儿故事复述能力的研究[D].西安：陕西师范大学,2008.

葛沚云.幼儿时间认知发展的实验研究[J].心理发展与教育,1986(4):22-28.

耿晓燕.大班幼儿自我评价研究[D].西安：陕西师范大学,2009.

耿志涛,胡晓蓉.论婴儿动作学习的主动性[J].现代教育科学,2010(4):21-22;51.

龚勤.早期儿童语音习得的若干特点探析[J].黄石理工学院学报：人文社会科学版,2011(5):48-52.

龚少英,彭聃龄.4—10岁汉语儿童句法意识的发展[J].心理科学,2008(2):346-349.

郭荣学,肖玉,章洪.湖南省1-6岁幼儿语言发展的基本情况与规律[J].学前教育研究,2011(11):45-48.

韩冰.儿向语与词汇拓展：中国幼儿的个案研究[D].长春：吉林大学,2009.

韩波.幼儿园自由游戏情境中5—6岁儿童自语研究[D].南京：南京师范大学,2008.

韩蕊.5岁幼儿情绪理解能力与其同伴关系的相关研究[D].大连：辽宁师范大学,2015.

郝波,梁卫兰,王爽,等.北京城区16—30个月正常幼儿语法发育状况[J].中国心理卫生杂志,2005(1):25-27.

郝波,梁卫兰,王爽,等.影响正常幼儿词汇发育的个体和家庭因素的研究[J].中华儿科杂志,2004(12):32-36.

郝英,夏涛,庄小飞,等.罗湖社区8~12个月婴儿精细动作发育及影响因素分析[J].社区医学杂志,2005(8):12-13.

郝玥,王荣华.语音意识的概念及其发展阶段[J].山西财经大学学报：高等教育版,2008(S1):62.

何洁,徐琴美,王旭玲.幼儿的情绪表现规则知识发展及其与家庭情绪表露、社会行为的相关研究[J].心理发展与教育,2005(3):49-53.

何明影.3—6岁幼儿人格发展影响因素的综合模型[D].大连：辽宁师范大学,2015.

何其恺,周励秋,徐秀嫦,等.学前儿童因果思维发展的初步实验研究[J].心理学报,1962(2):136-150.

何阳美.3—5岁幼儿表情识别能力的发展研究[D].大连：辽宁师范大学,2018.

胡永祥.中国学龄前儿童汉字字形意识的萌发[D].福州：福建师范大学,2012.

胡虞志,李桂荣,李连玉,等.武汉市128名幼儿基本运动能力发展的纵向研究[J].体育科学,1989(2):89-90.

黄宪妹,张璟光.关于三至六岁儿童口语句法结构发展的调查[J].福建师范大学学报（哲学社会科学版）,1982(2):134-139.

HUBEL D H,WIESEL T N. Brain Mechanisms of Vision[J]. Scientific American, 1979(3):150-162.

汲克龙.两至四岁汉语儿童叙事语篇生成能力的发展[D].北京:首都师范大学,2009.

李蓓蕾,林磊,董奇,等.儿童筷子使用技能特性的发展及其与学业成绩的关系[J].心理科学,2003(1):82-84.

李蓓蕾,陶沙,董奇,等.8—10个月婴儿社会情绪行为特点的研究[J].心理发展与教育,2001(1):18-23.

李春丽,王小平,王佩,等.3—6岁幼儿创造想象研究——基于幼儿绘画作品的分析[J].教育导刊,2015(8):28-31.

李丹,张福娟,金瑜.儿童演绎推理特点再探——假言推理[J].心理科学,1985(1):6-12.

李丹.儿童亲社会行为发展研究述评[J].心理科学,2001(2):202-204.

李红,陈安涛.从知觉到意义——婴儿分类能力与概念发展研究述评[J].华东师范大学学报:教育科学版,2003(2):78-86.

李红,冯廷勇.4—5岁儿童单双维类比推理能力的发展水平和特点[J].心理学报,2002(4):395-399.

李红.中国儿童推理能力发展的初步研究[J].心理与行为研究,2015(5):637-647.

李洪曾,胡荣萱,杜灿珠,等.五至六岁幼儿有意注意稳定性的实验研究[J].心理学报,1983(2):178-184.

李佳,苏彦捷.儿童心理理论能力中的情绪理解[J].心理科学进展,2004(1):37-44.

李佳斌.3—6岁儿童投掷动作发展及其影响因素探究[D].金华:浙江师范大学,2015.

李佳礼.对2—3岁儿童自言自语现象的研究[D].长春:东北师范大学,2009.

李静.山东省3—10岁儿童动作发展研究[J].山东体育学院学报,2009(4):47-50.

李俊.3—9岁儿童的攻击性行为调查[J].心理发展与教育,1994(4):43-46.

李琳.汉语普通话语境下学前幼儿语言叙事能力发展研究[D].上海:上海外国语大学,2014.

李甦,李文馥,周小彬,等.3—6岁幼儿言语表达能力发展特点研究[J].心理科学,2002(3):283-285.

李文馥,刘范.5—11岁儿童两种空间关系认知发展的实验研究[J].心理学报,1982(2):174-183.

李文馥,赵淑文.3—4岁初入园小班儿童几何图形认知特点的研究[J].心理科学,1991(3):19-23.

李文馥.幼儿颜色爱好特点研究[J].心理发展与教育,1995(1):9-14.

李晓红,王俊杰,胡东梅,等.716例儿童感觉统合调查结果分析[J].中国实用医药,2007(04):92-93.

李晓燕.不同教育背景母亲的言语运用对儿童语用的影响[D].南京:南京师范大学,2004.

李艳菊.幼儿同伴交往能力发展及其影响因素研究[D].上海:华东师范大学,2008.

李燕,肖博文.父母的人格、教养行为与儿童发展[J].东北师范大学学报:哲学社会科学版,2015(2):206-211.

李云芳.六岁幼儿的词汇统计及语义分类[D].南京:南京师范大学,2015.

梁丹.婴儿羞耻情绪的发生研究[D].大连:辽宁师范大学,2012.

梁卫兰,郝波,王爽,等.幼儿早期句法和句子表达长度研究[J].中国儿童保健杂志,2004
　　(3):206-208.

梁卫兰,郝波,张致祥,等.北京地区婴儿动作、手势沟通能力发展研究[J].中国儿童保健
　　杂志,2005(6):475-477.

林崇德.学龄前儿童数概念与运算能力发展[J].北京师范大学学报,1980(2):67-77.

林泳海,李琳,崔同花,等.幼儿早期书写与书写教育:思考与倡导[J].学前教育研究,2004
　　(3):8-10.

林泳海.4.5—7.5岁儿童时间持续的认知发展的实验研究[C]//中国心理学会.全国第
　　七届心理学学术会议文摘选集.北京:中国心理学会,1993:2.

刘春燕.普通话儿童语音习得研究综述[J].徐特立研究:长沙师范专科学校学报,2006
　　(4):34-38.

刘范.中国现时的发展心理学——兼谈中国3—12岁儿童数概念和运算能力的发展[J].
　　心理学报,1981(2):117-123.

刘歌.自我控制的发生研究[D].大连:辽宁师范大学,2012.

刘金花,李洪元,曹子方,等.5—12岁儿童长度概念的发展——儿童认知发展研究(Ⅴ)
　　[J].心理科学,1984(2):10-14.

刘金花,张文娴,唐人洁.婴儿自我认知发生的研究[J].心理科学,1993(6):37-40.

刘金花.独生子女与非独生子女大学生个性特征比较的调查[J].北京青年政治学院学报,
　　1999(1):76-78.

刘金明,阴国恩.儿童分类发展研究综述[J].心理科学,2001(6):707-709.

刘凌,杨丽珠.婴儿自我认知发生再探[J].心理学探新,2010(3):29-33.

刘世瑞.儿童数概念发生发展研究述评[J].太原城市职业技术学院学报,2005(1):
　　147-148.

刘卫华,梁卫兰,郝波,等.北京市部分城区婴儿早期语言理解与表达的研究[J].中国儿童
　　保健杂志,2006(5):452-454.

刘希平,唐卫海.幼儿对几何形体认知能力发展的研究[J].天津师范大学学报:社会科学
　　版,1996(2):33-37.

刘晓,金星明.婴幼儿语言发育研究进展[J].临床儿科杂志,2006(3):234-235.

刘颖,盛玉麒.汉语儿童早期语言发展个案研究[J].语言文字应用,2010(1):141.

龙长权,吴睿明,李红,等.3.5—5.5岁儿童在知觉相似与概念冲突情形下的归纳推理
　　[J].心理学报,2006(1):47-55.

陆芳,陈国鹏.学龄前儿童情绪调节策略的发展研究[J].心理科学,2007(5):1202-1204.

吕华.幼儿分享行为研究状况概述——基于"中国期刊全文数据库"[J].苏州教育学院学
　　报,2014(3):103-105.

吕静,张增杰,陈安福.5—11岁儿童面积等分概念的发展——儿童认知发展研究(Ⅳ)
　　[J].心理科学通讯,1985(4):10-16.

吕静,庞虹,汪文鋆,等.3—6岁幼儿在分类实验中概括能力的发展[J].心理学报,1987

（1）：1-9.

吕静，王伟红．婴幼儿数概念的发生的研究[J]．心理科学，1984(3)：3-9.

吕文婷．小学三到五年级儿童自我意识发展状况调查[D]．长春：东北师范大学，2013.

马娥，丁继兰．3—6岁幼儿自由活动时间亲社会行为性别差异研究[J]．中华女子学院学报，2006(5)：69-72.

马磊．幼儿朴素生物学理论发展的调查研究[D]．桂林：广西师范大学，2011.

马晓清，冯廷勇，李红，等．主题关系在4—5岁儿童不同属性归纳推理发展中的作用[J]．心理学报，2009(3)：249-258.

MANDLER J M，刘先义．一种关于婴儿认知发展的新观点（续）[J]．山东青少年研究，1994(2)：42-43.

缪小春，桑标．5—8岁儿童对几种偏正复句的理解[J]．心理科学，1994(1)：10-15.

莫雷，张金桥，陈新葵，等．幼儿书面语言掌握特点的实验研究[J]．学前教育研究，2005(Z1)：29-32.

莫雷，邹艳春，Chen Zhen，等．3—5岁幼儿一位数大小比较的信息加工模式[J]．心理学报，2003(4)：520-526.

宁沈生．幼儿的判断、推理能力及其培养[J]．学前教育研究，1998(6)：13-15.

潘超．3—6岁幼儿的词汇发展研究[D]．大连：辽宁师范大学，2012.

潘苗苗，苏彦捷．幼儿情绪理解、情绪调节与其同伴接纳的关系[J]．心理发展与教育，2007(2)：6-13.

OLSHO L W. Infant Frequency Discrimination[J]. Infant Behavior and Development，1984(1)：27-35.

庞丽娟，陈琴．论儿童合作[J]．教育研究与实验，2002(1)：52-57.

庞丽娟，陈琴，姜勇，等．幼儿社会行为发展特点的研究[J]．心理发展与教育，2001(1)：24-30.

庞丽娟，田瑞清．儿童社会认知发展的特点[J]．心理科学，2002(2)：144-147.

庞丽娟．幼儿不同交往类型的心理特征的比较研究[J]．心理学报，1993(3)：306-313.

裴小倩．移情训练对帮助5—6岁幼儿学习社会交往技能有效性的研究[D]．上海：华东师范大学，2001.

彭欢．4—6岁幼儿情绪表达及其与同伴接纳的关系研究[D]．重庆：西南大学，2014.

钱琴珍．幼儿对具体图片与抽象图片内隐记忆的实验研究[J]．心理科学，1999(5)：431-434.

钱怡，赵婧，毕鸿燕．汉语学龄前儿童正字法意识的发展[J]．心理学报，2013(1)：60-69.

邱章乐，鲁峰．布鲁姆百分比假说的再研究[J]．淮北师范大学学报：哲学社会科学版，2013(3)：138-142.

屈凤，胡柏平．幼儿立定跳远动作四个阶段时间发展特征的研究[J]．湖北体育科技，2015(4)：342-344.

权德庆．西安市区幼儿运动能力的抽样测试与研究[J]．西安体育学院学报，1989(3)：60-68.

沈家鲜,刘范,孙昌识,等.5—17岁儿童和青少年"容积"概念发展的研究——儿童认知发展研究（Ⅲ）[J].心理学报,1984(2):155-164.

沈秋凤,丁峻.论儿童社会认知发展的具身动力模型[J].心智与计算,2009(1):51-55.

沈悦.幼儿自我控制的发展特点及影响机制研究[D].大连:辽宁师范大学,2011.

施燕.幼儿记忆策略的实验研究[J].学前教育研究,1996(4):30-33.

石筠弢.婴儿期自我认知的发展[J].心理发展与教育,1989(4):50-54.

石萌.济南市3—10岁儿童大肌肉动作发展"位移分测验"常模的建立[D].济南:山东师范大学,2013.

宋正国.4—8岁儿童句子可接受性判断能力及其特点[J].心理科学,1992(5):25-31.

苏杰.3—5岁幼儿攻击行为与自我控制能力、情绪调节策略的关系研究[D].济南:山东师范大学,2014.

苏媛媛.5—6岁幼儿自我意识发展的特点研究[D].长春:东北师范大学,2013.

孙乘.4—6岁幼儿对影子现象的认知发展研究[D].长春:东北师范大学,2011.

孙者.4—5岁不同能力水平幼儿排序能力的个案研究[D].南京:南京师范大学,2014.

谭贤政,卢宇飞,刘承清,等.幼儿社会角色认知与合作能力的实验研究[J].桂林市教育学院学报(综合版),1999(1):75-77.

唐珊,伍新春.汉语儿童早期语音意识的发展[J].心理科学,2009(2):312-315.

滕国鹏.2—6岁儿童几何图形表象能力的发生与发展研究[D].大连:辽宁师范大学,2004.

田学红,方格,方富熹.4—6岁幼儿对有关方位介词的认知发展研究[J].心理科学,2001(1):114-115.

王娥蕊.3—9岁儿童自信心结构、发展特点及教育促进的研究[D].大连:辽宁师范大学,2006.

王福兰,任玮.幼儿在园亲社会行为的观察研究[J].学前教育研究,2006(Z1):57-59.

王红娜,李姗泽.中班幼儿游戏过程中亲社会行为发生现状的观察分析[J].学前教育研究,2005(4):43-45.

王江洋,张馨尹.3—5岁幼儿自传体记忆的发展及语言表达能力的作用[J].沈阳师范大学学报:社会科学版,2010(3):101-105.

王俊红.4—6岁幼儿社会性行为、同伴接纳对友谊质量的影响研究[D].北京:首都师范大学,2011.

王美芳,庞维国.艾森伯格的亲社会行为理论模式[J].心理学动态,1997(4):37-42.

王楠.移情训练对5—6岁幼儿亲社会行为的影响研究[D].西安:陕西师范大学,2012.

王儒芳,李红.婴儿认知信息加工原理(IPP)综述[J].宁波大学学报:教育科学版,2004(4):27-30;92.

王素娟.大班幼儿自我概念特点之研究[D].开封:河南大学,2008.

王文忠,方富熹.幼儿分类能力发展研究综述[J].心理学动态,2001(3):210-214.

王晓庆.早期体育教育对幼儿基本运动能力发展的实验研究[J].当代体育科技,2015(5):5-7.

王昕越.幼儿行走动作发展特征的研究[D].北京:北京体育大学,2013.

王亚同.3.5—5岁儿童类比推理的实验研究[J].心理发展与教育,1992(4):8-14.

王益明.儿童理解句子的策略[J].心理科学,1985(3):51-56.

王益文,林崇德,张文新.儿童攻击行为的多方法测评研究[J].心理发展与教育,2004(2):69-74.

王益文,张文新.3～6岁儿童"心理理论"的发展[J].心理发展与教育,2002(1):11-15.

王雨晴,陈英和.幼儿心理理论和元认知的关系研究[J].心理科学,2008(2):319-323.

王振宏,田博,石长地,等.3～6岁幼儿面部表情识别与标签的发展特点[J].心理科学,2010(2):325-328.

卫晓萍,张玉涓,穆陟晅.我国近二十年幼儿分享行为的研究述评[J].现代教育科学,2015(2):35-36.

魏锦虹.论0～3岁儿童词义理解的几个阶段[J].淮南师范学院学报,2003(4):118-120.

翁楚倩.自主表达语境下的学前儿童句法特征研究[D].西安:陕西师范大学,2016.

吴天敏,许政援.初生到三岁儿童言语发展记录的初步分析[J].心理学报,1979(2):153-165.

武进之,应厚昌,朱曼殊.幼儿看图说话的特点[J].心理科学,1984(5):8-14.

肖丹,杨小璐.一岁儿童动词发展的个案研究[J].清华大学教育研究,2003(S1):86-91.

肖琼华.幼儿移情影响因素的研究[D].长春:东北师范大学,2006.

谢冉冉.四岁幼儿话语的语义词类研究[D].南京:南京师范大学,2016.

谢晓琳,徐盛桓,张国仕.学龄前儿童篇章意识和篇章能力形成和发展的初步探讨[J].心理科学,1988(5):3-6.

谢渊.3—6岁幼儿知觉推理能力发展的研究[D].开封:河南大学,2016.

邢莉莉.3—5岁幼儿对"朋友"的理解研究[D].武汉:华中师范大学,2011.

徐宝良,李凤英.学前儿童汉语普通话语音意识发展特点及影响因素[J].学前教育研究,2007(4):14-18.

徐琴美,何洁.儿童情绪理解发展的研究述评[J].心理科学进展,2006(2):223-228.

徐玉珍,于丽平,李文馥.对幼儿园中班儿童进行多种几何形、体教学的实验研究[J].心理发展与教育,1988(4):50-55.

许政援.三岁前儿童语言发展的研究和有关的理论问题[J].心理发展与教育,1996(3):3-13.

薛媛媛.中班幼儿同伴冲突研究[D].长春:东北师范大学,2014.

鄢超云.朴素物理理论与儿童科学教育——促进理论与证据的协调[D].上海:华东师范大学,2004.

严霄霏,苏彦捷.幼儿在等级图形知觉中的整体优先现象[J].心理学报,2001(2):142-147.

严燕.4—6岁儿童元记忆监测的发展[D].长春:东北师范大学,2011.

杨丽珠,胡金生.不同线索下3～9岁儿童的情绪认知、助人意向和助人行为[J].心理科学,2003(6):988-991.

杨姗,方格.儿童时距认知的研究简介及发展趋向[J].心理学动态,1998(1):21-26.

杨淑萍,杨俊平.幼儿分享意识、分享行为发展研究[J].辽宁师范大学学报:社会科学版,
　　2013(6):830-835.

杨雯雯.4—6岁幼儿社会自我概念的发展特点及影响因素研究[D].长春:东北师范大
　　学,2012.

杨晓岚.3—6岁儿童同伴会话能力发展研究[D].上海:华东师范大学,2009.

杨昕昕.小班幼儿性别角色认同与父母教养方式的关系研究[D].大连:辽宁师范大
　　学,2014.

杨玉英.3—7岁儿童推理过程发展的初步研究[J].心理科学,1983(1):30-38.

杨玉英.4—7岁儿童类比推理过程发展与教育实验研究报告——儿童推理过程综合研究
　　之二[J].心理发展与教育,1987(1):1-9.

杨元.0—1岁婴儿动作发展研究[D].太原:山西大学,2012.

姚平子,熊易群,王启苹,等.幼儿观察力发展的实验研究[J].心理发展与教育,1985(2):
　　18-23.

姚秀娟.3—6岁幼儿在园助人行为研究[D].武汉:华中师范大学,2015.

易超.5—6岁幼儿分享行为的发展现状研究[D].沈阳:沈阳师范大学,2013.

阴国恩、李英霞、王敏.“多少”概念发展的研究[J].心理与行为研究,2006(4):246-251.

幼儿数概念研究协作小组.国内九个地区3—7岁儿童数概念和运算能力发展的初步研究
　　综合报告[J].心理学报,1979(1):108-117.

于瑛琦.婴儿内疚的发生研究[D].大连:辽宁师范大学,2013.

余绍森,郭海英,袁朝霞,等.浙江省3—6岁幼儿运动素质增长发展的初步研究[J].浙江
　　体育科学,2002(5):10-13.

余晓琦.3—6岁幼儿口语与早期阅读发展水平的关系研究[D].上海:华东师范大学,2007.

俞凤茹,陈会昌,侯静,等.4岁儿童自传式回忆的相关因素[J].心理发展与教育,2002
　　(3):40-45.

云赛娜.幼儿自我保护策略的研究[D].呼和浩特:内蒙古师范大学,2010.

翟晓婷.3—6岁幼儿移情发展特点及其与母亲移情、家庭社会经济地位的关系[D].西
　　安:陕西师范大学,2018.

展宁宁.幼儿的情绪认知能力和同伴关系的关系研究[D].杭州:浙江大学,2006.

展宁宁.幼儿情绪认知能力发展特点的研究[J].学前教育研究,2005(Z1):46-48.

张晗.幼儿性别概念及性别偏好的研究[D].济南:山东师范大学,2007.

张宏.3—6岁儿童性别恒常性发展及性别教育研究[D].石家庄:河北师范大学,2011.

张莉.榜样和移情对幼儿分享行为影响的实验研究[J].心理发展与教育,1998(1):26-32.

张丽华,杨丽珠.3～8岁儿童自尊发展特点的研究[J].心理与行为研究,2005(1):11-14.

张丽华.试论父亲在儿童性别化过程中的作用[J].辽宁师范大学学报,1998(2):38-40.

张丽莎.3—6岁汉语儿童句法意识发展特点及其对早期阅读的影响[D].西安:陕西师范
　　大学,2016.

张明红.3—6岁儿童的亲社会行为及其发展[J].幼儿教育,2015(10):15-17.

张茜.4—5岁儿童攻击性行为发展及其与家庭因素关系的追踪研究[D].济南:山东师范

大学,2003.

张廷香. 基于语料库的 3—6 岁汉语儿童词汇研究[D]. 济南:山东大学,2010.

张卫,王穗军,张霞. 我国儿童对权威特征的认知研究[J]. 心理发展与教育,1995(3):
    24-27.

张卫.5—13 岁儿童父母权威认知的发展研究[J]. 心理科学,1996(2):101-104.

张文新,纪林芹,宫秀丽,等.3—4 岁儿童攻击行为发展的追踪研究[J]. 心理科学,2003
    (1):44-47.

张文新,张福建. 学前儿童在园攻击性行为的观察研究[J]. 心理发展与教育,1996(4):
    18-22.

张文新.80 年代以来儿童攻击行为认知研究的进展与现状[J]. 山东师范大学学报:社会
    科学版,1995(2):57-61.

张晓琳. 婴儿同伴合作行为的发生及其影响因素的研究[D]. 大连:辽宁师范大学,2011.

张妍. 婴儿自豪情绪的发生研究[D]. 大连:辽宁师范大学,2012.

张迎春. 气质、父母教养与青少年亲社会行为的关系[D]. 济南:山东师范大学,2013.

张增慧,林仲贤. 学前儿童颜色命名及颜色再认的实验研究[J]. 心理科学,1982(2):
    19-24.

章依文,金星明,沈晓明,等.2—3 岁儿童词汇和语法发展的多因素研究[J]. 中华儿科杂
    志,2002(11):9-12.

赵静,李甦.3—6 岁儿童汉字字形认知的发展[J]. 心理科学,2014(2):357-362.

赵新华. 儿童空间概念发展研究述评[J]. 心理发展与教育,1993(3):47-52.

赵振国.3—6 岁儿童数感发展的研究[J]. 心理发展与教育,2008(4):8-12.

郑小蓓,孟祥芝,朱莉琪. 婴儿动作意图推理研究及其争论[J]. 心理科学进展,2010(3):
    441-449.

智银利,刘丽. 儿童攻击性行为研究综述[J]. 教育理论与实践,2003(7):43-45.

周兢,李晓燕.0—6 岁汉语儿童语用交流行为发展与分化研究[J]. 中国文字研究,2008
    (1):139-148.

周兢,刘宝根. 汉语儿童从图像到文字的早期阅读与读写发展过程:来自早期阅读眼动及
    相关研究的初步证据[J]. 中国特殊教育,2010(12):64-71.

周兢. 从前语言到语言转换阶段的语言运用能力发展——3 岁前汉语儿童语用交流行为
    习得的研究[J]. 心理科学,2006(6):1370-1375.

周兢. 重视儿童语言运用能力的发展——汉语儿童语用发展研究给早期语言教育带来的
    信息[J]. 学前教育研究,2002(3):8-10.

周莉. 不同教育环境中教师言语对幼儿语用能力发展影响的研究[D]. 西安:陕西师范大
    学,2008.

周欣. 儿童数概念发展研究的新进展[J]. 学前教育研究,2003(1):11-13.

周宗奎. 采用行为评价法研究儿童社会行为[J]. 心理科学,1998(4):374,378.

朱国伟,陈洪波,郭雯,等. 徐汇区学龄前儿童感觉统合失调现状调查及影响因素分析[J].
    中国妇幼保健,2014(2):237-240.

朱莉琪,方富熹.学前儿童对生物衰老的认知[J].心理学报,2005(3):335-340.

朱莉琪,孟祥芝,TARDIF T.儿童早期词汇获得的跨语言/文化研究[J].心理科学进展,2011(2):175-184.

朱曼殊,华红琴.儿童对因果复句的理解[J].心理科学,1992(3):3-9;66.

朱曼殊,武进之,应厚昌,等.儿童对几种时间词句的理解[J].心理学报,1982(3):294-301.

左梦兰,刘晓红.4—7岁儿童记忆策略发展的实验研究[J].心理科学,1992(2):10-15.

左其沛,战秀琴,金星,等.婴儿的社会性情绪及其对早期德育的启示[J].心理发展与教育,1994(4):27-29.

其他:

联合国儿童基金会.儿童权利公约[EB/OL].[2019-08-07].http://www.unicef.cn/cn/index.php?m=content&c=index&a=show&catid=59&id=120.

中华人民共和国教育部.教育部关于印发《3—6岁儿童学习与发展指南》的通知[EB/OL].(2012-10-09)[2019-08-03].http://www.moe.gov.cn/srcsite/A06/S3327/201210/t20121009_143254.html.

图书在版编目(CIP)数据

学前儿童发展心理学 / 王云霞,张金荣,俞睿玮编. —杭州：
浙江大学出版社，2020.1

ISBN 978-7-308-19860-8

Ⅰ．①学… Ⅱ．①王… ②张… ③俞… Ⅲ．①学前儿童—
儿童心理学—发展心理学—高等学校—教材 Ⅳ．①B844.12

中国版本图书馆 CIP 数据核字(2020)第 001598 号

学前儿童发展心理学

王云霞　张金荣　俞睿玮　编

责任编辑	李　晨	
责任校对	郑成业	
封面设计	春天书装	
出版发行	浙江大学出版社	
	（杭州市天目山路 148 号　邮政编码 310007）	
	（网址：http://www.zjupress.com）	
排　　版	杭州朝曦图文设计有限公司	
印　　刷	杭州钱江彩色印务有限公司	
开　　本	787mm×1092mm　1/16	
印　　张	14.5	
字　　数	335 千	
版 印 次	2020 年 1 月第 1 版　2020 年 1 月第 1 次印刷	
书　　号	ISBN 978-7-308-19860-8	
定　　价	45.00 元